跟着电网企业劳模学系列培训教材

继电保护及自动化现场调试

国网浙江省电力有限公司　组编

中国电力出版社
CHINA ELECTRIC POWER PRESS

内 容 提 要

本书是“跟着电网企业劳模学系列培训教材”之《继电保护及自动化现场调试》分册，采用“项目—任务”结构进行编写，以劳模跨区培训对象所需掌握专业知识要点、技能要领两个层次进行编排，包括变电站通信基础、测控装置调试维护、后台监控系统调试维护、远动通信工作站调试维护、扩建设备间隔的流程、智能变电站二次系统调试、常规变电站保护装置调试、二次系统带电检测和回路调试技术八部分内容。采用图文并茂解说继电保护的专业技能等内容。

本书可供继电保护从业人员阅读，也可供相关专业的技术人员学习参考。

图书在版编目（CIP）数据

继电保护及自动化现场调试/国网浙江省电力有限公司组编. —北京：中国电力出版社，2024.4

跟着电网企业劳模学系列培训教材

ISBN 978-7-5198-6088-2

Ⅰ.①继…　Ⅱ.①国…　Ⅲ.①电力系统－继电保护－技术培训－教材　Ⅳ.①TM77

中国版本图书馆 CIP 数据核字（2021）第 209425 号

出版发行：中国电力出版社
地　　址：北京市东城区北京站西街 19 号（邮政编码 100005）
网　　址：http://www.cepp.sgcc.com.cn
责任编辑：王蔓莉（010-63412791）代　旭　贾丹丹
责任校对：黄　蓓　马　宁
装帧设计：张俊霞　赵姗姗
责任印制：石　雷

印　　刷：三河市百盛印装有限公司
版　　次：2024 年 4 月第一版
印　　次：2024 年 4 月北京第一次印刷
开　　本：710 毫米×1000 毫米　16 开本
印　　张：19
字　　数：271 千字
定　　价：86.00 元

编　委　会

编　写　组

丛书序

国网浙江省电力有限公司在国家电网公司领导下，以努力超越、追求卓越的企业精神，在建设具有卓越竞争力的世界一流能源互联网企业的征途上砥砺前行。建设一支爱岗敬业、精益专注、创新奉献的员工队伍是实现企业发展目标、践行“人民电业为人民”企业宗旨的必然要求和有力支撑。

国网浙江公司为充分发挥公司系统各级劳模在培训方面的示范引领作用，基于劳模工作室和劳模创新团队，设立劳模培训工作站，对全公司的优秀青年骨干进行培训。通过严格管理和不断创新发展，劳模培训取得了丰硕成果，成为国网浙江公司培训的一块品牌。劳模工作室成为传播劳模文化、传承劳模精神、培养电力工匠的主阵地。

为了更好地发扬劳模精神，打造精益求精的工匠品质，国网浙江公司将多年劳模培训积累的经验、成果和绝活，进行提炼总结，编制了《跟着电网企业劳模学系列培训教材》。该丛书的出版，将对劳模培训起到规范和促进作用，以期加强员工操作技能培训和提升供电服务水平，树立企业良好的社会形象。丛书主要体现了以下特点：

一是专业涵盖全，内容精尖。丛书定位为劳模培训教材，涵盖规划、调度、运检、营销等专业，面向具有一定专业基础的业务骨干人员，内容力求精练、前沿，通过本教材的学习可以迅速提升员工技能水平。

二是图文并茂，创新展现方式。丛书图文并茂，以图说为主，结合典型案例，将专业知识穿插在案例分析过程中，深入浅出，生动易学。除传统图文外，创新采用二维码链接相关操作视频或动画，激发读者的阅读兴趣，以达到实际、实用、实效的目的。

三是展示劳模绝活，传承劳模精神。“一名劳模就是一本教科书”，丛书对劳模事迹、绝活进行了介绍，使其成为劳模精神传承、工匠精神传播的载体和平台，鼓励广大员工向劳模学习，人人争做劳模。

丛书既可作为劳模培训教材，也可作为新员工强化培训教材或电网企业员工自学教材。由于编者水平所限，不当之处在所难免，欢迎广大读者批评指正！

最后向付出辛勤劳动的编写人员表示衷心的感谢！

丛书编委会

前 言

国网衢州供电公司跳出“培训”的固定思维，抓住培训的关键所在，以多年的实践经验，努力探索出一种具有针对性和实效性的“1+1+1”培训管理模式。即是建立“问题”+“专家团队”的现场“启发式”培训；“需求”+“劳模工作室”的实训“技能式”培训；“四新”+“厂家技术支撑”的知识“储备式”培训。通过“1+1+1”培训，提升员工解决现场实际问题的能力、满足员工技能学习的迫切需求、搭建“四新”技术的共享桥梁。其中，国网衢州供电公司琚军劳模工作室的“专家团队”是“1+1+1”培训的主要师资力量。

“琚军劳模工作室”及“琚军劳模敬业示范岗”是变电运检人员的实训基地、是浙江省电力公司继电保护及其自动化专业劳模跨区域培训站点。现有室外实训场地1100m²，可供一次检修及运维人员实训操作的具备变电站相同功能的35、110kV及220kV的一次设备间隔各一个，其他一次实训设备有主变压器有载开关、综自柜及隔离开关设备等，可开展变电设备检修、运维所需的专业技能训练和故障模拟演练；室内实训室建筑面积150m²，供继电保护及其自动化专业人员实训操作的有继电保护屏、自动化屏及智能站屏共计37面，具有现阶段110kV及以上变电站广泛应用的监控系统及微机保护装置、智能站设备，具备了变电站监控系统及保护装置的安装调试、模拟各种故障功能，是培养高素质技能型继电保护及其自动化人才培养基地。

目前，该劳模工作室的继电保护及其自动化实训室可以同时接纳40名学员进行20个不同项目的实训和多个课程的一体化教学。在近三年，已相继承办了6期省公司继电保护及其自动化专业的劳模跨区域培训。该劳模工作室“专家团队”现有教学经验丰富的二次实训指导教师13人，一次检修及试验实训指导老师8人。其中具有副高级职称5人，高级技师16人，具有双师资格有16人，省级及国网专家（后备人才）10人。

本书由琚军劳模工作室“专家团队”的继电保护及其自动化专业人员完成。该书包括项目一变电站通信基础；项目二测控装置调试维护；项目三后台监控系统调试维护；项目四远动通信工作站调试维护；项目五扩建设备间隔的流程；项目六智能变电站二次系统调试；项目七常规变电站保护装置调试；项目八二次系统带电检测和回路调试技术八个章节。

由于编写人员水平有限，书中难免有不妥之处，恳请读者指正。

编　者

目　录

琚军劳模个人简介

琚军

男，汉族，1974 年出生，教授级高工，1993 年参加工作，历任国网浙江省电力有限公司衢州供电公司修试工区主任、运营监测（控）中心主任、国网浙江省电力有限公司常山县供电公司总经理，现任衢州光明电力投资集团公司总经理。

琚军同志长期工作在生产一线，完成工程项目共计 260 余项。他连续五年担任省公司继电保护技能竞赛队教练，培养出多名全国、省继电保护尖子，琚军同志参与编写继电保护专业相关标准十余本，在全省率先提出二次设备红外诊断技术、二次系统带电传动试验技术等理论，解决了继电保护状态检修难题。2016 年完成配电网建设立体监督平台研究应用，成果获得省公司数据挖掘大赛一等奖，并获得国网运监中心肯定。先后发表论文十余篇，著作《变电站二次系统缺陷诊断技术》《数说电网运营》《电网企业项目管理 ERP PS 的研究与应用》《火力发电技术创新发展研究》等共计六本在中国电力出版社出版，获得省公司科技进步一等奖 1 项、三等奖 2 项，省公司管理创新成果二等奖 1 项、三等奖 3 项，获得发明与实用新型专利 5 项。琚军劳模工作室每年承担省、市公司专业培训十余期，得到了学员高度认可。二十几年来，他从技术尖子逐渐成长为管理专家，分别获得了全国电力行业技术能手、中央企业先进职工、国网公司劳动模范称号，2016 年选拔为国网公司检修专业管理专家。

项目一

变电站通信基础

【项目描述】

本项目包含 RS-232/RS-485 串口通信、以太网网线的制作、光纤及接口的识别、交换机设备的认识等内容，通过对串口通信、以太网网线及光纤接口知识介绍，了解变电站通信过程中常用的通信方式、方法，熟知变电站通信所涉及的物理层设备工作过程。

任务一 RS-232/RS-485 串口通信

【任务描述】

本任务主要讲解 RS-232/RS-485 串口通信相关知识，通过对串口的认知，了解串口通信过程的接线方式，掌握串口通信原理。

【知识要点】

串口通信：指通过 RS-232/RS-485 串行口实现继电保护、测控装置、电能量计量装置与变电站监控系统、远动通信工作站之间进行通信。

RS-232：RS-232 是美国电子工业协会 EIA（electronic industry association）制定的一种串行物理接口标准。RS 是英文“推荐标准”的缩写，232 为标识号。

【技能要领】

RS-232 通信线一般工作于双工通信，正常使用时需要一条发送线、一条接收线及一条地线。数据传输速率为 50、75、100、150、300、600、1200、2400、4800、9600、19200、38400 波特。通常在变电站内会选用 1200/2400 波特，短距离传输时可达到 38400 波特。

RS-232 标准规定，驱动器允许有 2500pF 的电容负载，通信距离将受此电容限制，如采用 150pF/m 的通信电缆时，最大通信距离为 15m。传输距离短的另一原因是RS-232属单端信号传送，存在共地噪声和不能抑制共模干扰等问题，因此一般用于20m以内。

RS-485采用半双工工作方式，任何时候只能有一点处于发送状态，因此，发送电路由使能信号加以控制。RS-485采用平衡发送和差分接收，因此具有抑制共模干扰的能力，最低能检测200mV电压，适合于远距离传输，可达到1km以上。RS-485用于多点互连时非常方便，可以省掉许多信号线。应用RS-485可以联网构成分布式系统，其允许最多并联32台驱动器和32台接收器。

RS-232串口线两头有串口头（如图1-1所示），与DCE连接的RS-232串口为公头，与DTE设备连接的RS-232串口为母头，9针串口中2号针为接收，3号针为发送，5号针为地。RS-232串口采用负电平逻辑传输数据，逻辑1对应电平为－3～15V，逻辑0对应电平为3～15V。

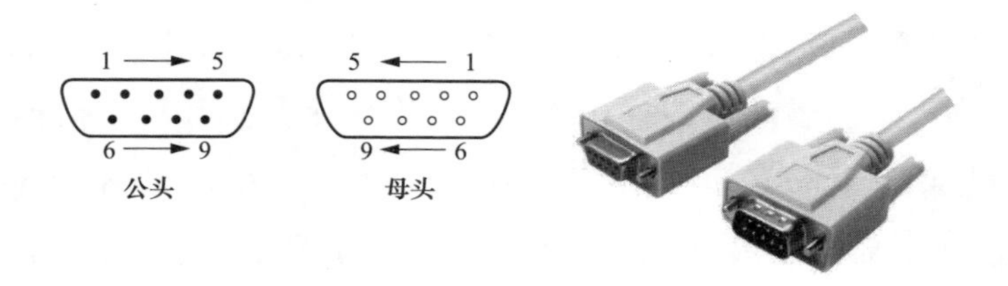

图1-1　RS-232串口头

任务二　以太网线的制作

【任务描述】

本任务主要介绍以太网线的结构和制作过程，通过本任务的学习，掌握以太网线的制作。

【知识要点】

双绞线：双绞线由四组两条一对互相缠绕并包装在绝缘管套中的铜线

组成，每对线使用唯一颜色进行标识，采用屏蔽方式来防护高频率电磁干扰的，称为屏蔽双绞线。根据屏蔽方式不同，屏蔽双绞线又分为每条线都有各自屏蔽层的屏蔽双绞线（STP）和整体屏蔽的屏蔽双绞线（FTP）。

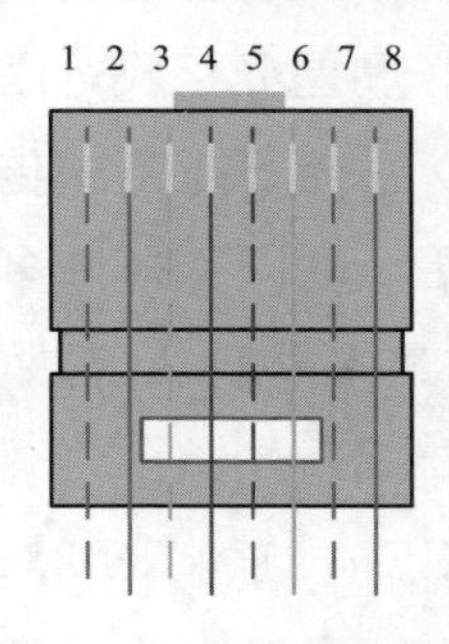

图 1-2 水晶头

水晶头：RJ45 型网线插头又称水晶头，共有八个管脚，广泛应用于局域网和 ADSL 宽带上网用户的网络设备间网线的连接。水晶头如图 1-2 所示。

【技能要领】

在应用过程中网线有交叉线和直通线两种做法。交叉线用于同种设备的连接，比如说 PC 机对 PC 机；直通线用于异种设备的连接，比如说 PC 机对路由器等其他设备。在实际应用时，RJ45 型插头和网线有两种连接线序，分别称作 TIA/EIA-568-A 标准（线序为绿白、绿、橙白、蓝、蓝白、橙、棕白、棕）和 TIA/EIA-568-B 标准（线序为橙白、橙、绿白、蓝、蓝白、绿、棕白、棕）。交叉线的做法是：一个 RJ45 网络头采用 T568A 标准，另一个 RJ45 网络头采用 T568B 标准。直通线的做法是：两头均采用 T568B 标准。

网线制作所需材料及工具包括双绞线、RJ45 水晶头、压线钳、测线仪，如图 1-3 所示。

双绞线是由不同颜色的 4 对 8 芯线组成（橙色、蓝色、绿色、棕色 4 对），每两条按一定规则绞织在一起，成为一个芯线对。

RJ45 插头，以便插在网卡、集线器（hub）或交换机（switch）RJ45 接口上。

压线钳的结构如图 1-4 所示，其第一个刃口用来剥皮，在钳子合拢的时候应有大约 1.5mm 的空隙。第二个刃口用来剪断，没有一点空隙。中间“凸”字形状的空间用来压线，塞一个水晶头进去，看压线钳的 8 个锯齿是不是正好对准水晶头的 8 片铜片，千万不要用力压，否则一个水晶头就报废了。

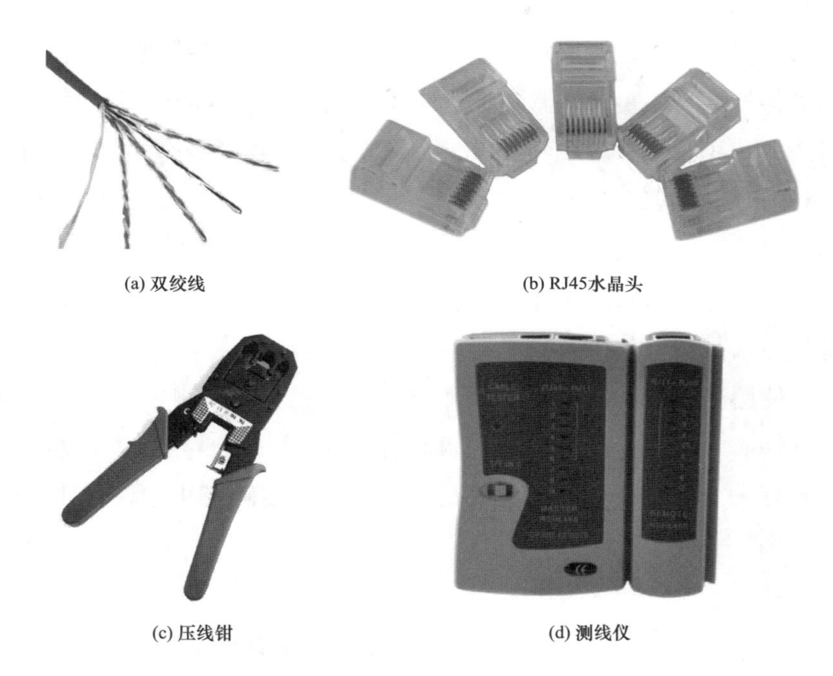

(a) 双绞线　(b) RJ45水晶头

(c) 压线钳　(d) 测线仪

图 1-3　网线制作所需材料及工具

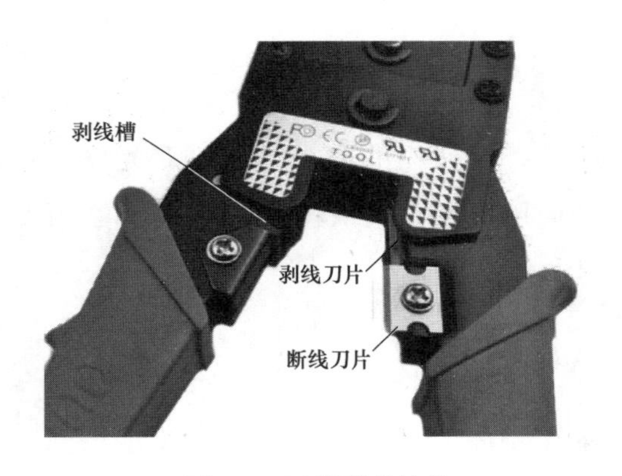

图 1-4　压线钳的结构

制作过程：

（1）先抽出一小段线，然后把外皮剥除一段。

（2）将双绞线反向解开。

（3）根据标准排线，注意这非常重要。T568B 标准，即按“橙白、橙、绿白、蓝、蓝白、绿、棕白、棕”顺序排列。T568A 标准，即按“绿白、绿、橙白、蓝、蓝白、橙、棕白、棕”顺序排列。线的排列顺序：左手拿线，线头朝外，顺序是从左到右数。右手拿插头，金属簧片朝上插入线芯。

(4) 剪齐线头，一般线头留 1cm 多即可，长度可按拇指指甲长度取，在压平和对齐后再剪。

(5) 将线头插入 RJ45 水晶头，8 根线要遵循同一标准。

(6) 使用压线钳时应感觉到线接紧后的感觉，松开压线钳后，检查所有线是否与水晶头上的铜片可靠接触。

(7) 使用测试仪测试。将网线两头分别插入一个测试仪中，由主侧（标有 master 标记的）打开电源，两侧灯对应从 1 到 8 亮则表明网线制作成功，若有一个灯不亮，则网络线制作有问题，实际应用中仅用 1、2、3、6 号线，因此只要这四根线灯亮正常，也能使用。

任务三　光纤及接口的认识

【任务描述】

本任务主要介绍光纤及接口的内容，通过对光纤知识的介绍，了解单模光纤和多模光纤的应用范围，认识各种光纤/尾纤的接口及在电力系统中的主要应用范围。

【知识要点】

光纤：光导纤维的简称。光纤通信是利用光波作载波，以光纤作为传输媒质将信息从一处传至另一处的通信方式，称为“有线”光通信。从原理上看，构成光纤通信的基本物质要素是光纤、光源和光检测器。当今，光纤通信以其传输频带宽、抗干扰性高和信号衰减小，远优于电缆、微波通信传输，已成为世界通信中主要传输方式。

单模光纤：中心玻璃芯很细，只能传一种模式光的光纤。单模光纤中光线以直线形状沿纤芯中心轴线方向传播。单模光纤信号畸变很小，谱宽较窄，稳定性好，模间色散很小，适用于远程通信。

多模光纤：在给定的工作波长上传输多种模式光的光纤。多模光纤容许不同模式的光在一根光纤上传输。由于多模光纤的芯径较大，为 50～100μm。故可使用较为廉价的耦合器及接线器。单模光纤与多模光纤相比：单模传输距离远；多模传输带宽大；单模不会发生色散，质量可靠；单模价格比较高。

【技能要领】

各种尾纤/光纤连接器的型号和外形图见表 1-1。

表 1-1　各种尾纤/光纤连接器的型号和外形图

连接器型号	描述	外形图	连接器型号	描述	外形图
FC/PC	圆形光纤接头/微凸球面研磨抛光		FC/APC	圆形光纤接头/面呈 8°并作微凸球面研磨抛光	
SC/PC	方形光纤接头/微凸球面研磨抛光		SC/APC	方形光纤接头/面呈 8°并作微凸球面研磨抛光	
ST/PC	卡接式圆形光纤接头/微凸球面研磨抛光		ST/APC	卡接式圆形光纤接头/面呈 8°并作微凸球面研磨抛光	
MT-RJ	机械式转换-标准插座		LC/PC	卡接式方形光纤接头/微凸球面研磨抛光	
E2000/PC	带弹簧闸门卡接式方形光纤接头/微凸球面研磨抛光		E2000/APC	带弹簧闸门卡接式方形光纤接头/面呈 8°并作微凸球面研磨抛光	

光纤接口是用来连接光纤线缆的物理接口。通常有 SC、ST、FC 等几种类型，它们由日本 NTT 公司开发。

ST，也是多模网络（例如大部分建筑物内或园区网络内）中最常见的连接设备。它具有一个卡口固定架，和一个 2.5mm 长圆柱体的陶瓷（常见）或者聚合物卡套以容载整条光纤。

ST 的英文全称记作“stab & twist”，很形象的描述，首先插入，然后拧紧。光纤头上的小凸点对准卡槽插入后，往顺时针拧紧。

FC 是单模网络中最常见的连接设备之一。它同样也使用 2.5mm 的卡套，但早期 FC 连接器中的一部分产品设计为陶瓷内置于不锈钢卡套内。目前在多数应用中 FC 已经被 SC 和 LC 连接器替代。

FC 是 ferrule connector 的缩写，表明其外部加强件是采用金属套，紧固方式为螺丝扣。

SC 同样具有 2.5mm 卡套，不同于 ST/FC，它是一种插拔式的设备，因为性能优异而被广泛使用。

SC 的英文全称记作“square connector”，因为 SC 的外形是方形的。

图 1-5 光电转换器

光电转换器：将光信号转换为电信号的一种转换器，通常通过外部电源供电（直流 5V/12V），具备光纤接口，RJ45 接口和电源指示灯，在现场实际应用中，如果两个通信设备通信距离超过网络线的最长距离，就需要利用光电转换器将电信号转换为光信号，以完成两者之间的通信。光电转换器如图 1-5 所示。

任务四 交换机设备的认识

【任务描述】

本任务主要介绍目前变电站自动化系统数据交互过程中所需要的通信

设备，这些设备主要包括交换机、集线器等，通过本任务的学习，应了解变电站自动化系统内数据流的走向，了解交换机设备在变电站自动化数据交互过程中所起的作用。

【知识要点】

交换（switching）是按照通信两端传输信息的需要，用人工或设备自动完成的方法，把要传输的信息送到符合要求的相应路由上的技术的统称。交换机根据工作位置的不同，可以分为广域网交换机和局域网交换机。广域概念的交换机就是一种在通信系统中完成信息交换功能的设备，它工作在网络的数据链路层。交换机有多个端口，每个端口都具有桥接功能，可以连接一个局域网或一台高性能服务器或工作站。

【技能要领】

交换机工作于 OSI 参考模型的第二层，即数据链路层。交换机内部的 CPU 会在每个端口成功连接时，通过将 MAC 地址和端口对应，形成一张 MAC 表。在今后的通信中，发往该 MAC 地址的数据包将仅送往其对应的端口，而不是所有的端口。因此，交换机可用于划分数据链路层广播，即冲突域；但它不能划分网络层广播，即广播域。

交换机在同一时刻可进行多个端口对之间的数据传输。每一端口都可视为独立的物理网段，连接在其上的网络设备独自享有全部的带宽，无须同其他设备竞争使用。当节点 A 向节点 D 发送数据时，节点 B 可同时向节点 C 发送数据，而且这两个传输都享有网络的全部带宽，都有着自己的虚拟连接。假使这里使用的是 10Mbps 的以太网交换机，那么该交换机这时的总流通量就等于 2×10Mbps＝20Mbps，而使用 10Mbps 的共享式 HUB 时，一个 HUB 的总流通量也不会超出 10Mbps。总之，交换机是一种基于 MAC 地址识别，能完成封装转发数据帧功能的网络设备。交换机可以“学习”MAC 地址，并把其存放在内部地址表中，通过在数据帧的始发者和目标接收者之间建立临时的交换路径，使数据帧直接由源地址到达目的地址。

交换机的传输模式有全双工、半双工、全双工/半双工自适应。交换机的全双工是指交换机在发送数据的同时也能够接收数据，两者同步进行，这好像我们平时打电话一样，说话的同时也能够听到对方的声音。交换机都支持全双工。全双工的好处在于迟延小、速度快。

就以太网设备而言，交换机和集线器的本质区别就在于：当 A 发信息给 B 时，如果通过集线器，则接入集线器的所有网络节点都会收到这条信息（也就是以广播形式发送），只是网卡在硬件层面就会过滤掉不是发给本机的信息；而如果通过交换机，除非 A 通知交换机广播，否则发给 B 的信息 C 绝不会收到（获取交换机控制权限从而监听的情况除外）。

交换机是目前变电站内连接各通信设备的主要节点，为保证设备的可靠运行，要求交换机支持直流供电，同时主要的设备采用双网布置。正常运行时，交换机的运行灯正常绿色显示，每个以太网端口有两个指示灯，绿色指示灯表明设备连接情况正常（link 灯），对应的另一个指示灯（有的为黄色，有的为绿色）闪烁则表明有数据正常收发（data 灯），还有部分设备带 10/100M 指示灯，正常亮时代表 100M，不亮代表 10M。具体的各指示灯含义各交换机均有不同定义。在常规变电站中不需要对交换机进行配置，但在智能变电站中，就需要对交换机进行参数设置，尤其是过程层交换机，且过程层交换机一般为光口交换机，各接入口均为光口（LC 接头或者 ST 接头的居多），为指定光口数据的流入/流出，需要对光口进行数据接收的定义。交换机如图 1-6 所示。

图 1-6　交换机

项目二

测控装置调试维护

【项目描述】

本项目主要包括测控装置构成介绍、遥测信息的调试维护、遥信信息的调试维护、遥控信息的调试维护等内容，通过对测控装置相关内容的介绍，了解测控装置的内部构成，熟悉同期功能在测控装置中的实现过程，掌握“四遥”信息的传输调试过程。

任务一 测控装置构成介绍

【任务描述】

本任务内容主要介绍测控装置的构成，需了解测控装置各板件在工作过程中的配合。

【知识要点】

测控装置：一般在变电站现场测控装置按间隔进行配置，完成每个间隔“四遥”功能。通过二次回路采集本间隔电压、电流量等量测数据，采集本间隔设备状态，设备运行信息等状态量，实现对一次设备的控制，并通过以太网通信方式或串口通信方式将所采集的数据进行转发。

【技能要领】

在变电站现场测控装置按间隔进行配置，根据间隔类型不同会配置不同类型的测控装置，可分为线路测控装置、母线设备测控装置、公用设备测控装置、断路器测控装置等。测控装置硬件一般由电源模块、交流采样插件、开入插件、开出插件、通信插件、CPU 插件、人机接口模块等组成，插件之间通过装置底板进行通信，目前常用的模式为多 CPU 分布式布局。每个插件通常具备一个拨码地址以区分具体的插槽号，插件有前插拔和后插拔两种模式，可根据具体的工程内容进行插板扩充。测控装置一般有 4U 或者 6U 的大小。后视图和正视图如图 2-1 所示。

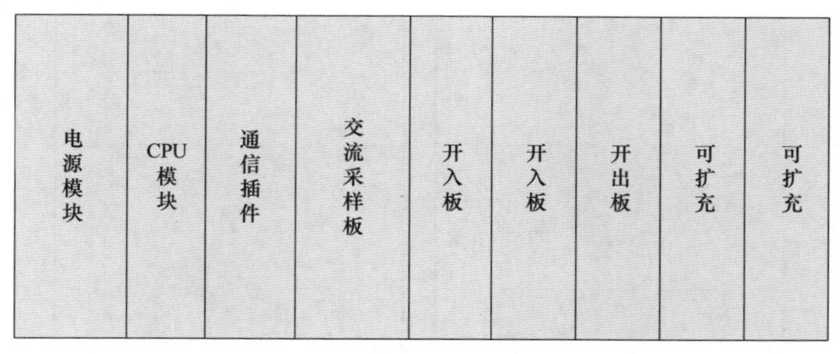

(a) 装置后视图

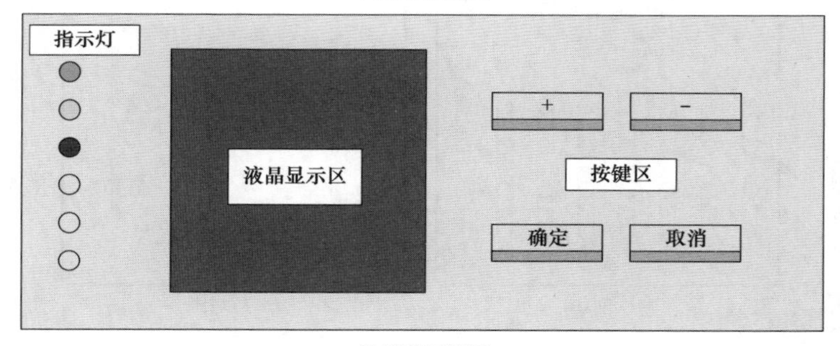

(b) 装置正视图

图 2-1　测控装置后视图和正视图

测控装置前面板为人机对话窗口，包括液晶显示窗口、指示灯和按键区。通过液晶面板和按键实现对测控装置进行参数设置以及状态浏览。指示灯一般有运行灯（电源灯）、告警灯、异常灯等，以指示设备运行状态。可以在液晶显示区内显示本间隔的接线分图、量测值。通过按键在菜单中可进行装置通信参数、同期定值、软压板投/退等设置及操作。

测控装置安装于标准屏上，常规布置中每个屏柜可布置两个间隔测控装置，对于主变压器测控屏为一台主变压器的所有测控布置于一块屏中。各插件通过插梳接至屏柜二次端子的内部线，端子外侧为该间隔一、二次设备过来的二次电缆，通过屏柜端子构成二次回路。涉及测控装置的二次回路包括交流电压电流回路、控制回路、信号回路。屏前装置下部安装用于操作的硬压板，屏后上端安装与装置相关的空气开关，包括直流、遥信、交流电压空气开关。具体如图 2-2 所示。

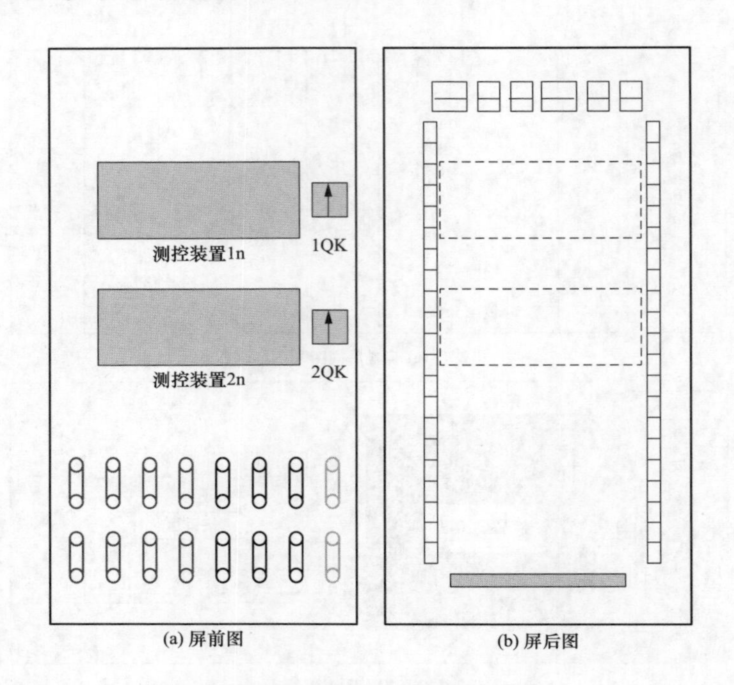

图 2-2 标准屏的屏前图和屏后图

变电站测控装置采用变电站内直流系统经装置电源空气开关输入电源板，电源板通过稳压和降压后得到各板件工作运行所需的直流电压。若装置失去直流电压，或者电压异常，则会驱动一个继电器，表示装置直流电源消失。

CPU 模件是测控装置的核心部分，由 CPU、外存储器、外围支持电路、输入输出控制电路组成。主要完成功能有：遥测数据采集及计算、遥信数据处理、遥控命令的接收与执行、检同期合闸、逻辑闭锁、GPS 对时、MMI 接口通信、通过网络或串口将信息读入或发出。

通信插件用于将测控装置采集和运算得出的各种信息结果上送至站控层，并且接收主单元或站控层下达的查询和控制命令。间隔层设备联闭锁信息交换、接收对时广播报文等也通过通信插件实现。通信插件可以是以太网插件也可以是串口插件。有的厂家在布置时将 CPU 插件和通信插件布局在一块板上实现。

任务二　遥测信息的调试维护

【任务描述】

本任务主要描述了遥测信息在测控装置中的实现过程，以及对遥测插件进行调试维护，通过学习本任务，应了解遥测插件的物理构成，熟悉遥测插件调试过程。

【知识要点】

采样定理：由于 CPU 只能处理离散的数字信号，而模拟量都是连续变化的物理量，因此要对模拟量信息进行采集，必须将随时间连续变化的模拟信号变成数字信号。当采样频率 $f_{s.max}$ 大于信号中最高频率 f_{max} 的 2 倍时，即：$f_{s.max}>2f_{max}$，则采样之后的数字信号能完整地保留原始信号中的信息。

【技能要点】

在变电站内的模拟量主要有三种类型：一是工频变化的交流电气量，如交流电压、交流电流等；二是变化缓慢的直流电气量，如直流系统电压、电流等；三是变化缓慢的非电气量，如温度等。模拟量采样方式可分为直流采样和交流采样两种。

（1）直流采样方式。直流采样方式就是将温度、缓慢变化的直流电气量经过相应的变送器变换为直流电压信号，然后再经 A/D 转换成相应的数字量，转换结果送 CPU 处理。

（2）交流采样方式。简单地说，交流采样就是直接对输入的交流电流、交流电压进行采样，采样值经 A/D 变换后变为数字量传送给 CPU，CPU 根据一定算法获得全部电气量信息。具体过程是：交流采样将连续的周期信号离散化，用一定的算法对离散时间信号进行分析，经模数转换后得到离散数据，把这些数据送入 CPU 进行软件处理，计算得到电压、电流的有效值，有功功率，无功功率，功率因数，频率以及谐波分量等。

如图 2-3 所示，经过 A/D 转换及测控装置 CPU 处理后，遥测数据变成了一组二进制码元，这组码元通过通信板送至站控层设备，站控层设备收到该码元后，需要在数据库里找到对应的设备和遥测点号，通过数据处理后，将数值表示出来，这个还原的过程称为标度系数转换。转换的公式一般为 $A=kX+B$，X 为实际测控装置送出来的码值，k 为系数（满度值/满码值），B 为基值，A 为计算后的数值。B 基值在一般情况下为 0，当经过变送器输出为 4～20mA 时，需要经过一定的线性转换，算出具体的基值。在测控装置遥测板 A/D 转换后，如果为负数，在 CPU 中利用 1 位符号位来表示，为 1 时表示负数，为 0 时表示正数，负数表示时采用二进制补码形式。数据库中计算完成的数值，需要通过后台图形编辑软件将数据库中的数据连接到画面，将数值显示出来，供值班员进行监视。

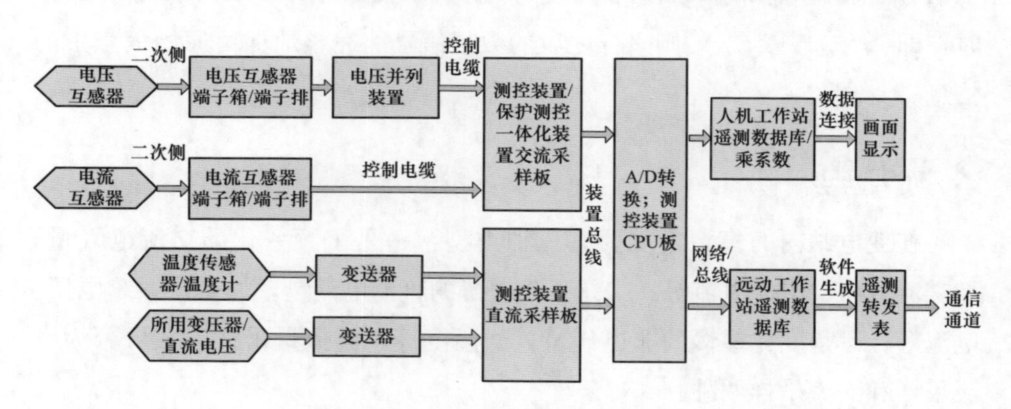

图 2-3 遥测信息采集原理图

遥测数据在测控装置内处理时还有越死区上送，死区包括零值死区和变化死区，零值死区和变化死区主要是为了上送数值时，减少通道中数据传送的量，具体死区值设置为多少需要根据实际的要求进行整定。遥测数据经过上述传输过程，会引起遥测数据的误差，影响遥测数据准确性。

遥测板的调试主要是在测控装置端子外侧加标准电压/电流二次量，检查遥测的精度是否满足规程要求，调试过程中要注意防止电压短路和电流开路。

任务三　遥信信息的调试维护

【任务描述】

本任务主要描述开入量在测控装置中的采集过程，以及如何对相关信息进行调试，通过学习应熟悉开入量信息的采集回路，掌握遥信信息的调试方法。

【知识要点】

遥信：开关量输入也称为状态量输入或数字量输入，其基本原理是将来自被监控对象的各种无源接点信号经过光电耦合电路隔离后变为二进制信号。

【技能要领】

变电站一次设备的位置信息，一、二次设备的运行信息都是通过开关量输入回路进行信号的采集，将这些信号转换成变电站监控系统可以辨识的数字信息。这些开入量信息本身不带电位，只是一个继电器触点，或者位置切换触点。通过专用的遥信电源与遥信板内的光电耦合器构成电回路。信号包括：

（1）单位置信号。主要指被监控对象产生的一些告警信号。如弹簧未储能、断路器 SF_6 泄漏、变压器瓦斯告警、保护装置和自动装置的动作或告警信号、交直流屏的告警信号等。

（2）双位置信号。双位置信号就是一个遥信量由两个相反的状态信号表示，一个来自动合触点，另一个来自动断触点，因此双触点遥信需要二进制代码的两位来表示。“10”和“01”为有效代码，分别表示合位和分位；“11”和“00”为无效代码。采用2位比特的双位置信号比采用1位比特的单位置信号多一倍的信息量，增加了信号码元的抗干扰能力，提高了状态信号传输过程中的可靠性，可有效避免单位置信号可能引发的状态信号误判断，从而减少遥信误发概率。

遥信信息采样原理如图2-4所示。

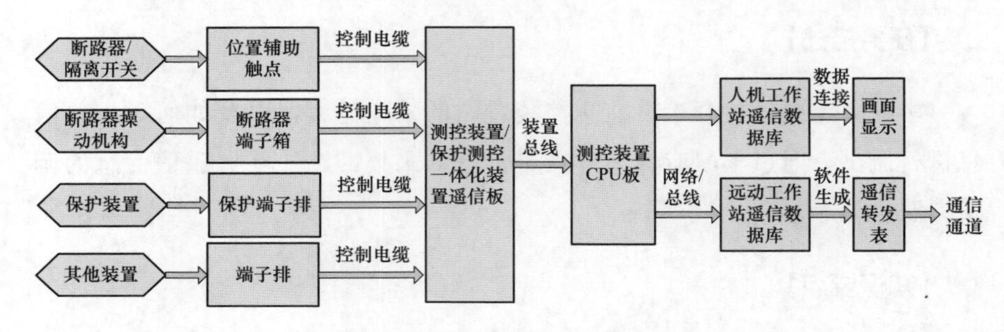

图2-4 遥信信息采样原理图

目前高/超高压电气间隔的断路器、隔离开关、接地开关的位置信号，均采用双位置触点采集，而在中低压系统中，出于成本考虑，除了断路器仍采用双位置信号外，隔离开关和接地开关可采用单位置信号，以节省测控装置须配备的开入点数量。

一块遥信板根据功能需要可配置多路开入量采集回路，最多可配置32路开入量，每个开入量进入装置后会经过一个光电耦合器，实现外部回路与装置内部回路的隔离。开入板有专门的数字处理回路，在回路上与外部的遥信回路实现隔离，两个回路不存在任何电的联系，保证开入的可靠动作。测控装置CPU板通过中断/扫描的模式来读取变位的开入。在测控装置参数中会有一个遥信滤波时间，以防止因外部遥信继电器抖动引起信号的误发，只有当外部开入量正常动作后，方可确认该信号已经正确动作，在测控装置内会记录报警动作的具体时间和内容。测控装置将变位信息上送给站控层设备后，站控层设备首先更新实时数据库，并推送至报警窗/点亮对应光字牌，供值班员进行监视，同时会将数据写入历史数据库，方便对报警信号进行调阅分析。

后台监控主机进行遥信数据处理时会产生两个报警一个是 SOE（事件顺序记录），一个是 COS，两者均带有时标，SOE 的时标是以测控装置的时间为基准的，而 COS 时标是以后台监控主机本身的时间为基准的。对于某些特殊遥信，如测控装置本身的直流电源消失，则需要在屏内的其他设备来采集这个开入量，并产生报警。按信号的重要程度可将信号分为事故信号、告警信号、变位信号、越限信号等几大类。

任务四 遥控信息的调试维护

【任务描述】

本任务主要描述遥控在测控装置中的实现，以及如何保证遥控信息在控制过程中的安全性，通过学习应掌握实现在遥控时的注意事项。

【知识要点】

遥控：指通过在站控层设备或调度控制中心向一次设备发送分、合闸命令，达到改变现场一次设备运行状态的远方操作。

【技能要领】

遥控回路，指由二次电缆实现遥控功能的二次回路。通过多种防误手段来保证遥控过程的安全性和可靠性。遥控信息采样原理如图 2-5 所示。

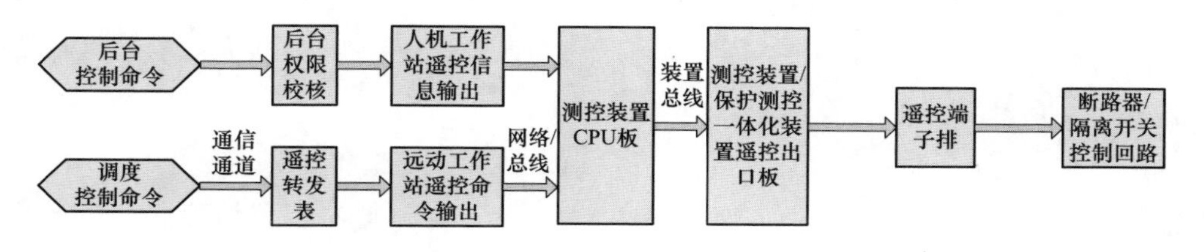

图 2-5 遥控信息采样原理图

开关量输出分类。开关量输出也称为数字量输出，其基本原理是 CPU

发出的控制命令经逻辑出口电路输出并光电隔离后驱动出口继电器触点的通断。某种程度上可以把开关量输出看成是开关量输入的逆向操作。测控装置开关量输出一般都采用无源触点输出方式。

遥控过程。对运行设备的遥控操作是非常慎重的，要严格禁止任何错误的操作，遥控的过程有严格的规定。遥控的全过程分四个步骤完成，第一步，控制端向被控端发出选择命令，选择命令包含遥控对象、遥控性质等信息；第二步，被控端向控制端返送遥控返校信息，返校信息是被控端对收到的遥控选择命令进行执行条件的核查，遥控对象若满足执行条件则返送肯定确认信息，否则返送否定信息；第三步，控制端根据返校的信息，向被控端发送遥控执行命令或遥控撤销命令；第四步，被控端根据收到的遥控执行或撤销命令进入具体执行进程。遥控过程如图 2-6 所示。

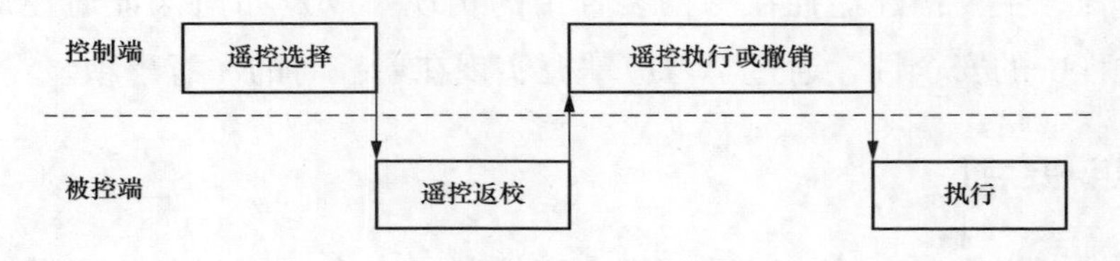

图 2-6　遥控过程

防遥控误出口措施。开关量输出涉及设备实际操作，事关重大，必须保证开关量输出的准确性和正确性。准确性是指保证控制对象的选择不允许发生错误，正确性是指保证控制对象按命令要求正确动作，不引起误动或拒动。因此必须采取一系列硬件和软件措施来防止遥控误出口。

项目三

后台监控系统调试维护

【项目描述】

本项目主要介绍后台监控系统构成、数据库维护、图形界面维护等功能的内容，通过相关技能的学习，应了解后台监控系统中相关维护软件的操作，熟悉站控层设备通过间隔层网络采集间隔层设备信息，以图形、声音、告警窗等形式展现给运行值班人员。

任务一　后台监控系统的构成

【任务描述】

本任务主要介绍后台监控系统的构成，通过对相关内容的介绍，需了解后台监控系统的组成。

【技能要领】

后台监控系统为站控层设备的主要设备之一，包括了监控系统主机，操作员工作站，五防工作站，工程师站等设备，操作员工作站，是站内计算机监控系统的人机对话窗口，用于图形及报表显示、事件记录、报警显示、报警查询、设备状态显示、设备参数查询、操作指导、操作控制命令的解析和下发等。通过操作员站，运行值班人员能实现对全站生产设备的运行监测和操作控制。在很多变电站，尤其是间隔层采用以太网为通信媒介的变电站，人机工作站同时兼任着本地监控系统主机的作用，作为站控层数据收集、处理、贮存及发送的中心，承担了变电站大量计算机协调处理工作。操作员工作站具有实时数据库、历史数据库、AVQC 等高级应用软件，管理存贮变电站的全部运行参数、实时数据、历史数据，协调各种功能部件的运行，满足其他设备的各种数据请求。操作员工作站作为变电站监控系统的软件运行平台，是变电站站控层系统的重要组成部分。

变电站监控系统的软件由系统软件、支持软件和应用软件组成。

系统软件指操作系统和必要的开发工具（如编译系统、诊断系统以及各种编程语言、维护软件等）。操作系统能防止数据文件丢失或损坏，支持系统生成及用户程序装入，支持虚拟内存，能有效管理多种外部设备。常用的操作系统有 LINUX 操作系统、UNIX 操作系统（如南瑞科技 BSJ2200 和 NS3000）和 Windows 操作系统（如北京四方 CSC2000、南瑞继保 RCS9700）。

支持软件主要包括数据库软件和系统组态软件。目前变电站监控系统所采用的数据库一般分为实时数据库和历史数据库。实时数据库一般在内存中开辟空间，用以储存实时数据，结构由厂家定义，它的特点是结构简单、访问速度快。历史数据库一般在硬盘中，用于储存历史数据、事件等，通常采用商用数据库，也有采用厂家自定义的数据文件格式。

系统组态软件用于画面编程和数据生成，为用户提供交互式的、面向对象、方便灵活、易于掌握和多样化的组态工具，用户能方便地对图形、报表、曲线、报文进行在线修改和生成。

应用软件则是在上述通用开发平台，根据变电站特定功能要求开发出的系统。应用软件的性能直接确定监控系统的运行水平，成熟，可靠，具有良好的实时速度和可扩充性。主机和人机联系系统的应用软件主要有 SCADA 软件、AVQC 软件和五防闭锁软件。

任务二　后台监控系统数据库维护

【任务描述】

本任务主要介绍后台监控系统数据库维护工具的应用，通过介绍，需掌握在后台监控系统数据库中定义间隔层信息。

【技能要领】

本任务以北京四方 CSC2000 系统为主要介绍内容，介绍后台监控系统数据库维护的过程。任务二、任务三中所涉及的案例中系统描述：

（1）相关一次设备描述：新增220kV培训2101线，为双母线接线方式；

（2）后台监控系统：北京四方CSC2000（V2），操作系统平台Windows；

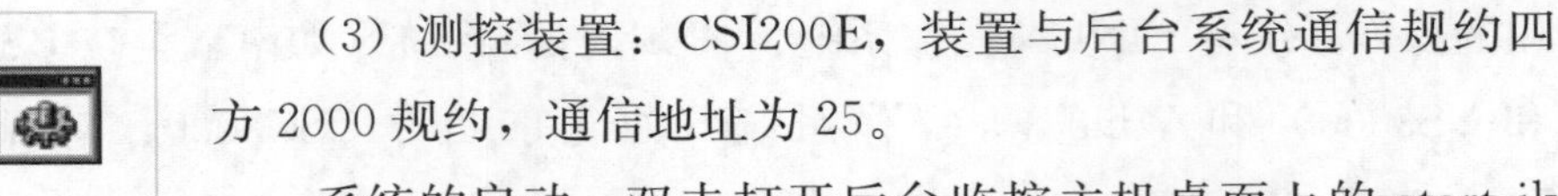

图3-1 start jk图标

（3）测控装置：CSI200E，装置与后台系统通信规约四方2000规约，通信地址为25。

系统的启动。双击打开后台监控主机桌面上的start jk图标（如图3-1所示），启动后台监控系统（如图3-2所示）。

启动完成后，在弹出的对话框（如图3-3所示）内输入用户名和密码，在该系统中sifang用户为超级用户。选择开始——应用模块——数据库管理——实时库组态工具，打开对应实时库组态工具。打开路径和其对话框如图3-4和图3-5所示。

图3-2 CSC2000（V2）系统启动界面

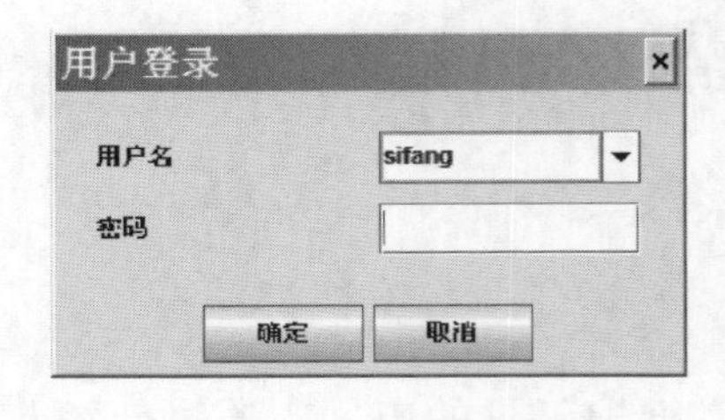

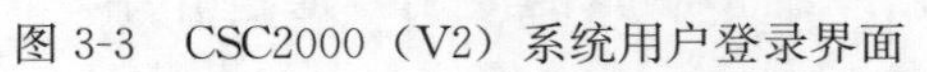

图3-3 CSC2000（V2）系统用户登录界面

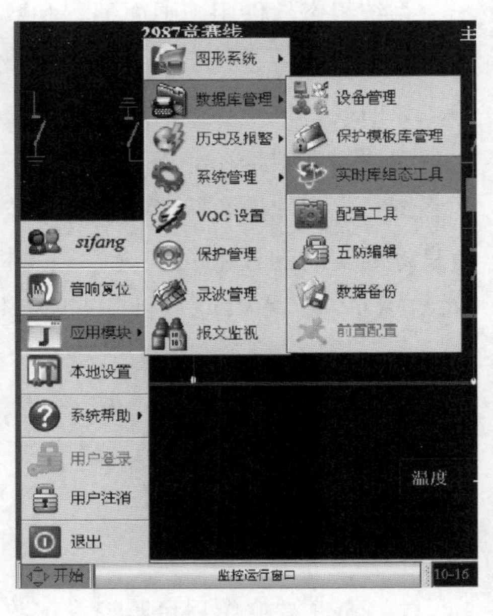

图3-4 实时库组态工具打开路径

在本地站中，选择变电站——间隔，在间隔位置鼠标右击增加间隔。如图3-6所示。

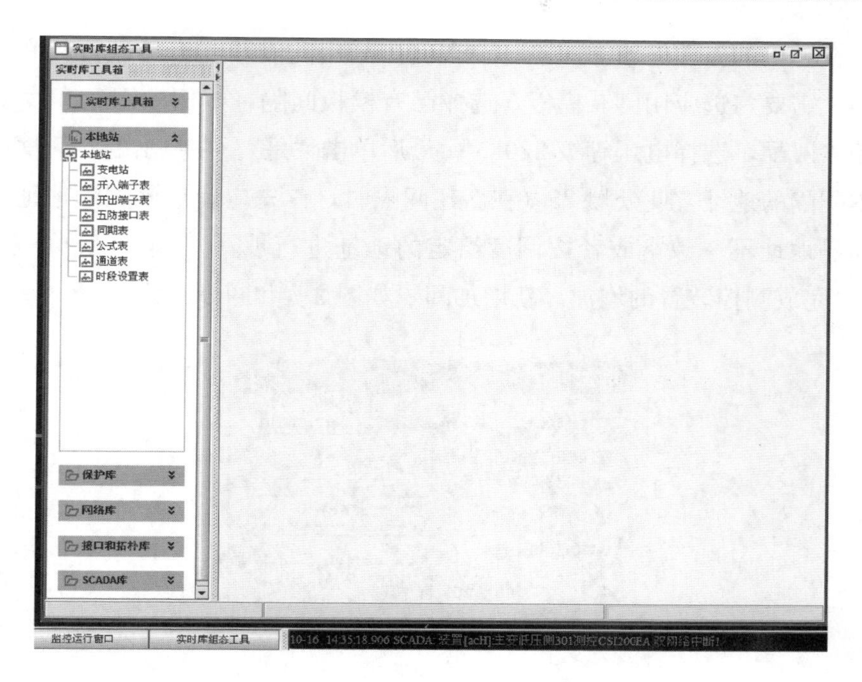

图 3-5 实时库组态工具对话框

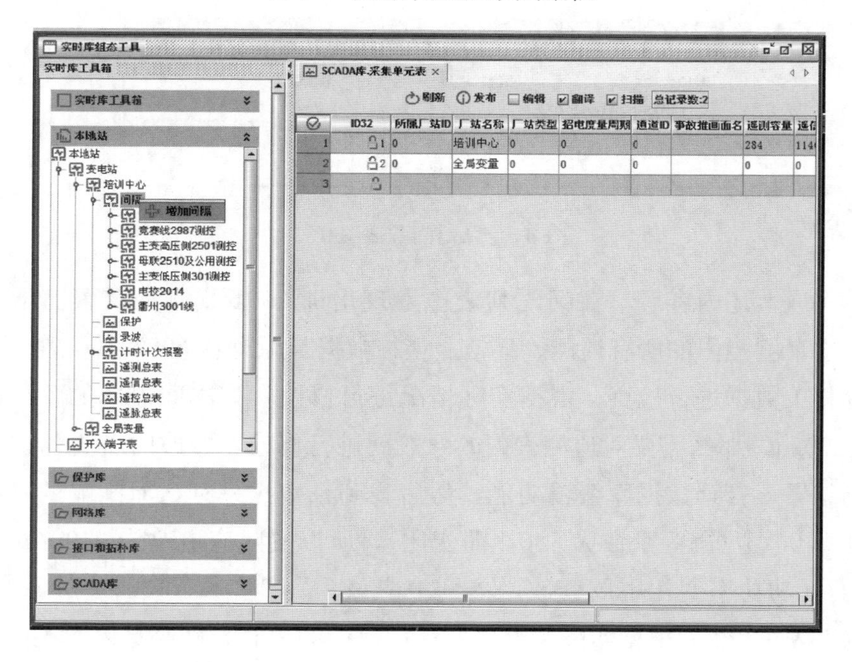

图 3-6 实时库组态工具——增加间隔

在弹出的界面中增加间隔，在本例中采用间隔匹配工具进行新间隔的增加，需要勾选应用已有模板，选择已有模板间隔，本例中用竞赛线 2987 测控来匹配，选择电压等级 220kV，最后单击“是”。在弹出的对话框中输入本间隔的地址，此处填 25（在新建间隔时，首先应确认该间隔地址与其他间隔地址不一致，或者按调度给定的地址进行填写）。填入后单击“确认”，完成测控装置的增加。新增加间隔如图 3-7 和图 3-8 所示。

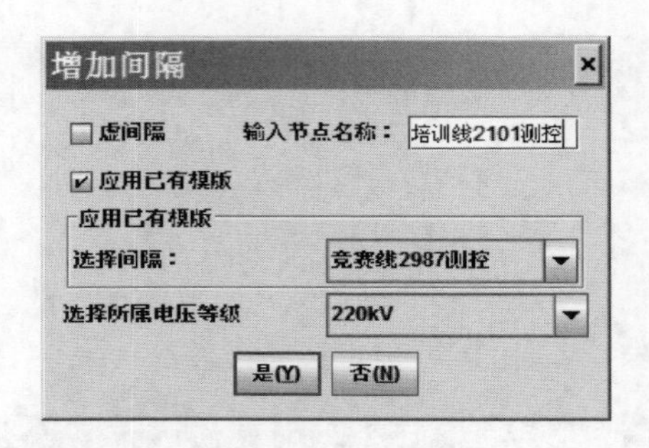

图 3-7 新增间隔截图（一）

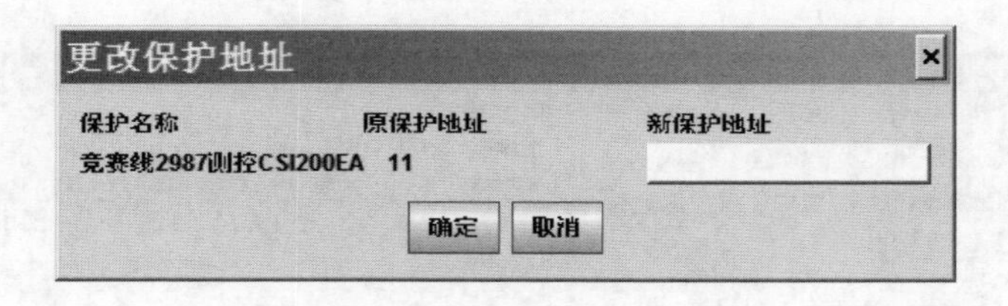

图 3-8 新增间隔截图（二）

完成上述内容后，在间隔列表中发现培训 2101 线测控装置已增加完成，这个测控内的所有遥测、遥信、遥控数据与原竞赛 2987 内一致。对间隔内相关数据进行检查，根据实际情况进行修改，如本间隔内的 TA 变比为 1200/5，那么需要对遥测表内的系数列进行修改，修改时首先勾选最上面的编辑，打开数据库编辑功能，然后找到系数这一列，原间隔的 TA 变比为 2400/5（因为系数为 480，即变比），所以实际应更改为 240，对应的有功/无功功率变比也要修改，本例中应该为 2.2×240/1000＝0.528（单位为 MW）。然后根据实际情况修改遥信表中的内容，修改具体的遥信点接入的遥信名称。遥测量设置如图 3-9 所示。

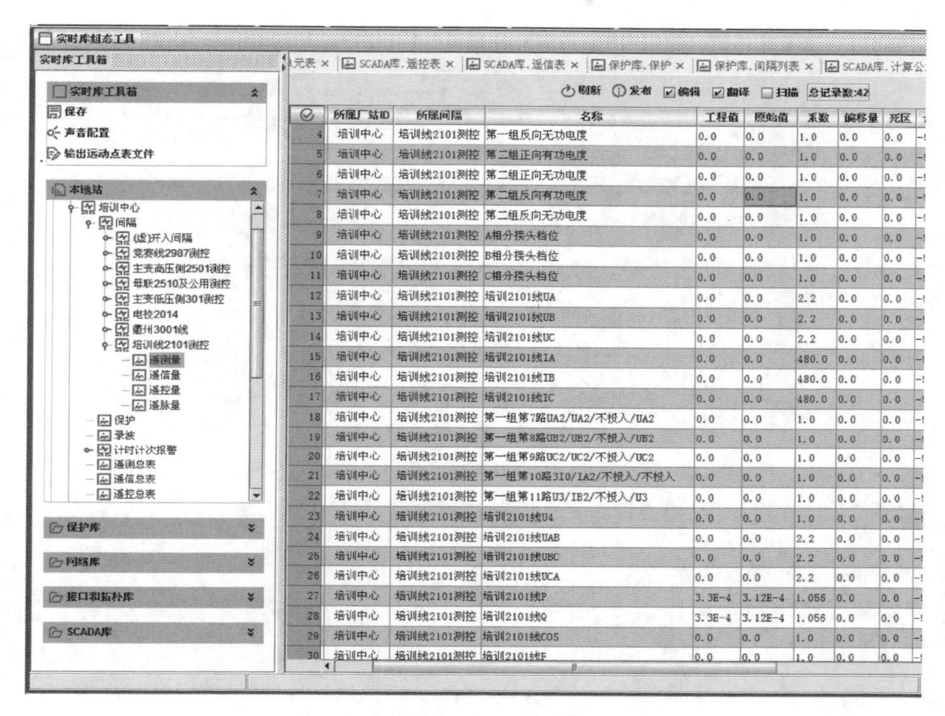

图 3-9　遥测量设置

打开遥控表，获得编辑权限，然后单击名称列（最上端），整体选中，鼠标右键选择字符替换，在打开的窗口中输入替换前后的字符，字符格式需与数据库中一致。单击确认，完成相应的数据替换。字符替换如图 3-10～图 3-12 所示。

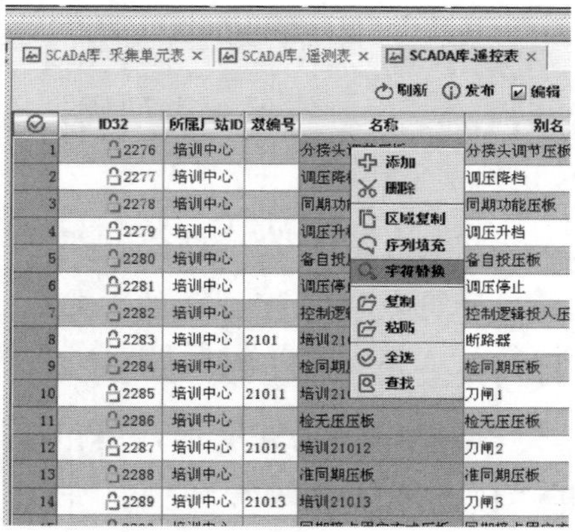

图 3-10　字符替换截图（一）

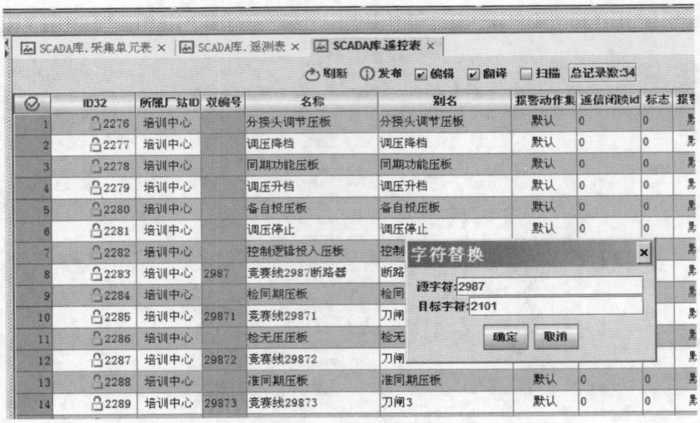

图 3-11 字符替换截图（二）

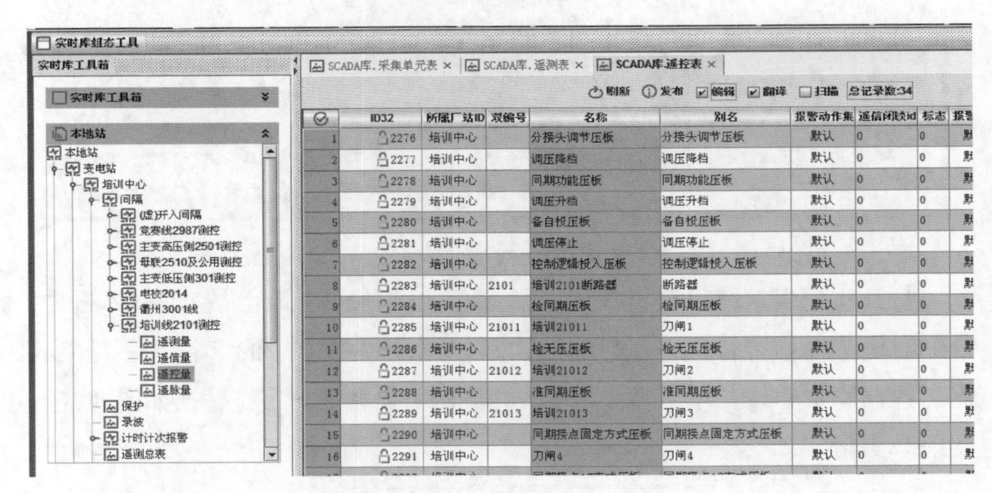

图 3-12 字符替换截图（三）

选中左侧的保护间隔，填写对应保护类型码，本例中选择为 2000 规约。保护类型码设置如图 3-13 所示。

选择右侧的公式表，检查并添加公式计算，本例中因无三相开关总位置，因此需要在通过公式计算获得三相开关的总位置。获得公式表编辑权限，并添加公式。填写相关公式的表达式，如图 3-14 和图 3-15 所示。

至此基本完成实时数据库内间隔的增加，单击“刷新”按钮，再单击“发布”按钮。再打开“数据库工具箱”，选择“保存”，完成数据库的保存，如图 3-16～图 3-18 所示。

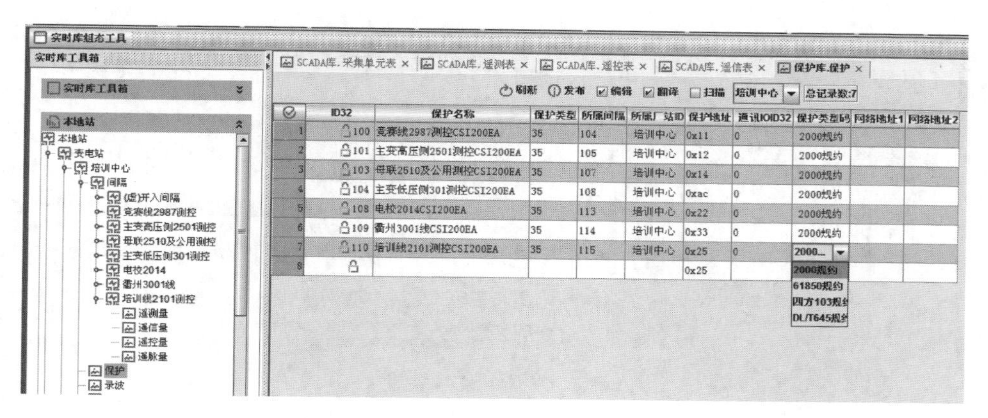

图 3-13　保护类型码设置

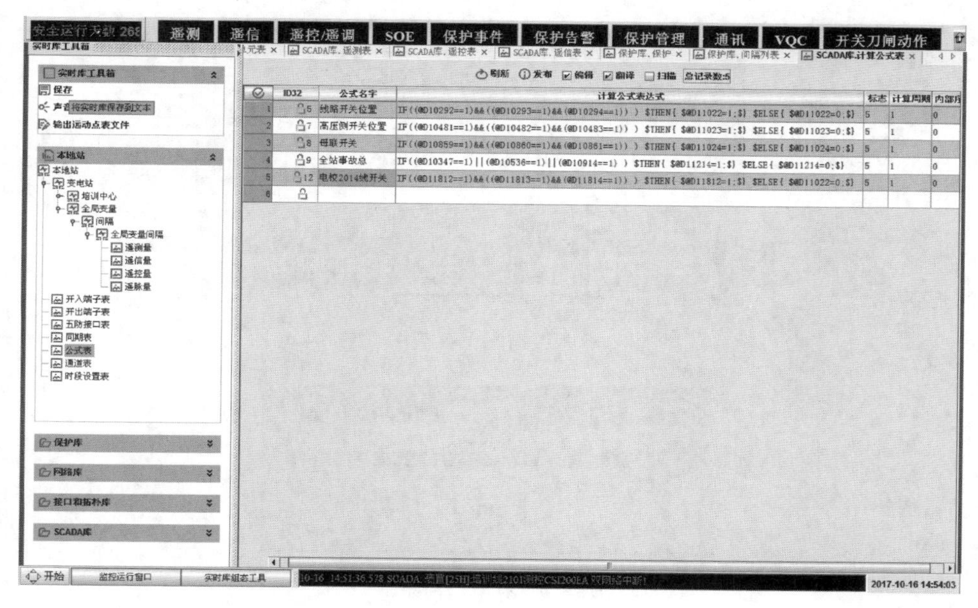

图 3-14　添加计算公式截图（一）

添加计算公式

公式属性设置

公式名称(少于20个汉字)　电校2014线开关

触发周期(s)　1

☑ 触发周期(s)　☐ 变量变化触发

是(Y)　否(N)

图 3-15　添加计算公式截图（二）

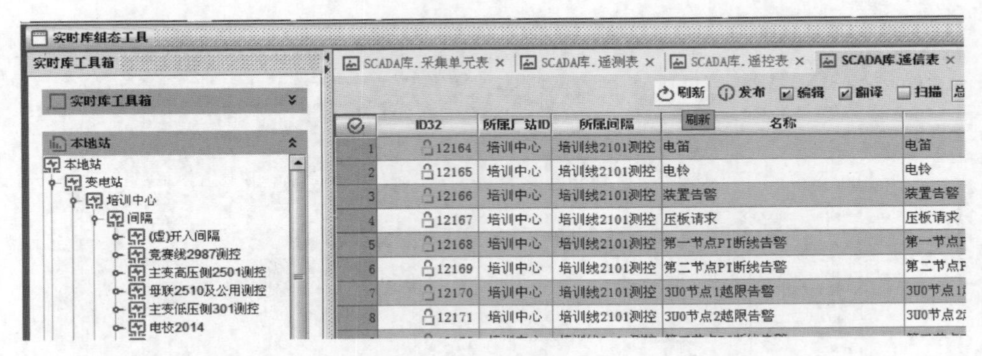

图 3-16 数据库保存截图（一）

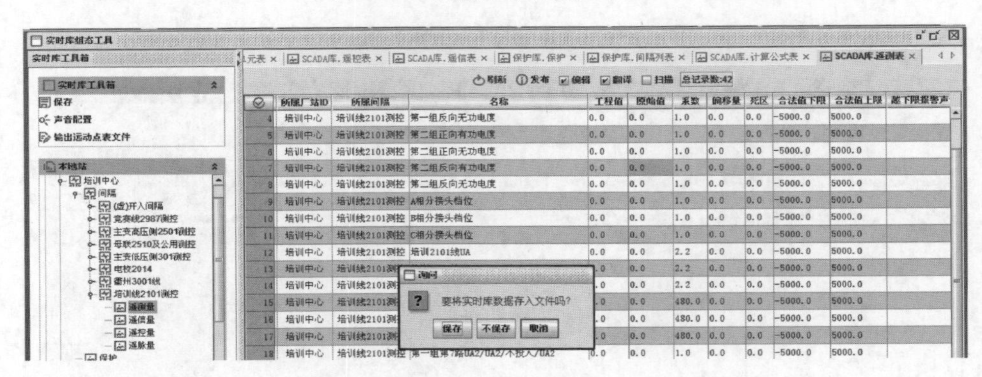

图 3-17 数据库保存截图（二）

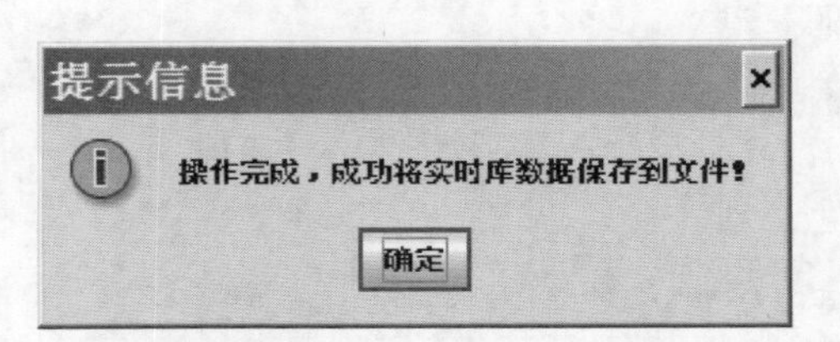

图 3-18 数据库保存截图（三）

通过上述步骤后完成了该间隔在后台监控系统内的数据库完善。

任务三 后台监控系统图形界面维护

【任务描述】

本任务主要介绍后台监控系统图形界面工具的应用和维护，通过介绍，需掌握在图形界面上关联后台监控系统数据库内容。

【技能要领】

单击开始——应用模块——图形系统——图形编辑，进入图形编辑界面。图形编辑界面打开路径如图 3-19 所示。

在图形编辑界面（如图 3-20 所示）中，1 号框内主要为对图形文件的相关操作快捷键，分别为新建、打开、保存、另存为、打印、前撤销、重做、删除、复制、粘贴。2 号框为对相关前景背景数据的格式处理，包括数据的对齐、置前、置后、组合/取消组合等。3 号框为对画面的相关操作，放大、缩小、预览等。4 号框为整个图形的导航框，可以在该窗口中快速定位图形位置。5 号框为图形编辑显示区。6 号框为图元选择区域，可以在里面选择已经定义完成的图元，并直接应用。7 号框为图形编辑时画图需要用到的快捷键。图形中包括背景图元、前景图元，背景图元可以是相关设备的文字描述、线框等，背景图元不需要连接相关数据；前景图元可以是断路器、隔离开关、接地开关、光字、遥测数据、画面跳转框等，前景图元则需要连接相关数据库或画面内的相关内容方可完成前景的定义。

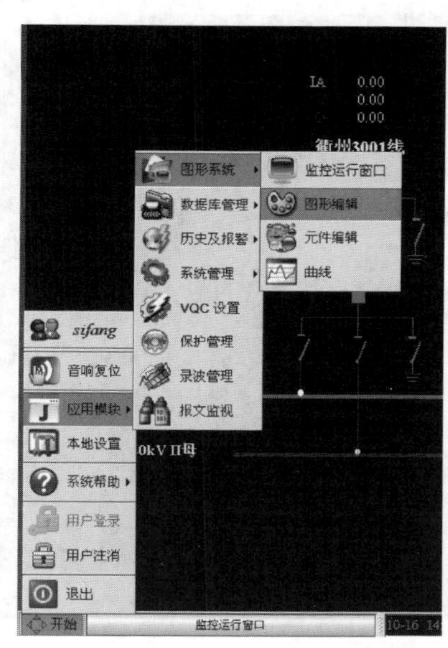

图 3-19　图形编辑打开路径

选择“打开”画面按钮，在已有的文件中选择“主界面”，并确定“打开”，如图 3-21 所示。本例中主接线图的画面我们也利用间隔复制的方法进行，选择“2987 竞赛线”画面上所有内容，按“复制”，然后在选中的画面中右击，选择间隔匹配，如图 3-22 所示。在弹出的间隔匹配对话框中选择对应的目标间隔（本例目标间隔为培训线 2101 测控），单击确定，如

图 3-23 所示。然后整体选择复制后的间隔，右键选择“图形属性批量修改”，在弹出的对话框中填入新的调度编号，如图 3-24 所示。单击应用后完成一次设备的修改。双击每个设备，检查是否已经完成前景的连接如图 3-25 和图 3-26 所示。

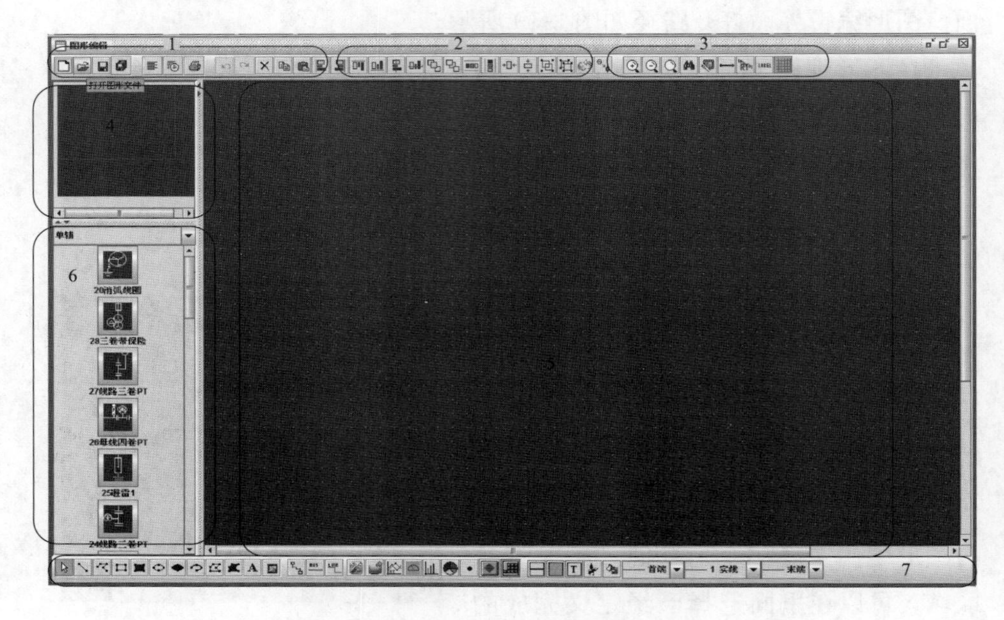

图 3-20　图形编辑界面

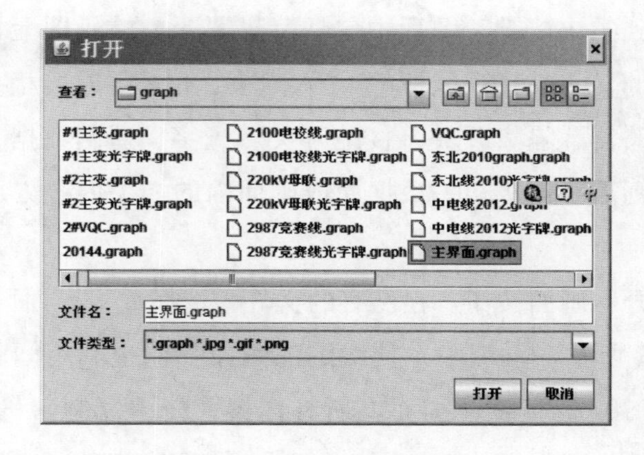

图 3-21　打开主界面

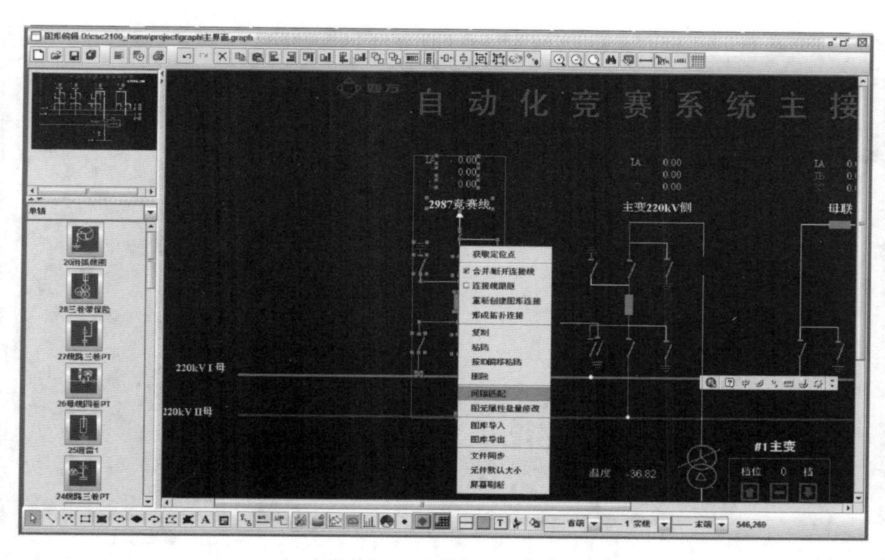

图 3-22 间隔匹配菜单

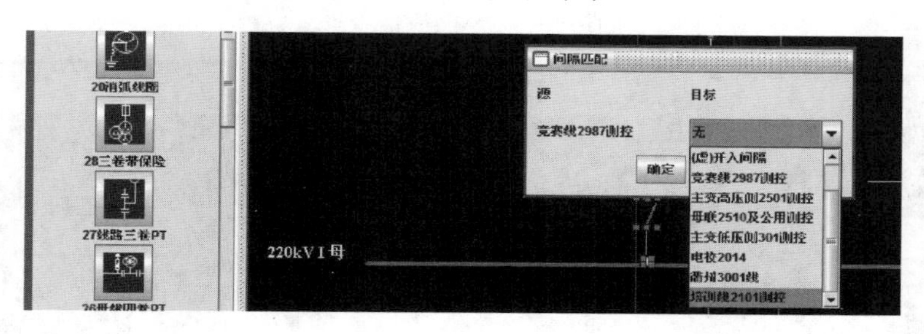

图 3-23 匹配目标间隔

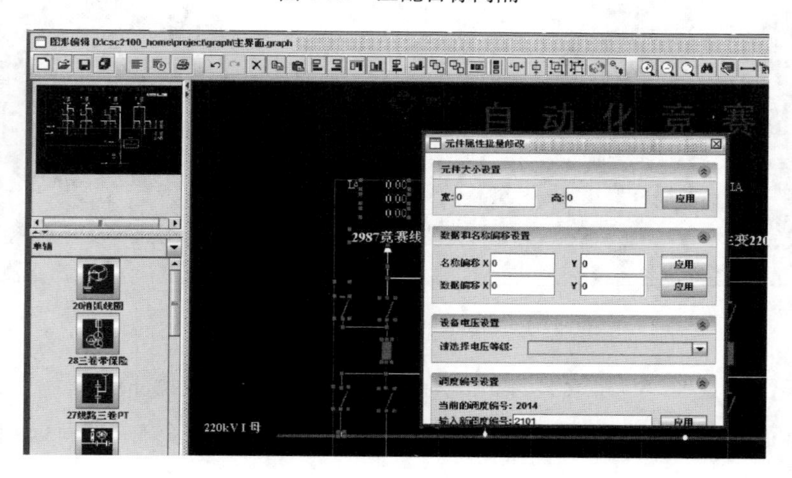

图 3-24 修改调度编号

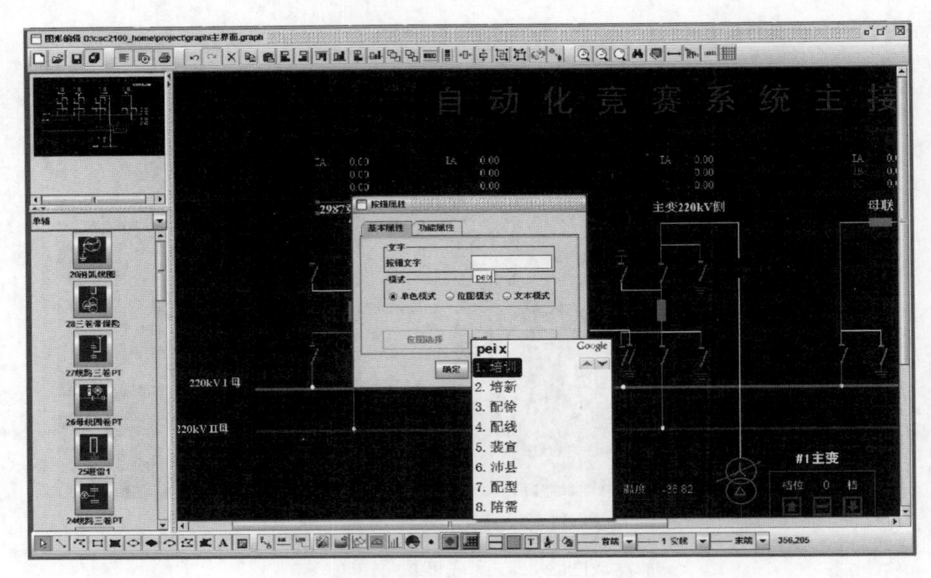

图 3-25 修改图元名称

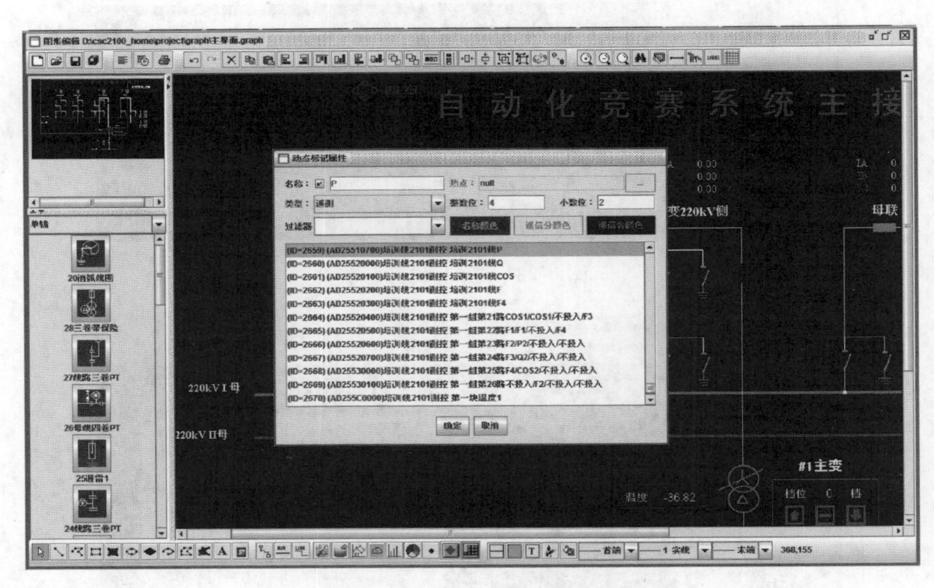

图 3-26 修改主界面遥测关联

单击“保存”，完成文件的保存，画面文件的名称无需改变，至此完成了主画面上新间隔的添加。可以看到在这接线图内已经有了新的间隔，如图 3-27 所示。

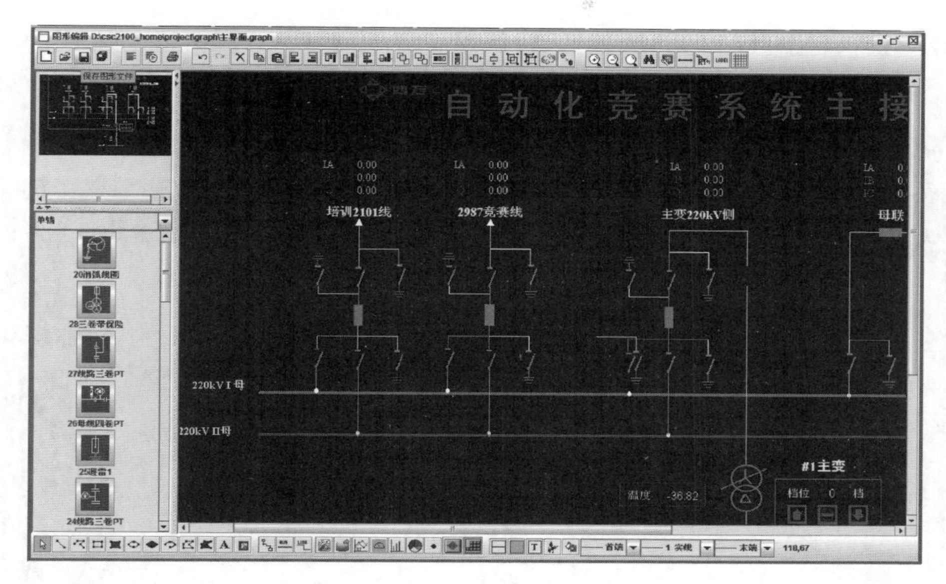

图 3-27　修改后主画面

然后对分间隔图进行编辑，本任务中仍采用在原间隔基础上进行修改的方式，打开 2987 竞赛线间隔分图，如图 3-28 所示。

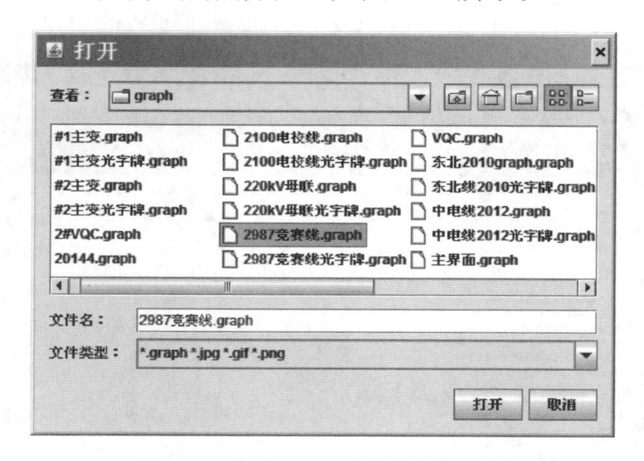

图 3-28　打开 2987 竞赛线间隔分图

在分图中进行相关数据库前景定义，如本例中修改控制逻辑软压板的遥控信息，先将原先定义的竞赛 2987 测控控制逻辑投入压板从实时数据定义窗口中删除，如图 3-29 所示。在左侧窗口中先选择遥控类型，过滤器中填入间隔号 2101，就筛选出具体的该间隔所有遥控，选中培训线 2101 控制逻辑投入软压板，单击往右箭头将该控制信号增加至右侧窗口中，单击确定完成前景信息的修改，如图 3-30 所示。

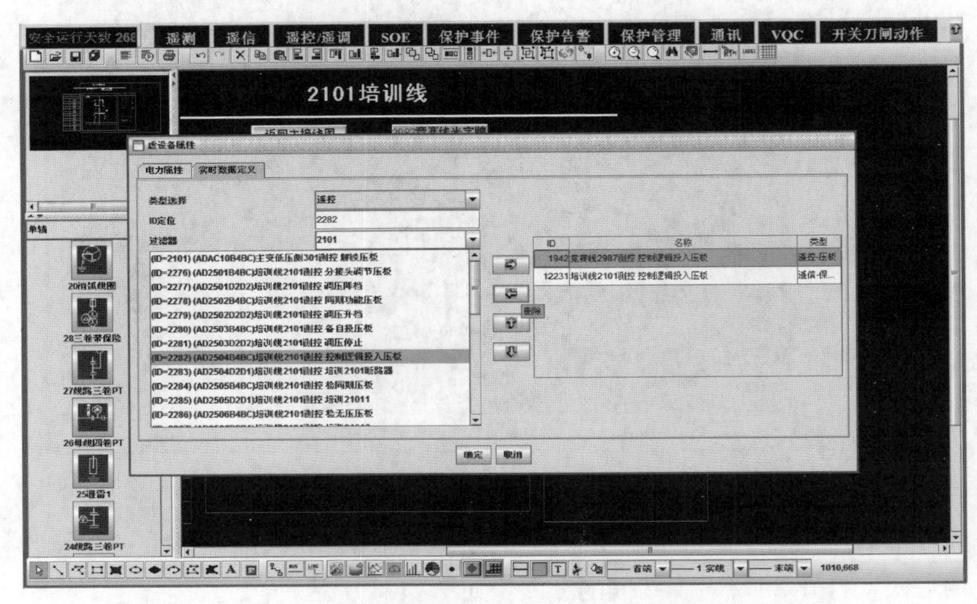

图 3-29 删除原关联的竞赛 2987 测控控制逻辑投入压板

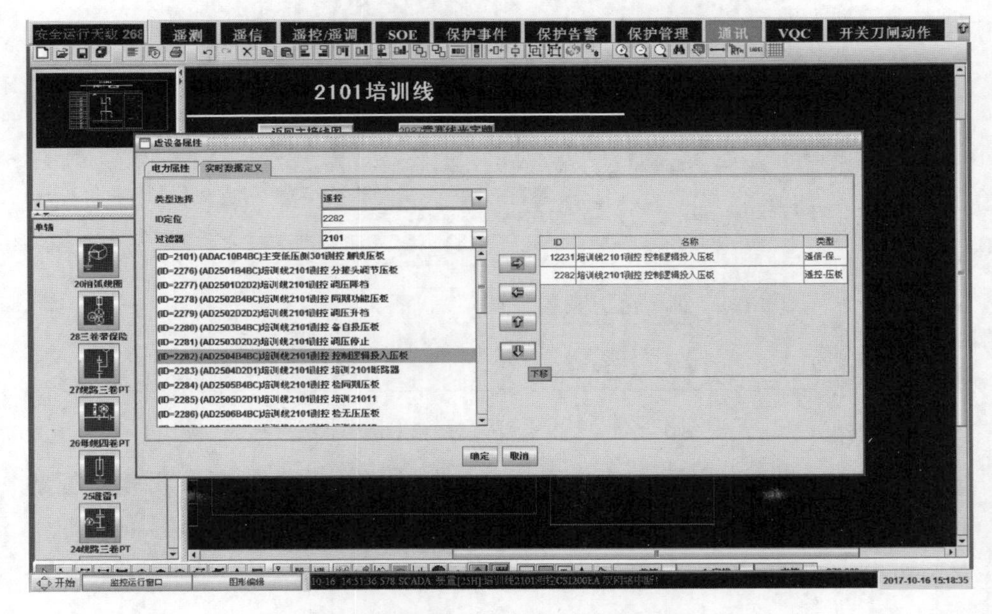

图 3-30 关联培训线 2101 控制逻辑投入软压板

修改完定义后修改光字牌的按钮连接，在热点中选择具体的图形，即可实现图形之间的跳转，如图 3-31 所示。

图 3-31　修改光字牌跳转

修改遥测的前景定义，修改过程中使用过滤器会加快信号的选择速度，然后在名称列中取消名称描述，使用背景自身提供的文本描述，如图 3-32 所示。

图 3-32　修改遥测前景定义

修改完成后，选择另存为图标，在图形库中重新建立一个新的图形，图形名称重新定义，如图 3-33 和图 3-34 所示。

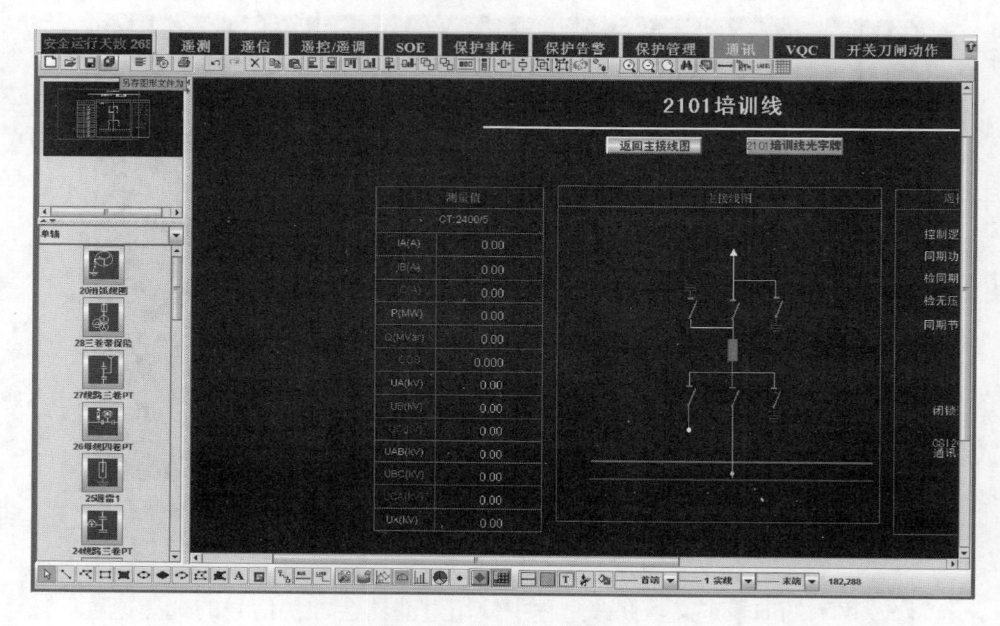

图 3-33　间隔分图另存为

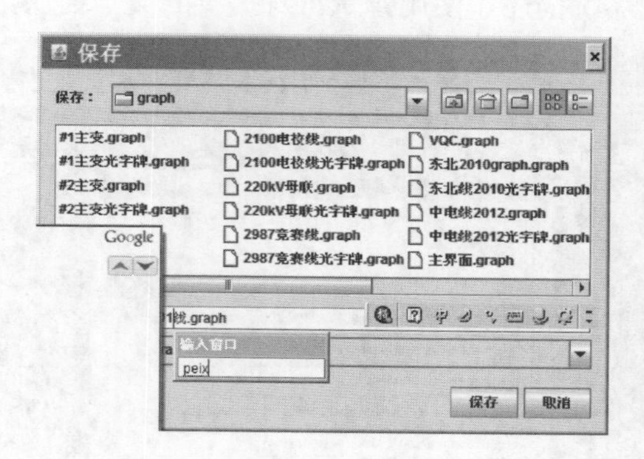

图 3-34　间隔分图名称重新定义

其他相关图形的编辑更改，如通信状态监视图、光字牌索引界面等，完成更改后，保存退出图形编辑界面。选择开始——应用模块——图形系统——监控运行窗口，如图 3-35 所示。在窗口中对修改完的画面进行前景连接检查，用鼠标悬停在对应的设备上可以看到该图元具体连接的内容，如图 3-36 所示。检查无误后即完成了所有图形的编辑。

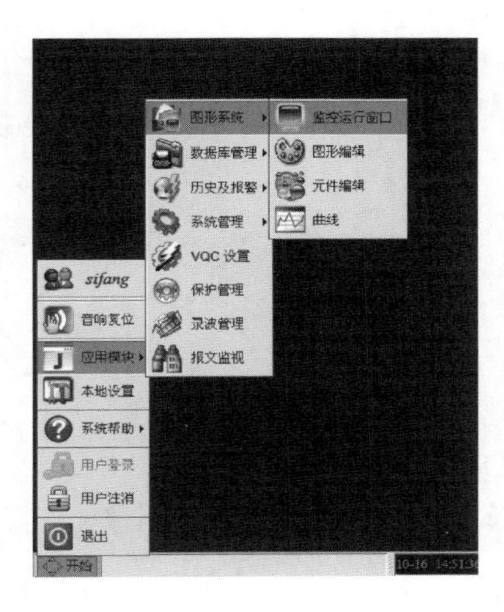

图 3-35　打开监控运行窗口

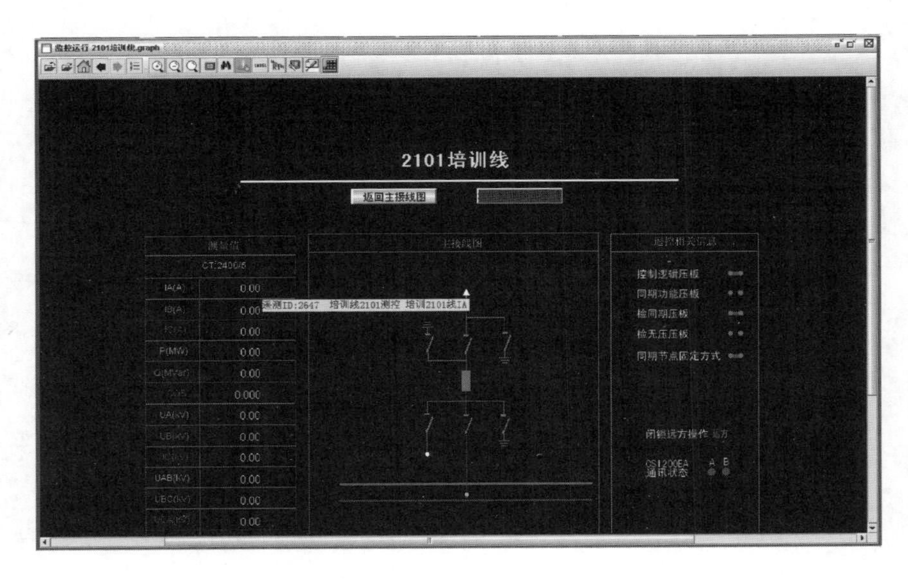

图 3-36　前景连接检查

项目四

运动通信工作站调试维护

【项目描述】

本项目主要介绍远动通信工作站硬件和功能、组态软件应用等内容，通过相关技能的学习，应了解远动通信工作站相关维护软件的操作，熟悉远动通信工作站工作原理和调试维护工具的应用。

任务一　远动通信工作站硬件和功能

【任务描述】

本任务主要介绍远动通信工作站的硬件组成以及远动通信工作站应具备的功能，通过本任务的学习，应熟悉远动通信工作站与站内设备进行通信，以及相关数据的转发过程。

【技能要领】

远动装置主要由 CPU 模块、人机对话 MMI 模块、电源模块、GPS 对时模块、串行接口模块、远传 modem 模块等组成。

CPU 模块，应具备高性能的 MCU，大容量的存储空间，具有极强的数据处理及记录能力。实时多任务操作系统和高级语言程序，使程序具有很强的可靠性、可移植性和可维护性。为了与远方调度或其他监控系统通信，CPU 模块应可提供多个串行通信接口和以太网接口。

人机对话 MMI 模块。主要功能是显示装置信息，扫描面板上的键盘状态并实时传送给 CPU，通过液晶显示器显示装置信息，人机对话应操作方便、简单。

电源模块。为保证装置可靠供电，电源输入采用直流 220V，经逆变输出装置所需的电源。

GPS 对时模块。可以接入其他授时装置产生的对时脉冲信号（开入信号），或串行数字对时信号，同时也可以产生高精度的授时脉冲信号，用于整个变电站内的时钟同步。

串行接口模块。是完成与外部远传数字接口或当地智能设备通信时，将 CPU 内部的 TTL 电平转换成需要的 RS-232/422/485 等各种电平。

远传 modem 模块。是实现与带有 modem 的远方主站通信的 FSK 调制解调器，应具备 300～9600 波特率可调，同、异步通信方式可选的功能。

远动装置不直接采集数据，主要由各测控装置、保护装置、通信管理机、其他智能设备完成。远动装置通过与各测控置、保护装置、通信管理机、其他智能设备之间的通信获得数据，并进行汇总和相应处理。通信方式有串口、现场总线、网络等。远动装置将获得的数据进行处理和存储，按照设定的规约与调度主站通信，将数据以遥测、遥信、时间顺序记录的方式上传到调度主站，并接收、处理调度主站下发的遥控和遥调命令。

远动装置主要功能：

（1）实现多种远动通信规约。满足调度自动化主站系统所需的各种远动通信规约，目前使用的有 CDT、101、104。

（2）支持多调度主站和多种通信接口。可以同时支持与 2 个以上调度主站并行工作，上传到不同调度主站的信息根据需要可以不同，但为同一数据源。支持多个串口通信及网络通信。

（3）采用现场规约服务模块，完成与现场装置通信。在各通信方式下，支持使用各种通用的通信协议，与站内各层的系统或装置进行数据通信。

（4）数据处理。

1）变化的信号与事件顺序记录一般以数据队列的方式存储，等待传送至调度主站系统。

2）当采集的信号与实际状态相反时，应具备将次信号取反功能。

3）变化的信号要进行测量，需要更新数据库内的相应数值，同时产生相应标记，便于传送至调度主站系统。

4）测量值应具备数据转换，设定死区值，限值处理的功能。数据转换主要是通过相应系数，将源码值转换为一次值或主站要求的特定值。设定死区值是当遥测量变化在设定范围内时，视为非变化的测量值，防止频繁变化的数值上送，阻塞其他数据及时上传。限值处理指当测量值超过一定限值时，可采用限值替换当前值，也可以选择使用当前值，并产生相应的状态指示位。

5）接收、处理调度主站下发的遥控、遥调命令。接收远方主站的控制命令后，首先应该进行逻辑和规则上的判断，然后再下发至控制单元。一般的控制过程，应该有完整的验证步骤，比如先选择、返校、再执行或撤销；远传数据处理装置内部还应该有一定的容错能力，比如超时判断、错误的过程判断；对于错误的操作，应该产生相应错误原因的应答。

6）具备基本的就地监控、调试和维护功能。可以监视实时的遥测数据、遥信状态、各通信口的实时报文；可以查阅一定时间范围内的若干条历史信息；可以方便地进行各种参数的编辑、修改以及程序升级。

7）提供全站的对时接口，使得全站系统时钟保持一致。

任务二　远动通信工作站组态软件应用

》【任务描述】

本任务主要介绍远动通信工作站组态软件的应用，通过本任务的学习，应熟悉远动通信工作站如何采集和集成站内设备信息，掌握与调度相关通信内容的定义和转发表配置过程。

》【技能要领】

远动信息表的生成主要通过相应的参数配置工具建立变电站 IED 装置与调度之间的通信联系，需要配置的内容主要包括变电站站内部的 IED 设备之间的通信参数配置、调度端相关通信参数设置、远动转发信息表与站内设备之间的对应关系。典型的远动参数配置工具包括南瑞继保的 RCS9798 组态工具，国电南瑞的 NscAssist 组态软件，北京四方的 CSC1326 远动配置工具。在进行远动参数配置之前，应根据现场实际进行硬件功能的规划，了解串口及网络通信参数。远动参数配置工具中需要配置的参数大致包括以下 6 个部分：

（1）基本参数配置。主要包括与内网通信的 IP 地址配置、与外网设置通信的 IP 地址配置、变电站名称配置、双机主备模式配置等。

（2）站内 IED 参数配置。主要包括站内设备类型，站内设备 IP 地址（间隔号），IED 所具备的功能设置（遥测采集路数、遥信采集路数、遥控采集路数），通信介质等。站内 IED 参数配置界面如图 4-1 所示。

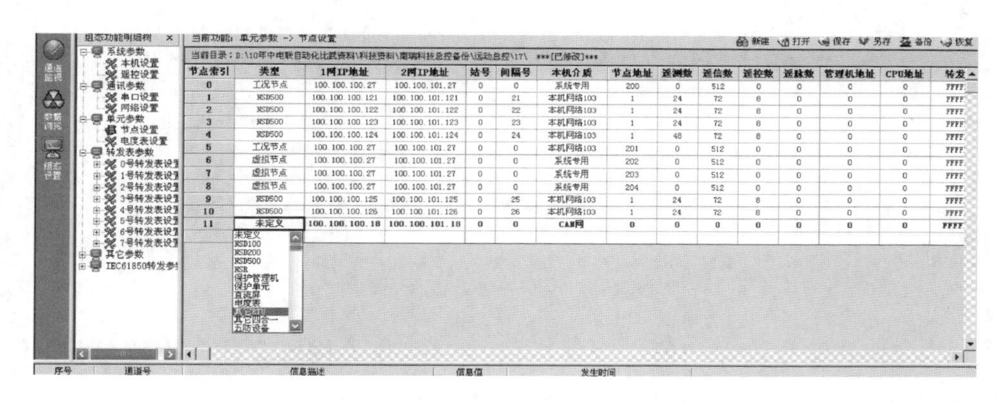

图 4-1 站内 IED 参数配置界面

（3）远动通信参数配置。串口通信参数配置（同步方式、波特率、数据位、停止位、校验方式）、网络通信参数配置（网关配置、静态路由设置）。

（4）规约参数设置。应根据具体的规约及现场实际需求设置规约参数，101 规约中需要设置的主要参数包括：链路地址、ASDU 地址、遥测数据转发方式、遥测数据起始点号、遥信数据转发方式、遥信数据起始点号、遥控数据起始点号、传送原因占用字节数、是否使用背景扫描、信息体地址占用字节数等；104 规约中需要设置的主要参数包括允许连接的 IP 地址、端口号、ASDU 地址、K 值、W 值、遥测数据转发方式、遥测数据起始点号、遥信数据转发方式、遥信数据起始点号、遥控数据起始点号、传送原因占用字节数、信息体地址占用字节数、是否使用背景扫描等。

（5）生成转发表。根据下发的调度数据信号转发表进行转发数据与变电站内数据的对应关系，可根据具体调度的转发要求不同，分别定义信号转发表。需要定义的内容包括遥测转发序号、本地装置的地址、遥测序号、遥测系数、遥测基数、最大值与最小值的处理等；遥信转发序号、IED 的遥信地址、遥信序号、是否取反、是否上送 SOE 等；遥控转发序号、IED 的地址、遥控序号、遥控方式等。转发表参数配置界面如图 4-2 所示。

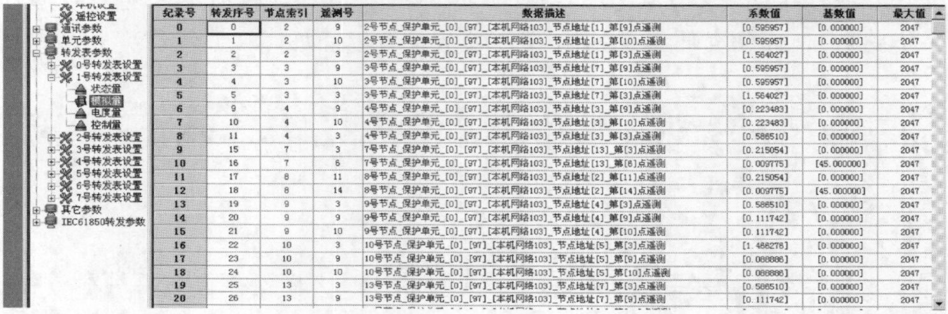

遥控设置
通讯参数
单元参数
转发表参数
0号转发表设置
1号转发表设置
状态量
模拟量
电度量
控制量
2号转发表设置
3号转发表设置
4号转发表设置
5号转发表设置
6号转发表设置
7号转发表设置
其它参数
IEC61850转发参数

纪录号	转发序号	节点索引	遥测号	数据描述	系数值	基数值	最大值
0	0	2	9	2号节点_保护单元_[0]_[97]_[本机网络103]_节点地址[1]_第[9]点遥测	[0.595957]	[0.000000]	2047
1	1	2	10	2号节点_保护单元_[0]_[97]_[本机网络103]_节点地址[1]_第[10]点遥测	[0.595957]	[0.000000]	2047
2	2	2	3	2号节点_保护单元_[0]_[97]_[本机网络103]_节点地址[1]_第[3]点遥测	[1.564027]	[0.000000]	2047
3	3	3	9	3号节点_保护单元_[0]_[97]_[本机网络103]_节点地址[7]_第[9]点遥测	[0.595957]	[0.000000]	2047
4	4	3	10	3号节点_保护单元_[0]_[97]_[本机网络103]_节点地址[7]_第[10]点遥测	[0.595957]	[0.000000]	2047
5	5	3	3	3号节点_保护单元_[0]_[97]_[本机网络103]_节点地址[7]_第[3]点遥测	[1.564027]	[0.000000]	2047
6	9	4	9	4号节点_保护单元_[0]_[97]_[本机网络103]_节点地址[3]_第[9]点遥测	[0.223483]	[0.000000]	2047
7	10	4	10	4号节点_保护单元_[0]_[97]_[本机网络103]_节点地址[3]_第[10]点遥测	[0.223483]	[0.000000]	2047
8	11	4	3	4号节点_保护单元_[0]_[97]_[本机网络103]_节点地址[3]_第[3]点遥测	[0.586510]	[0.000000]	2047
9	15	7	3	7号节点_保护单元_[0]_[97]_[本机网络103]_节点地址[13]_第[3]点遥测	[0.215054]	[0.000000]	2047
10	16	7	6	7号节点_保护单元_[0]_[97]_[本机网络103]_节点地址[13]_第[6]点遥测	[0.009775]	[45.000000]	2047
11	17	8	11	8号节点_保护单元_[0]_[97]_[本机网络103]_节点地址[2]_第[11]点遥测	[0.215054]	[0.000000]	2047
12	18	8	14	8号节点_保护单元_[0]_[97]_[本机网络103]_节点地址[2]_第[14]点遥测	[0.009775]	[45.000000]	2047
13	19	9	3	9号节点_保护单元_[0]_[97]_[本机网络103]_节点地址[4]_第[3]点遥测	[0.586510]	[0.000000]	2047
14	20	9	9	9号节点_保护单元_[0]_[97]_[本机网络103]_节点地址[4]_第[9]点遥测	[0.111742]	[0.000000]	2047
15	21	9	10	9号节点_保护单元_[0]_[97]_[本机网络103]_节点地址[4]_第[10]点遥测	[0.111742]	[0.000000]	2047
16	22	10	3	10号节点_保护单元_[0]_[97]_[本机网络103]_节点地址[5]_第[3]点遥测	[1.488278]	[0.000000]	2047
17	23	10	9	10号节点_保护单元_[0]_[97]_[本机网络103]_节点地址[5]_第[9]点遥测	[0.088888]	[0.000000]	2047
18	24	10	10	10号节点_保护单元_[0]_[97]_[本机网络103]_节点地址[5]_第[10]点遥测	[0.088888]	[0.000000]	2047
19	25	13	3	13号节点_保护单元_[0]_[97]_[本机网络103]_节点地址[7]_第[3]点遥测	[0.586510]	[0.000000]	2047
20	26	13	9	13号节点_保护单元_[0]_[97]_[本机网络103]_节点地址[7]_第[9]点遥测	[0.111742]	[0.000000]	2047

图 4-2 转发表参数配置界面

（6）其他参数和功能。合并遥信（三相开关位置合成、事故总信号等），主变挡位计算（遥信转遥测），虚拟遥信的处理。

远动通信工作站调试软件不仅仅可以支持在线编辑、管理远动通信工作站内相关参数，还应能支持在线调试，调试界面应能完成检查远动通信工作站对站内设备通信情况以及与调度之间的通信情况。调试软件可观察各调度与远动通信工作站通信报文。还应支持相关历史数据的存储，有助于去分析和判断远动通信工作站内配置参数的合理性和正确性。

项目五

扩建设备间隔的流程

【项目描述】

本项目主要介绍在运行变电站内如何扩建设备间隔，以及在扩建间隔过程中变电站监控系统需要维护的项目流程。通过学习，应能掌握扩建设备过程的各设备需要注意的事项和内容。

【技能要领】

扩建一个设备间隔首先应收集原有设备的相关资料，然后确定新建间隔的相关参数，核对扩建间隔的装置类型，确定一、二次设备的相关参数，检查一、二次设备的相关接入信号。

监控系统扩建时需要准备的材料：

（1）系统配置工具。

（2）扩建间隔的相关一、二次图纸。

（3）相关调试工具。

（4）已审核并下发的调度信息表。

本项目以南瑞科技 NS2000 系统为基础，介绍变电站监控系统扩建一个间隔需要完成的一些主要内容，其他监控系统在实现过程中流程性的内容无多大差异。

由于每个变电站在后台监控系统、测控装置、远动通信机、维护软件类型以及软件版本上的差异，所以变电站扩建时应先收集设备配置信息，按适用的操作方案操作，确保操作正确。

一、操作内容

扩建 220kV 某某线（开关编号 2219），设备配置信息见表 5-1。

表 5-1　设备配置信息

序号	设备或软件	型号/版本
1	后台监控系统	NS2000V2.21
2	远动通信工作站	NSC200（双机主备）

续表

序号	设备或软件	型号/版本
3	测控装置	NSD500V
4	总控维护软件	NscAssist31b
5	测控装置维护软件	NSD500 _ zutai

二、操作步骤

（1）参数备份：进行修改之前需先做好备份，包括装置、后台、总控三部分。

1）备份后台数据库：运行备份工具（D:\演示变\bin\SQLDBManager. exe），单击菜单“数据库备份”→“备份实时库及文件库”。数据库备份维护界面如图 5-1 所示。

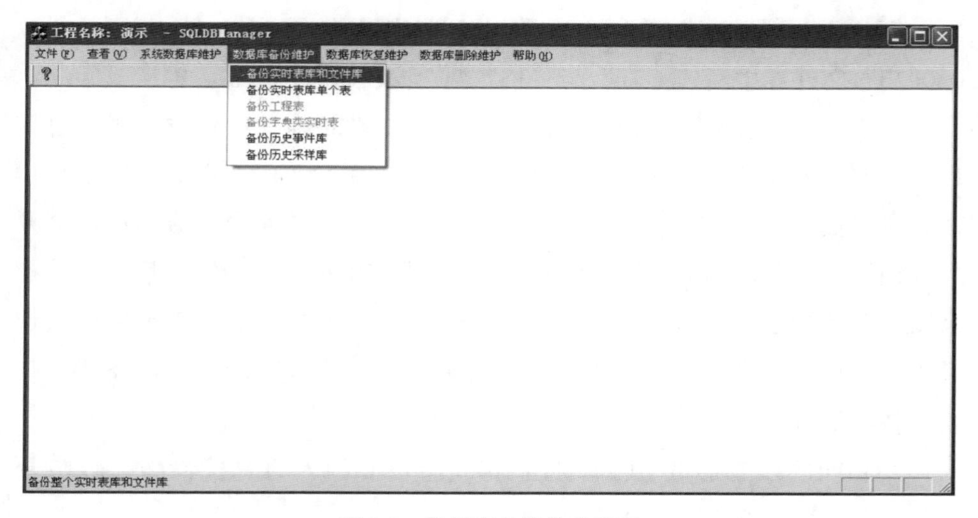

图 5-1 数据库备份维护界面

在弹出对话框中输入文件名：演示变电站×年×月×日，并选择合适的文件夹用来存放生成的备份文件，然后单击“打开”。保存备份实时表库界面如图 5-2 所示。

2）备份总控参数。将调试机接入站控层交换机，设置调试机地址为同一网段的其他地址，运行 NscAssist31b. exe 程序，按提示输入“用户名”“口令”。

图 5-2 保存备份实时表库界面

打开 D 盘，新建“总控参数 080313”文件夹，并在“总控参数 080313”文件夹中新建“17”与“18”两个文件夹。

单击“申请参数”按钮，在弹出对话框中“IP 地址”栏输入对应总控 PC104 网卡的 IP 地址（如：100. 100. 100. 18）后，单击“浏览”指定合适的目录（例如：D:\ 总控参数 080313 \ 18）用来存放参数，最后单击“开始申请”，就可以看到申请参数过程，待过程结束提示备份完成后，总控参数就下载到指定目录（D:\ 总控参数 080313 \ 18）中了。若需要备份其他特殊文件则需要选择附加文件和定义文件名称，完成对应文件的备份。备份总控参数界面如图 5-3 所示。

用相同的步骤备份 IP 地址为 100. 100. 100. 17 的总控参数，存放至 D:\ 总控参数 080313 \17 文件夹中。

3）测控装置参数备份。将维护电脑与测控装置连接，运行 zutai. exe 程序，单击“操作装置”菜单，在弹出对话框中选中“读出参数”菜单，然后在 IP 地址栏中输入装置 IP 地址（100. 100. 101. 1），最后点运行，程序会自动打开参数。备份测控装置参数界面如图 5-4 所示。

然后单击“文件”→“另存为”菜单，将参数备份为 nsc 类型的参数文件。测控装置参数保存界面如图 5-5 所示。

图 5-3 备份总控参数界面

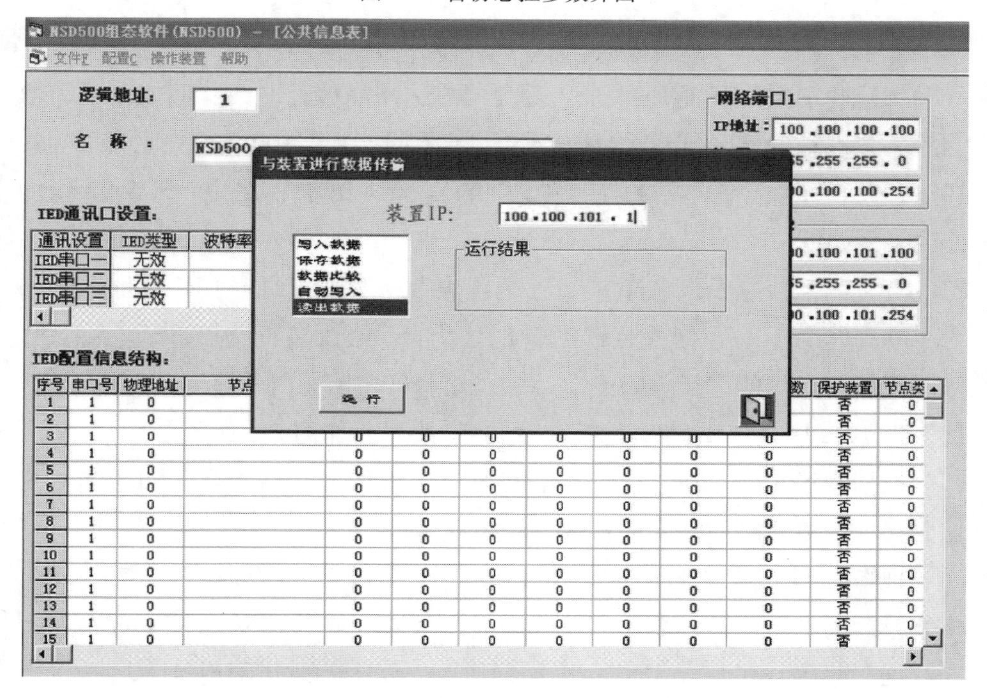

图 5-4 备份测控装置参数界面

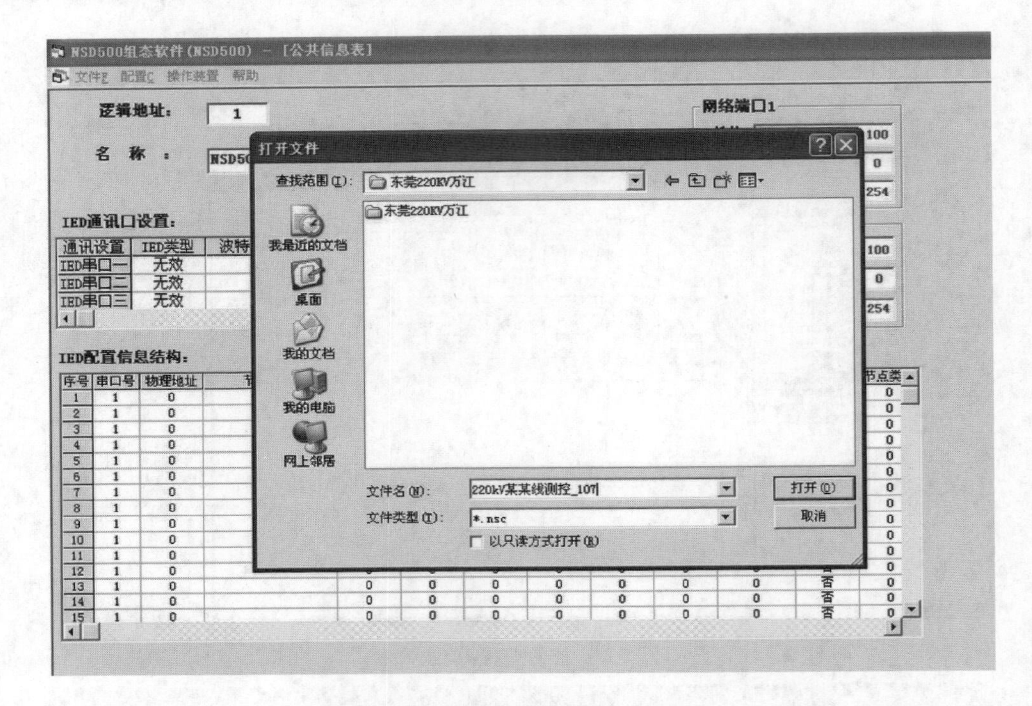

图 5-5 测控装置参数保存界面

(2) 确定测控装置 IP 地址，避免与投运间隔地址冲突（例如分配新增测控装置地址为 7，则 IP 地址应分配为 A 网：100. 100. 100. 107 与 B 网：100. 100. 101. 107）。本站测控装置为 NSD500V，维护软件为 NSD500_zutai，修改步骤如下：

查看测控装置面板菜单“装置配置表”，记录 A、B 网 IP 地址（例如为 100. 100. 101. 1），修改装置逻辑地址为 7，修改名称为 220kV 某某线，修改网络端口 1 的“IP 地址”为 100. 100. 100. 107，网络端口 2 的“IP 地址”为 100. 100. 101. 107。测控装置 IP 修改界面如图 5-6 所示。

根据现场实际，在“配置”中修改对应板件的文件参数，如遥测的变比、遥信的滤波时间、同期参数、联闭锁等。

把修改后的参数重新保存为新的备份文件“220kV 某某线测控 _ 107new. nsc”将修改后的参数下装：单击“操作装置”菜单，在弹出对话框中选中“写入数据”菜单，在装置 IP 栏中输入测控装置当前的 B 网地址，然后单击“运行”。下装完毕后，重启装置，进入装置菜单，检查参数修改是否生效。

如果修改正确，则可以把测控装置接入交换机。重启完成后，测控装置内的 IP 地址和装置地址均应该与配置工具内的一致。测控装置写入数据界面如图 5-7 所示。

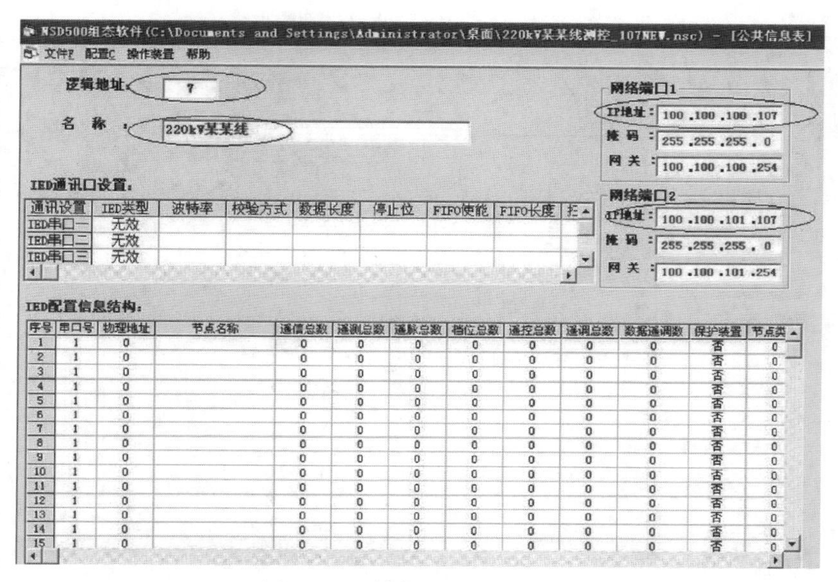

图 5-6 测控装置 IP 修改界面

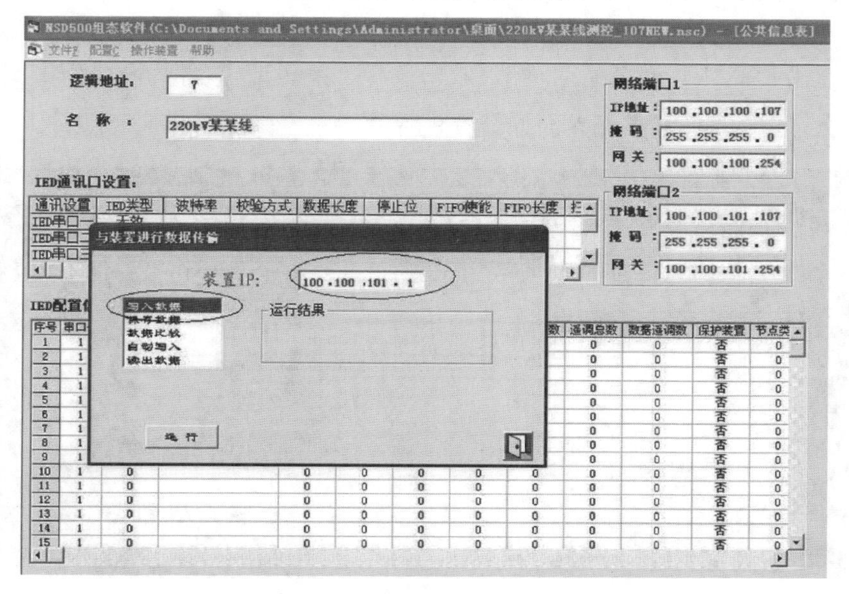

图 5-7 测控装置写入数据界面

（3）在后台增加扩建间隔：220kV 某某线。

1）以维护权限登录，在系统组态“逻辑节点定义表”中增加新扩测控装置：单击控制台“系统配置”按钮，然后选择“系统组态”菜单，运行系统组态。界面如图 5-8 所示，可以看到左侧树型结构表。

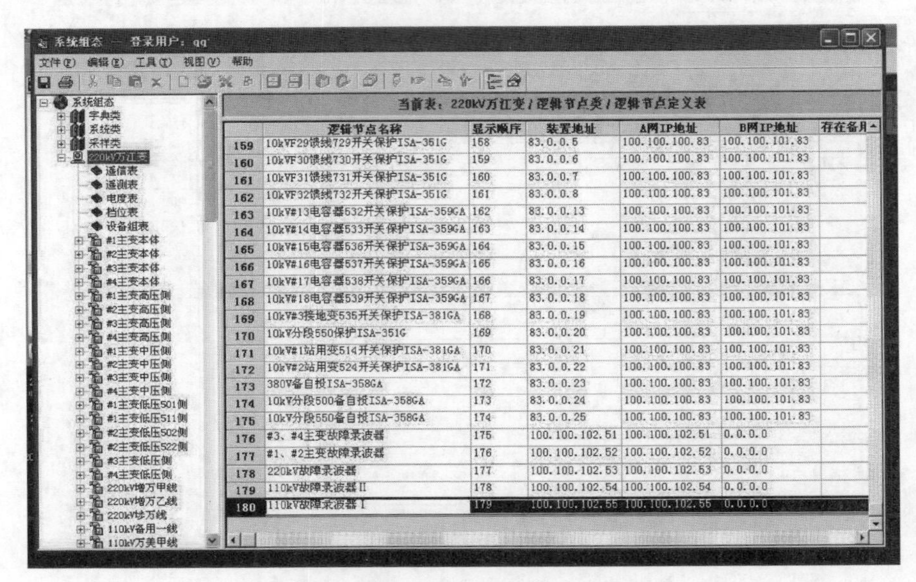

图 5-8 “系统组态”菜单界面

双击“220kV 变电站名称”，双击选择“逻辑节点类”→“逻辑节点定义表”。逻辑节点定义表界面如图 5-9 所示。

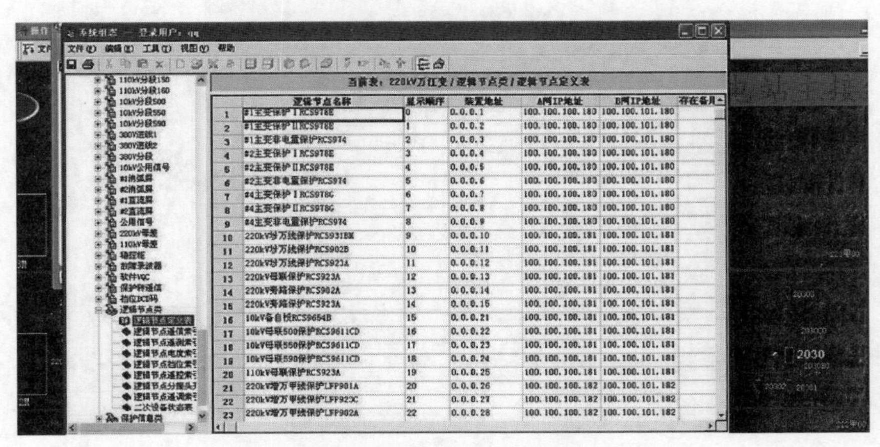

图 5-9 逻辑节点定义表界面

在右边界面逻辑节点定义表内，选择右键菜单“行增加”，增加一行，需要定义的域见表 5-2。

表 5-2　　逻辑节点表中需定义的内容

序号	域名称	填写内容
1	逻辑节点名称	220kV 某某线测控
2	装置地址	7.0.0.1（“7”对应 NSD500V 装置“逻辑地址”）
3	A 网 IP 地址	100.100.100.107
4	B 网 IP 地址	100.100.101.107
5	遥信个数	64（视装置实际配置而定，DIM 板 32YX/块）
6	遥测个数	32（视装置实际配置而定，DLM 板 24 个 YC/块，AIM 板 8 个 YC/块）
7	设备子类型名	NSD500V（在列表中选择）
8	遥控个数	8（视装置实际配置而定，DLM 板 8 个 YK/块，PTM 板 8 个 YK/块）

定义完毕后单击“保存”按钮，完成逻辑节点表内的内容定义。如图 5-10所示。

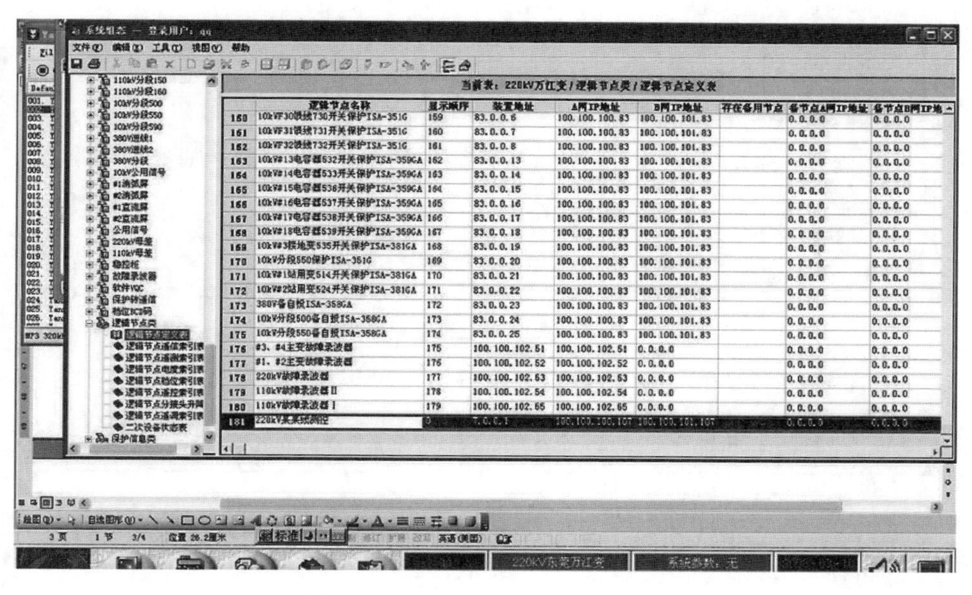

图 5-10　逻辑节点表内的内容定义

2）在“设备组表”中，增加扩建间隔。

a. 双击“设备组表”，在“设备组表”中，新增一行，需要定义的内容见表 5-3。

表 5-3　　设备组表内需定义的内容

序号	域名称	填写内容
1	设备组名	220kV 某某线
2	设备组类型	进线设备组
3	存在虚设备	选中：为定义保护硬触点信号准备

定义完毕“保存”后，系统组态左部会相应增加“220kV 某某线”设备组。在设备组表中新增装置如图 5-11 所示。

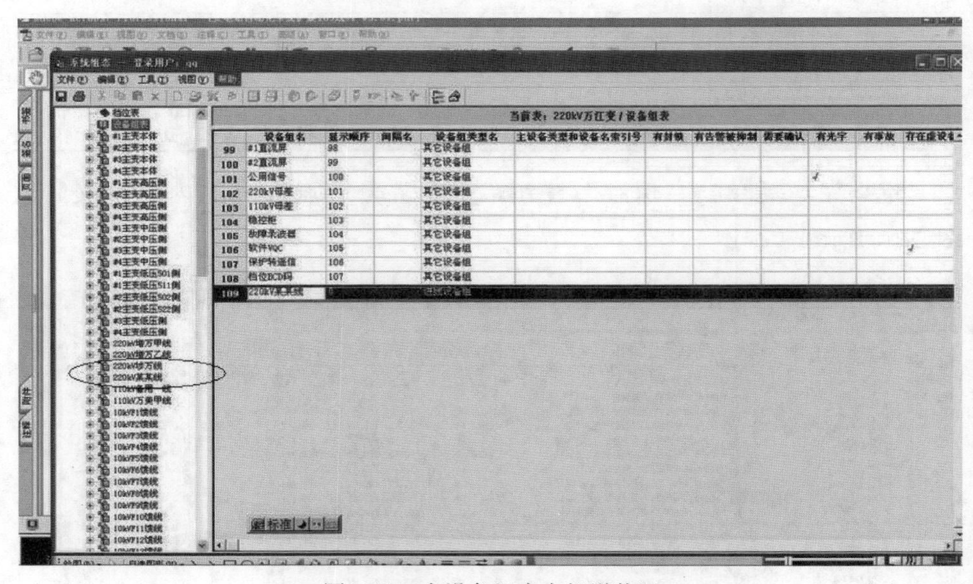

图 5-11　在设备组表中新增装置

b. 双击打开“220kV 某某线”设备组，可以看到属于该间隔的“遥信表”“遥测表”“电能表”“挡位表”“设备表－虚设备”“设备表－开关”“设备表－隔离开关”“设备表－线路”等表。

c. 在“设备表－开关”表中定义“220kV 某某线 2219 开关”：打开开关表，增加一行记录，需要定义的域见表 5-4。

表 5-4　　开关设备中需要定义的内容

序号	域名称	填写内容
1	开关名	220kV 某某线 2219 开关
2	调度编号	2219

续表

序号	域名称	填写内容
3	电压等级名	220kV
4	设备子类型名	进线开关
5	遥控是否需要防误检查	选中：遥控经五防闭锁
6	存在同期合操作	选中：后台遥控为同期合闸；不选：装置自动准同期

定义完毕后“保存”。在“设备表—开关”表中定义设备如图 5-12 所示。

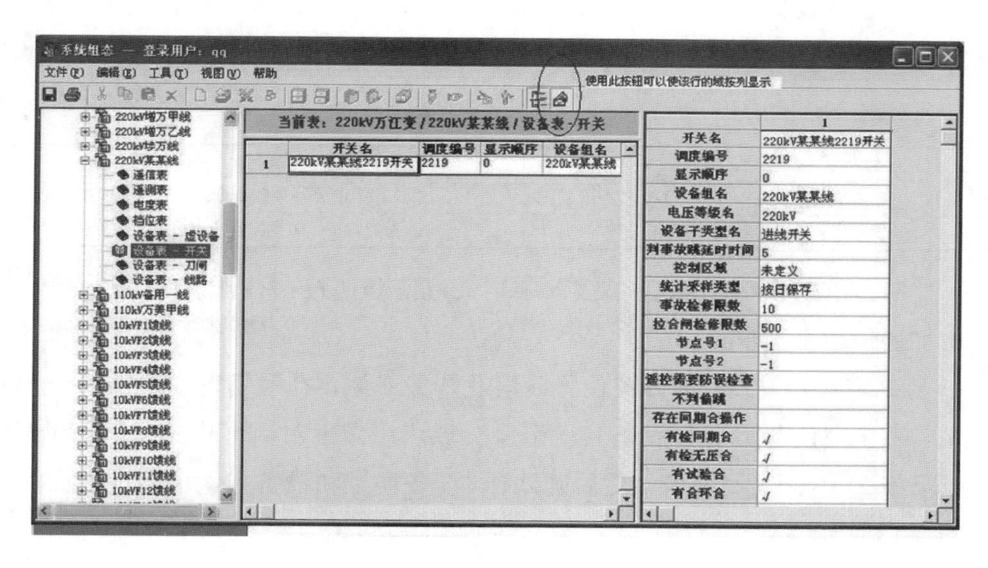

图 5-12　在“设备表—开关”表中定义设备

d. 在“设备表—隔离开关”表中定义该间隔的所有隔离开关及接地开关：打开隔离开关表，增加相应记录，需要定义的域见表 5-5。

表 5-5　　隔离开关设备表中需定义的内容

序号	域名称	填写内容
1	隔离开关名	220kV 某某线××隔离开关/220kV 某某线××接地开关
2	调度编号	××
3	电压等级名	220kV
4	设备子类型名	在列表中选择对应类型，如母线接地开关、线路接地开关等
5	遥控是否需要防误检查	选中：遥控经五防闭锁

e. 在“设备表一线路”表中定义该间隔线路：打开线路表，增加一条

记录，需定义的域见表 5-6。

表 5-6 线路设备表中需定义的内容

序号	域名称	填写内容
1	线路名	220kV 某某线
2	电压等级名	220kV
3	设备子类型名	潮流线

f. 在“设备表—虚设备”表中定义该间隔保护设备：打开虚设备表，增加相应记录，需定义的域见表 5-7。

表 5-7 虚设备表中需定义的内容

序号	域名称	填写内容
1	虚设备名	220kV 某某线路保护 A
2	虚设备名	220kV 某某线路保护 B

3）在该间隔所属“遥信表”中定义遥信和遥控：打开该间隔遥信表，增加遥信记录，步骤如下：

a. 定义开关或隔离开关位置遥信及开关遥控。在遥信表中增加一条记录，双击“设备类型和设备名索引号”域，在弹出对话框中选择“220kV 某某线 2219 开关”设备，然后确认。“设备类型和设备名索引号”界面如图 5-13 所示。双击“测点名”域，在域中输入“位置”。

b. 双击“遥信逻辑节点名”域，在下拉列表中选择“220kV 某某线测控”节点，如图 5-14 所示。

c. 双击“逻辑节点遥信号”域，手动输入该开关位置遥信对应的遥信号（遥信号由实际接线决定）。断路器位置一般是双位遥信，需要设置下列相关域：选中“双位遥信”，然后在“逻辑节点遥信号”域中，手动输入开关动合节点对应的遥信号，在“逻辑节点双位遥信号”域中，手动输入开关动断节点对应的遥信号。

d. 双击“报警类型”域，选择对应的告警类型“位置遥信”。

e. 双击“遥控逻辑节点名”域，在下拉列表中选择该开关或隔离开关设备遥控所在的逻辑节点“220kV 某某线测控”（如果该开关或隔离开关设备有遥控的话）。

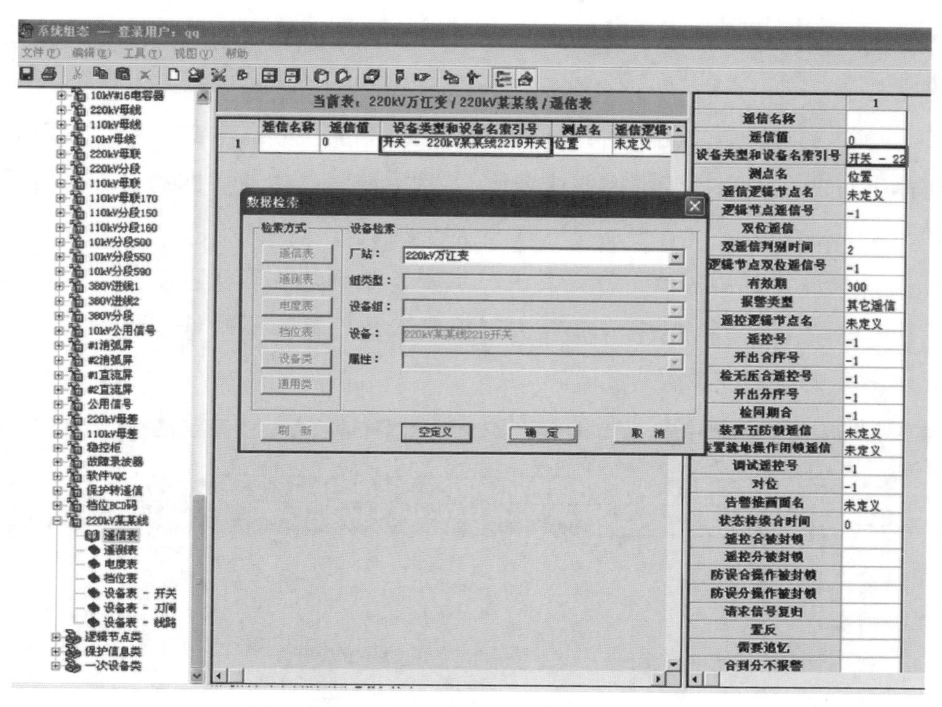

图 5-13　“设备类型和设备名索引号”界面

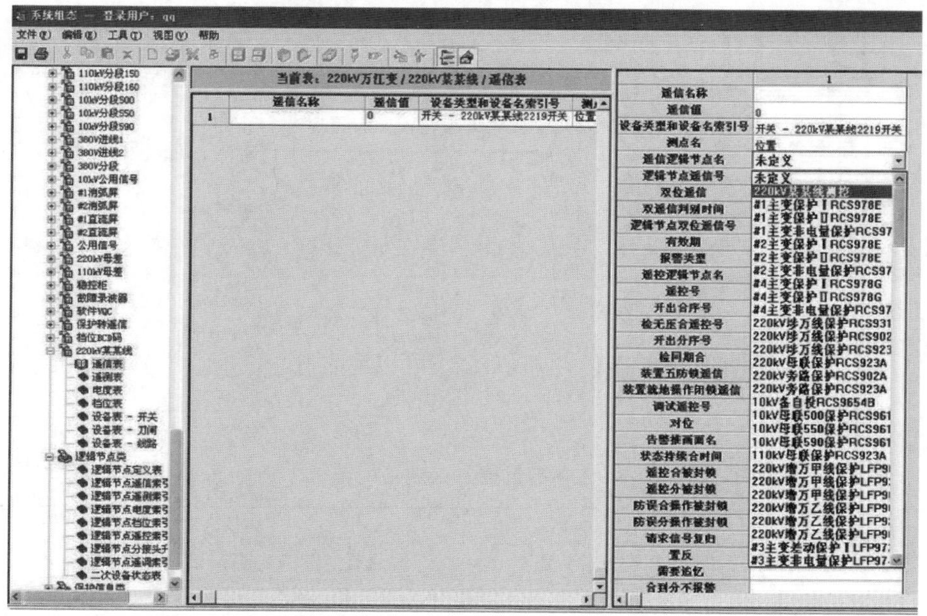

图 5-14　“遥信逻辑节点名”选择界面

在“遥控号”域中手动输入，该设备对应遥控号（遥控号由实际接线决定）。

f. 以上信息定义完毕后，选中该遥信记录行，单击“名称设置”按钮，在弹出对话框中选择“生成四遥名称”，然后确认。生成“四遥名称”界面如图 5-15 所示。

g. 修改完成后需要选择工具——重要参数确认，确认重要参数后修改成功（修改遥控相关的内容需要进行重要参数确认，不确认即使保存后系统也不会更新更改内容）。

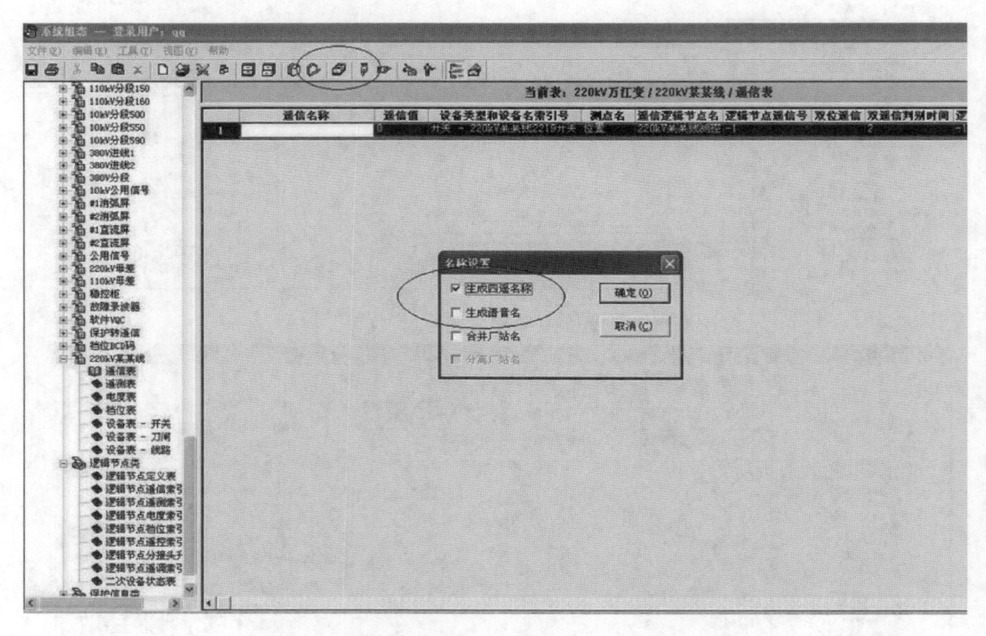

图 5-15 生成“四遥名称”界面

4）定义保护硬触点遥信，步骤大致可以参照上述步骤。

需要定义的域见表 5-8。

表 5-8 保护硬触点开入定义内容

序号	域	内容
1	设备类型和设备索引号	选择“220kV 某某线路保护 A”
2	测点名	保护动作（重合闸动作、装置异常等）
3	逻辑节点遥信名	选择“220kV 某某线测控”

续表

序号	域	内容
4	遥信号	视具体接线而定
5	报警类型	选择“保护遥信”

在该间隔所属“遥测表”中定义遥测，步骤可以参照遥信的定义，区别在于遥测需要定义遥测系数“标度系数”以及“参比因子”两项。并且遥测的测点（电压、电流、功率等）有固定的点号，扩建线路可以参照以投运间隔的测点顺序。遥测表界面如图 5-16 所示。

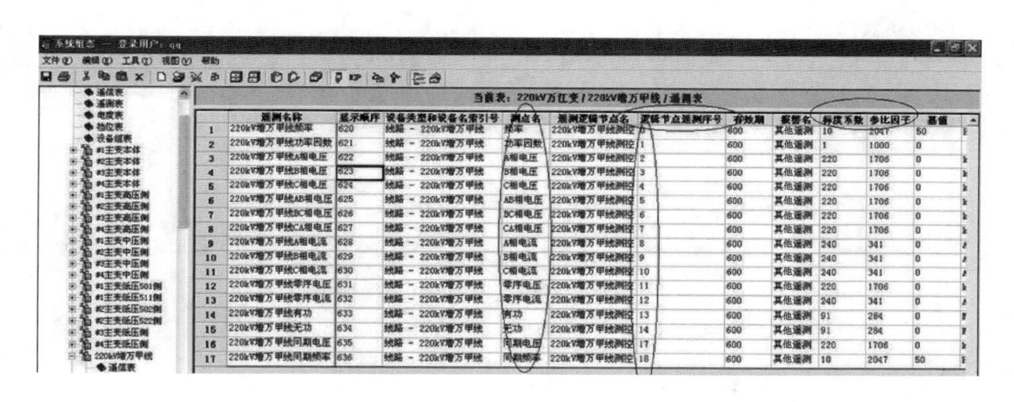

图 5-16　遥测表界面

标度系数：电流＝TA 变比、电压＝TV 变比、功率＝TV 变比×TA 变比

参比因子可以参照二次电压电流额定值相同类型装置设置。

完成后台实时数据库配置后，运行画面编辑工具，对相关画面进行修改。具体可参考后台监控系统画面编辑中的内容修改对应与之有关的画面。

（4）修改总控配置，增加转发信息。修改参数之前，请将前面所做的总控参数备份（D:\ 总控参数 080313）文件夹，复制一份，至安全的地方，以免一旦修改错误，可以及时恢复原始数据。增加新扩间隔测控装置对应的节点运行 NscAssist31b. exe，单击左边的“组态设置”按钮，然后使用“打开”菜单，如图 5-17 所示。

在弹出对话框中选择总控参数所在的目录（D:\ 总控参数 080313 \ 18）后，点确定。

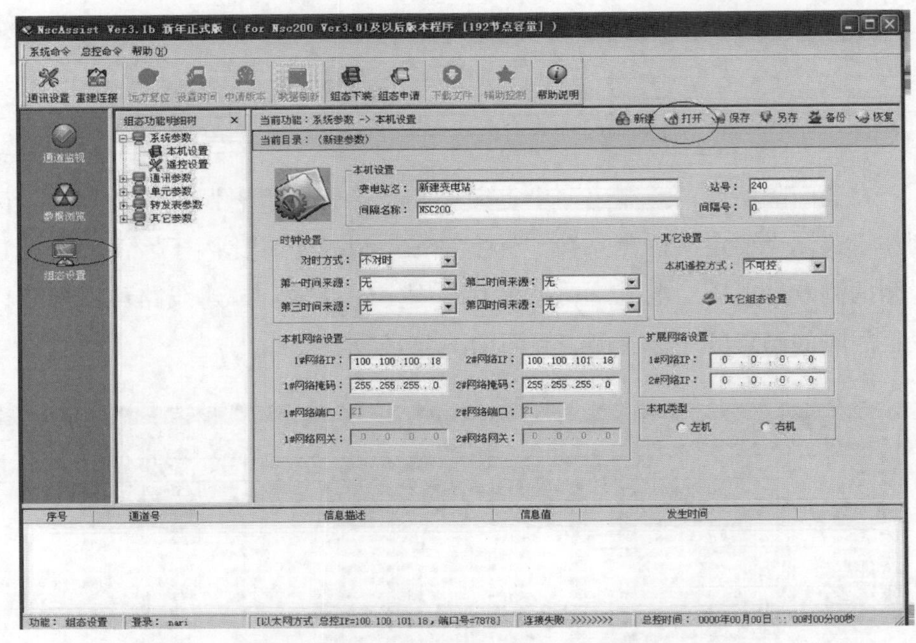

图 5-17 打开“组态设置”界面

点开“组态功能明细树”，可以看到总控的“系统参数”“通讯参数”“单元参数”“转发表参数”等参数。如图 5-18 所示。

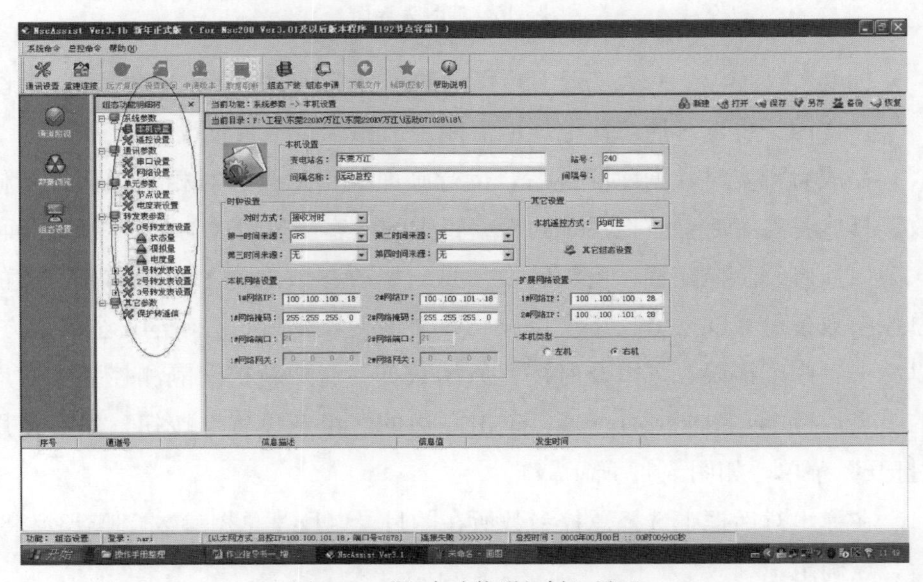

图 5-18 “组态功能明细树”界面

在节点设置表中增加一行：点开“单元参数”→“节点设置”表。在节点表的最末一行“追加记录”，需要定义的参数见表 5-9。

表 5-9　　节点设置表中需要定义的参数

序号	参数	内容
1	类型	NSD500V（与测控装置类型对应）
2	1 网 IP 地址	100.100.100.107（测控装置 A 网 IP 地址）
3	2 网 IP 地址	100.100.101.107（测控装置 B 网 IP 地址）
4	间隔号	7（测控装置逻辑地址）
5	通信介质	以太网 1
6	节点地址	1
7	遥测数	32（视装置实际配置而定）
8	遥信数	64（视装置实际配置而定）
9	遥控数	8（视装置实际配置而定）

定义完毕点保存。

记录该节点对应的“节点索引”号（如本例中为 75）。

统计“节点设置表”中所有遥控总数，以便调度填写遥控号。例如统计遥控总数为 208 个，则新增线路遥控所对应的遥控大排行号为 200～207。“节点设置”界面如图 5-19 所示。

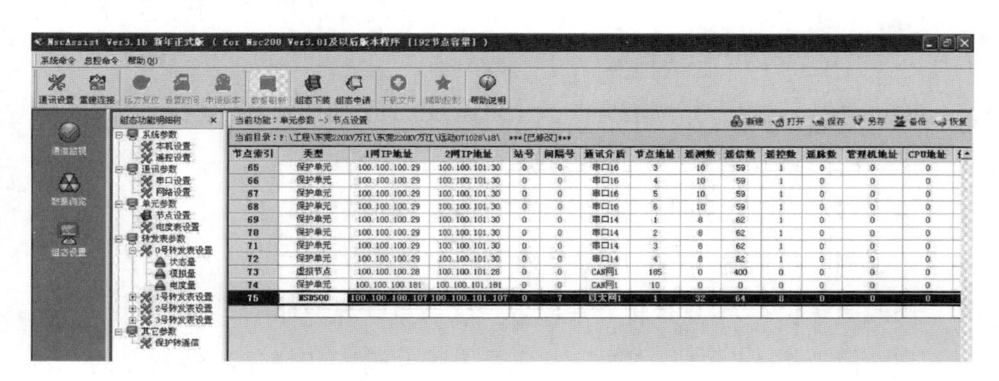

图 5-19　“节点设置”界面

增加遥信、遥测的调度转发。查看各调度使用转发表号：打开“通讯参数”→“串口设置”表。“串口设置”界面如图 5-20 所示。

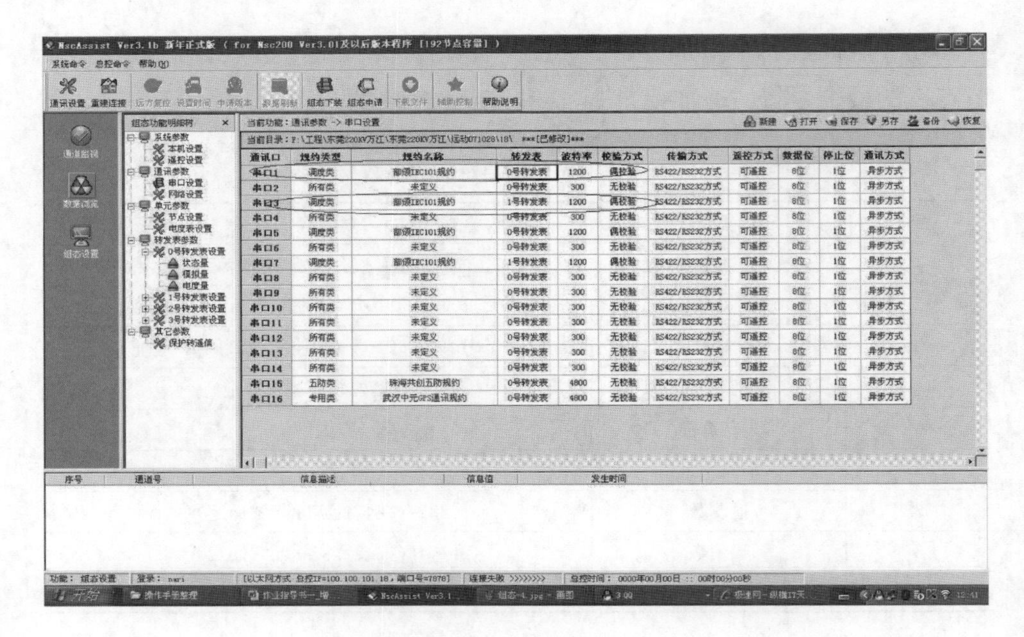

通讯口	规约类型	规约名称	转发表	波特率	校验方式	传输方式	遥控方式	数据位	停止位	通讯方式
串口1	调度类	部颁IEC101规约	0号转发表	1200	偶校验	RS422/RS232方式	可遥控	8位	1位	异步方式
串口2	所有类	未定义	0号转发表	300	无校验	RS422/RS232方式	可遥控	8位	1位	异步方式
串口3	调度类	部颁IEC101规约	1号转发表	1200	偶校验	RS422/RS232方式	可遥控	8位	1位	异步方式
串口4	所有类	未定义	0号转发表	300	无校验	RS422/RS232方式	可遥控	8位	1位	异步方式
串口5	调度类	部颁IEC101规约	0号转发表	1200	偶校验	RS422/RS232方式	可遥控	8位	1位	异步方式
串口6	所有类	未定义	0号转发表	300	无校验	RS422/RS232方式	可遥控	8位	1位	异步方式
串口7	调度类	部颁IEC101规约	1号转发表	1200	偶校验	RS422/RS232方式	可遥控	8位	1位	异步方式
串口8	所有类	未定义	0号转发表	300	无校验	RS422/RS232方式	可遥控	8位	1位	异步方式
串口9	所有类	未定义	0号转发表	300	无校验	RS422/RS232方式	可遥控	8位	1位	异步方式
串口10	所有类	未定义	0号转发表	300	无校验	RS422/RS232方式	可遥控	8位	1位	异步方式
串口11	所有类	未定义	0号转发表	300	无校验	RS422/RS232方式	可遥控	8位	1位	异步方式
串口12	所有类	未定义	0号转发表	300	无校验	RS422/RS232方式	可遥控	8位	1位	异步方式
串口13	所有类	未定义	0号转发表	300	无校验	RS422/RS232方式	可遥控	8位	1位	异步方式
串口14	所有类	未定义	0号转发表	300	无校验	RS422/RS232方式	可遥控	8位	1位	异步方式
串口15	五防类	珠海共创五防规约	0号转发表	4800	无校验	RS422/RS232方式	可遥控	8位	1位	异步方式
串口16	专用类	武汉中元GPS通讯规约	0号转发表	4800	无校验	RS422/RS232方式	可遥控	8位	1位	异步方式

图 5-20 “串口设置”界面

修改调度转发表，根据调度给定的转发表增加转发信息：打开“转发表参数”→“0 号转发表设置”→“状态量”，检查“转发序号”，再次核对“0 号转发表”是否为调度转发表。

在“状态量表”中，追加一行记录，手动输入新增遥信转发点的“转发序号”“节点索引”“遥信号”等信息。

第一列：转发序号，这里的序号是调度的遥信号，具体选择多少要调度提供，注意转发序号从 0 开始计。

第二列：节点索引号，填写新增节点的“节点索引”号。

第三列：遥信号，和后台遥信表里的点号相一致。

修改完毕保存，“0 号转发表设置—状态量”界面如图 5-21 所示。

在“模拟量表”中，追加一行记录，手动输入新增遥测转发点的“转发序号”“节点索引”“遥测号”“系数值”“基数值”“最大值”“最小值”“变化阀值”等信息。

“系数值”“基数值”“最大值”“最小值”“变化阀值”的设置可以参考

转发表中相类似间隔的设置。如扩建 220kV 线路可以参照 TA 变比相同的 220kV 线路的设置。“0 号转发表设置—模拟量”界面如图 5-22 所示。

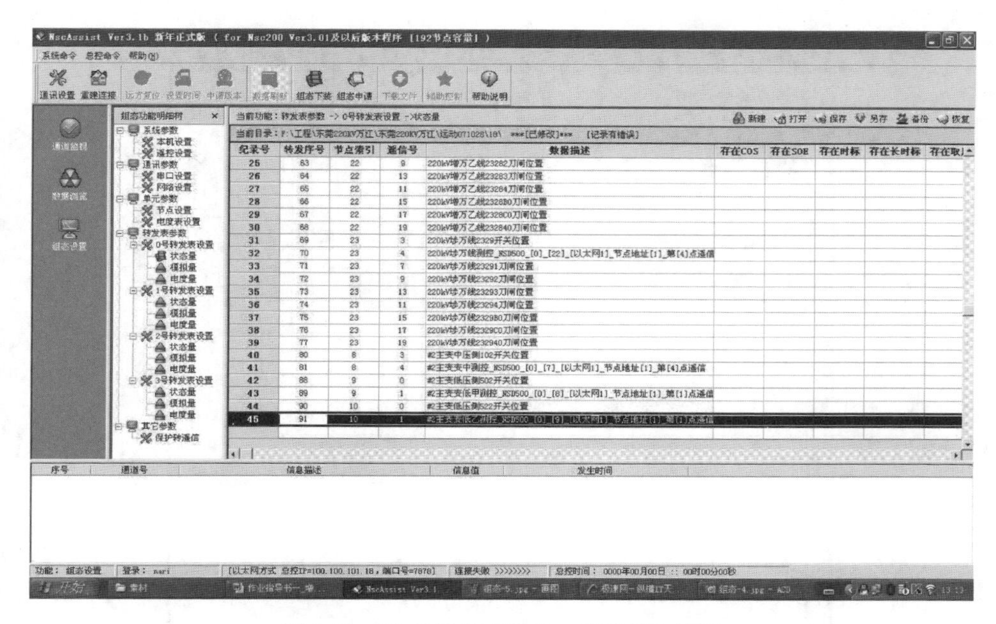

图 5-21　“0 号转发表设置—状态量”界面

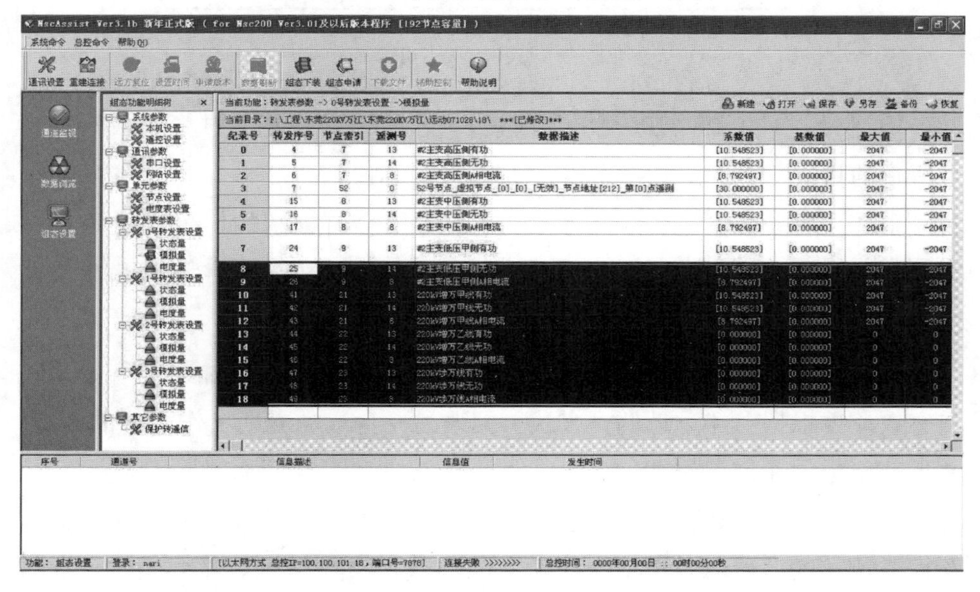

图 5-22　“0 号转发表设置—模拟量”界面

下装参数。运行 NscAssist31b 软件，输入用户名与口令。单击“组态下装”按钮，出现总控组态下装的对话框，如图 5-23 所示。

图 5-23 总控组态下装界面

IP 地址：100.100.100.18；参数目录：单击“浏览”选择修改后的参数所在的目录。

单击“启动传输”……请等待，下装完毕会有提示的，一般需要 30～50s。远动通信工作站在总控下装过程中不得断电，否则会引起设备信息出错，无法恢复。

下装完成后将总控断电复位，使用调试工具检查所增加的内容是否完整有效。再根据上述远动调试方式，修改另一台远动通信工作站内的内容，并下装至远动通信工作站。

（5）信息调试和联调。通过上述四个步骤基本完成了测控装置、后台监控系统、远动通信工作站内新建间隔参数定义，完成后需要做的工作就是带测控装置二次回路进行信息的调试。应保证扩建的测控装置到后台监控系统、远动通信工作站通信正常，若通信不正常，则检查相关通信参数配置是否有误。

遥测信息的调试，调试前应做好相关安全措施，通过测控装置端子外侧进行加量试验。检查每个设备输入的量值是否正确，以测控装置为中间单元，若测控装置中收到和计算的二次值正确，后台监控系统或远动通信工作站内有异常，则检查相关参数配置是否有误。若后台监控系统实时数据库内数据正常，画面数据不正常，则需要通过图形编辑界面检查画面前景定义是否有误。

遥信信息的调试前，应先检查二次回路接线是否有异常，通过绝缘电阻表保证二次回路绝缘电阻满足规程要求，可以改变一次设备实际状态进行一次设备位置信息的核对，其他信息尽量从信息源头开始模拟，应首先保证测控装置内收到的对应开入量变位正常，若不正常，则检查相关二次回路上存在的问题。测控装置内信息变位正常后检查后台监控系统和远动通信工作站内是否正确。若有错，则检查对应装置内参数配置。遥信核对时，应核对实时数据库，实时画面，报警窗、光字牌等反应遥信信息变化的位置进行逐个检查和监视。

遥控的调试，调试前应做好扩建设备与运行设备之间的隔离，采取将运行设备测控装置由“远控”位置切换至“就地”位置是比较基础的措施，若条件不满足可退出相关设备的遥控出口压板。在遥控开始前，应首先保证断路器/隔离开关的控制二次回路完整正确。对设备进行调试时，应先完成后台监控系统对测控装置的遥控调试。在第一次控制时，应将对应设备的遥控出口压板退出，确认测控装置能接收到后台监控系统下发的控制命令。根据选择——返校——执行的步骤进行控制回路和参数的检查核对。只有当测控装置正确接收到后台监控系统下发的命令后，可投入对应设备的遥控出口压板，对现场设备进行遥控试验。存在多台监控系统配置的变电站，应每台机器分别进行控制试验。只有当后台监控系统遥控调试完成后方可进行调度端的调试，调试时仍需按照后台监控系统调试的过程进行。应确定测控装置能正确接收调度端下发的控制命令。应分别对每台远动通信工作站内的遥控表进行调试，确保数据库的正确性。

保护带断路器联动试验的信息核对，保护带开关进行联动试验时，会产生对应的信息，应核对整个信息的完整性，防止漏信号，同时核对信息时应检查 SOE 信息与 COS 信息时标的一致性，保证测控装置时间与后台时间一致。

（6）调试完成后的相关参数备份，应按照步骤一内的相关内容完成测控装置、后台监控系统、远动通信工作站内相关参数的备份，并移交相关单位和部门留档保存。

项目六

智能变电站二次系统调试

【项目描述】

本项目包含智能变电站二次系统结构介绍、GOOSE/SMV 报文分析、调试软件介绍、保护 SCD 文件配置及下装、保护装置调试、检修安全措施等内容。通过概念描述、结构介绍、原理分析、图解示意、案例分析等方法，了解智能变电站基本概念和二次结构；熟悉智能变电站调试工具；掌握智能变电站 SCD 文件的配置下载上装以及二次设备调试方法等内容。

任务一　智能变电站二次系统结构介绍

【任务描述】

本任务主要通过对常规 61850 变电站、带 GOOSE/SMV 的数字站、带高级应用功能的智能变电站的典型方案的介绍和比较，介绍数字变电站的层次关系等内容。通过概念描述、结构介绍、图解示意等，了解及熟悉数字变电站、智能变电站的二次结构；掌握数字变电站的层次关系等内容。

【知识要点】

(1) 数字化变电站：从传统变电站到智能变电站的中间过渡状态，以推广遵循 IEC 61850 标准的智能电子设备为基础，促进变电站的数字化改造。

(2) 智能变电站：智能变电站则是在数字化变电站的基础上，进一步增加高级应用，完善变电站的智能化应用与管理。

【技能要领】

一、目前运用 IEC 61850 技术的几种典型变电站

（一）常规 61850 变电站

常规 61850 变电站结构如图 6-1 所示。

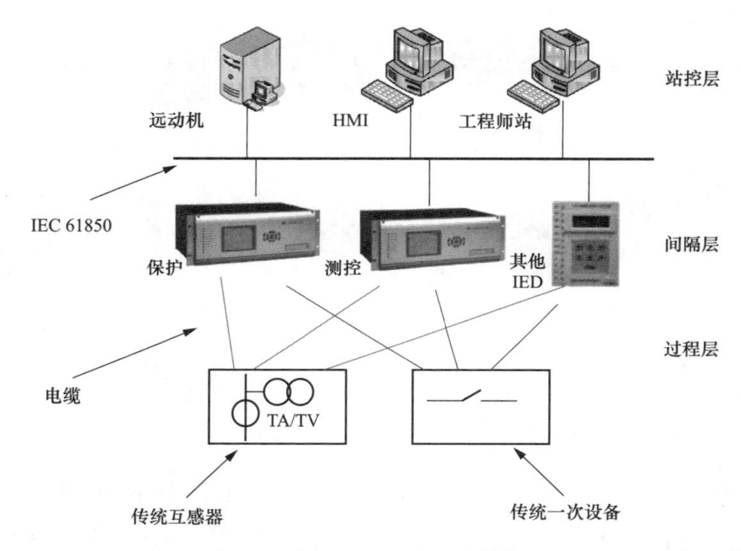

图 6-1 常规 61850 变电站结构图

常规 61850 变电站即为普通的综自站，只是在站控层采用 IEC 61850 规约，相比于 IEC 103 规约而言，最大优点在于节约了规约转换装置，后台可与不同厂家设备直接通信，不再需要规约转换。由于设备的互操作性强，所以即使在 110kV 变电站内，也可能有多家制造商提供设备，测控也有可能与后台厂家不是一家。

常规 61850 变电站的测控联锁采用站控层 GOOSE 来完成，不同于之前的 IEC 103 采用私有协议完成。

（二）带 GOOSE 的数字化变电站

带 GOOSE 的数字化变电站结构如图 6-2 所示。

带 GOOSE 的数字化站是通过增加智能终端来完成的，智能终端一般

就地安装在户外柜内，位于一次设备旁。智能终端主要完成断路器的操作功能，开入开出功能，断路器、隔离开关、接地开关的控制和信号采集功能，联闭锁命令输出功能。

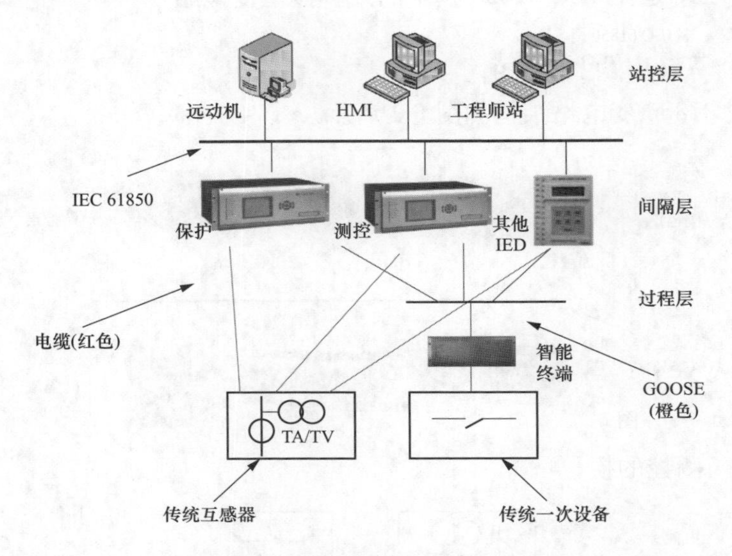

图 6-2　带 GOOSE 的数字化变电站结构图

智能终端与间隔层设置之间，由于国网保护跳闸采用点对点（直跳），联闭锁失灵采用组网的要求，所以 GOOSE 通信出现组网与点对点共存的局面。

保护与测控取消了开入开出板，开入开出环节下放至就地智能终端内，所以我们可以理解为将传统的装置内部通信转成了保护测控与智能终端间的 GOOSE 通信。采样输入依然采用传统方式。

（三）带 GOOSE 及 SMV 的数字化变电站

带 GOOSE 及 SMV 的数字化变电站结构如图 6-3 所示。

带 GOOSE 和 SMV 的数字化站即全数字化变电站，也是现在数字化站应用最广的一种模式。通过增加合并单元和智能终端来完成二次设备的采样和开入开出，合并单元和智能终端一般就地组屏安装在户外汇控柜内，位于一次设备旁。合并单元将常规采样转换为数字量，供各设备使用。合并单元与间隔层设置之间，一般采用点对点直采，部分变电站测控采用组网方式。

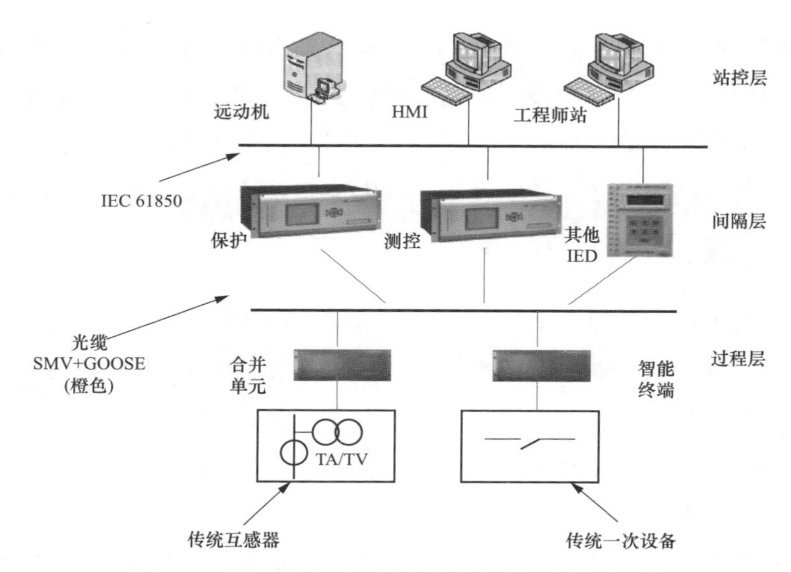

图 6-3 带 GOOSE 及 SMV 的数字化变电站结构图

保护与测控的模数转换下放至就地合并单元，保护、测控装置等二次设备的采样不再通过电缆完成，而是数字信号在光缆中传输至保护、测控等供其使用。

（四）带高级应用功能的智能变电站

带高级应用功能的智能变电站结构如图 6-4 所示。

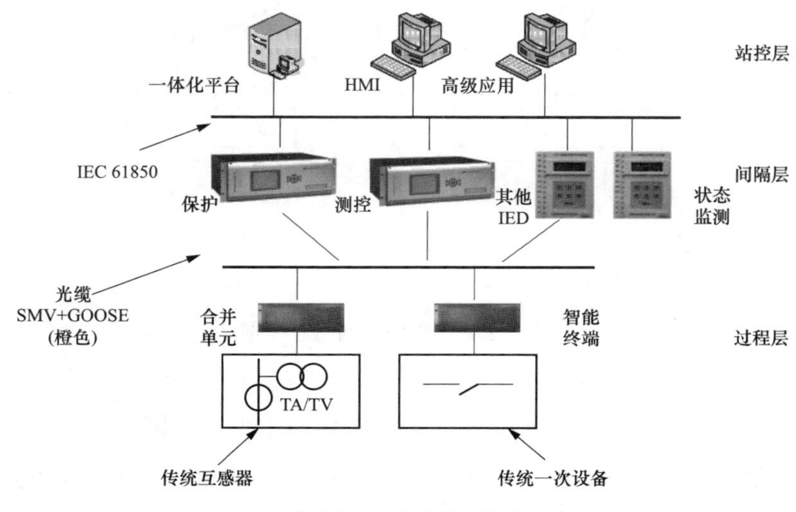

图 6-4 带高级应用功能的智能变电站

智能化变电站是在数字化变电站基础上提出来的。智能化变电站现在并没有达到非常成熟的地步。目前已投运的变电站主要是在基于站控层提出一些高级应用功能，如顺控、智能告警及故障信息综合分析决策、设备状态可视化、站域控制、源端维护、辅助控制系统与监控系统联动等。

二、智能变电站的层次关系

智能变电站一般可分成过程层、间隔层和站控层。

其中过程层包括变压器、断路器、隔离开关、电流/电压互感器等一次设备及其所属的智能组件以及独立的智能电子装置。

间隔层设备一般指继电保护装置、测控装置、监测功能组主 IED 等二次设备。

站控层包括自动化站级监视控制系统、通信系统、对时系统等。

智能变电站的层次关系如图 6-5 所示。

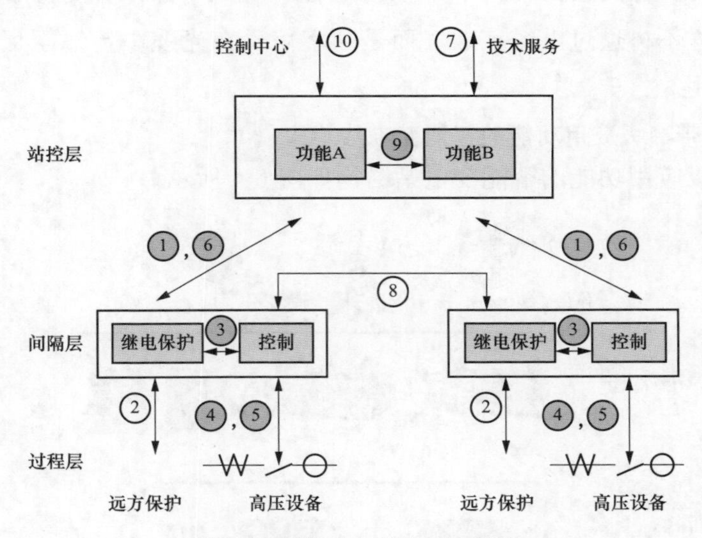

图 6-5 智能变电站的层次关系

图 6-5 中数字连接具体内容是：

① 间隔层装置与变电站监控系统之间交换事件和状态数据——MMS。

② 间隔层装置与远方保护交换数据——私有规约，未来发展也可用以太网方式借用 GOOSE 或 SMV。

③ 间隔内装置间交换数据——GOOSE。

④ 过程层与间隔层交换采样数据——SMV。

⑤ 过程层与间隔层交换控制和状态数据——GOOSE。

⑥ 间隔层装置与变电站监控系统之间交换控制数据——MMS。

⑦ 监控层与保护主站通信——MMS。

⑧ 间隔间交换快速数据——GOOSE。

⑨ 变电站层间交换数据——MMS。

⑩ 变电站与控制中心交换数据——不在标准范围，也有用户希望采用 IEC 61850。

【典型案例】

结合以上对智能站二次结构的介绍，设计一个智能变电站的二次结构图，要求保护装置采用直采直跳，测控装置、电能表、网分等采用组网方式通信，技术方案如图 6-6 所示。

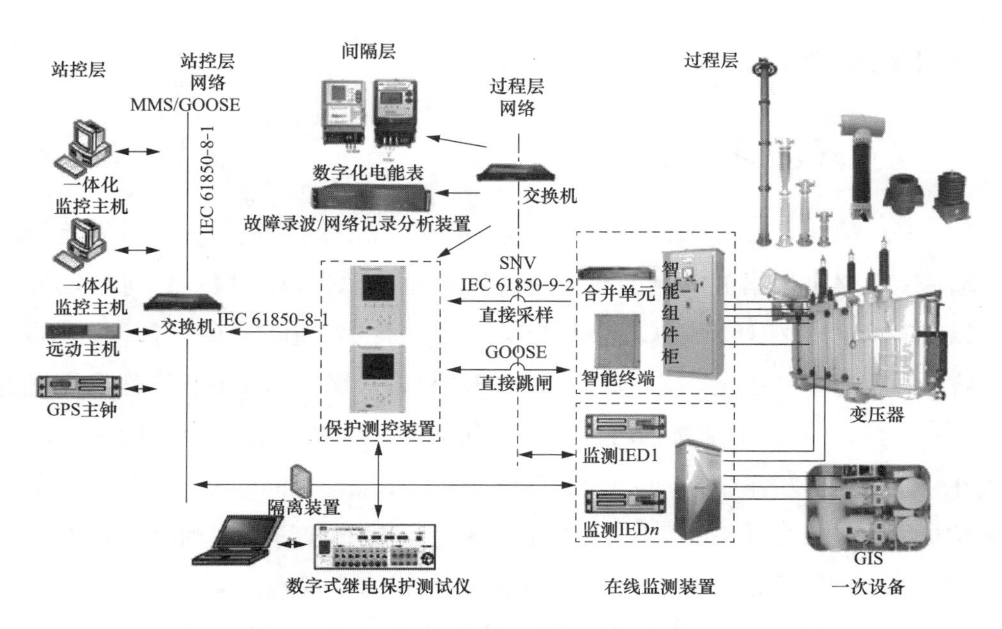

图 6-6 智能变电站通信网络结构图

任务二　智能变电站 GOOSE/SMV 报文分析

【任务描述】

本任务主要讲解智能变电站的 GOOSE/SMV 报文分析等内容。通过具体的报文解析，了解和熟悉 GOOSE 报文的传输机制，GOOSE/SMV 报文的检修机制；掌握如何分析 GOOSE/SMV 报文等内容。

【知识要点】

GOOSE 报文传输机制。

GOOSE 报文发送机制。

GOOSE/SMV 报文的检修机制。

GOOSE/SMV 报文构成。

【技能要领】

一、GOOSE 报文传输机制

IEC 61850-7-2 定义的 GOOSE 服务模型使系统范围内快速、可靠地传输输入、输出数据值成为可能。在稳态情况下，GOOSE 服务器将稳定的以 t_0 时间间隔循环发送 GOOSE 报文，当有事件变化时，GOOSE 服务器将立即发送事件变化报文，此时 t_0 时间间隔将被缩短；在变化事件发送完成一次后，GOOSE 服务器将以最短时间间隔 t_1，快速重传两次变化报文；在三次快速传输完成后，GOOSE 服务器将以 t_2、t_3 时间间隔各传输一次变位报文；最后 GOOSE 服务器又将进入稳态传输过程，以 t_0 时间间隔循环发送 GOOSE 报文。GOOSE 报文传输机制如图 6-7 所示。

GOOSE 接收可以根据 GOOSE 报文中的允许生存时间 TATL（time allow to live）来检测链路中断。GOOSE 数据接收机制可以分为单帧接收和双帧接收两种。智能操作箱使用双帧接收机制，收到两帧 GOOSE 数据相同的报文后更新数据。其他保护和测控装置使用单帧接收机制，接收到变位报文（stnum 变化）以后，立刻更新数据。当接收报文中状态号(stnum)不变的情况下，使用双帧报文确认来更新数据。装置在接收报文的允许生存时间（time allow to live）的 2 倍时间内没有收到下一帧 GOOSE 报文时判断为中断。双网通信时须分别设置双网的网络断链告警。

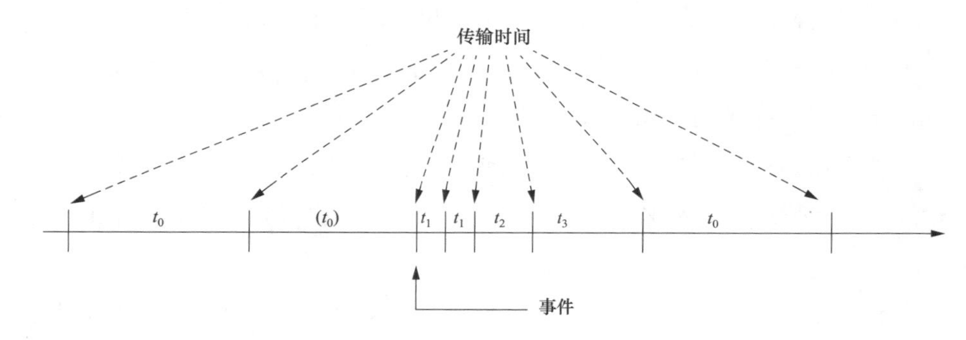

图 6-7　GOOSE 报文传输机制

t_0—稳定条件（长时间无事件）下重传；(t_0)—稳定条件下的重传可能被事件缩短；

t_1—事件发生后，最短的传输时间；t_2，t_3—直到获得稳定条件的重传时间

二、检修机制

（1）GOOSE 检修机制：当装置的检修状态置 1 时，装置发送的 GOOSE 报文中带有测试（Test）标志，接收端就可以通过报文的 Test 标志获得发送端的置检修状态。当发送端和接收端置检修状态一致时，装置对接收到的 GOOSE 数据进行正常处理。当发送端和接收端置检修状态不一致时，装置可以对接收到的 GOOSE 数据做相应处理，以保证检修的装置不会影响到正常运行状态的装置，提高了 GOOSE 检修的灵活性和可靠性。

（2）SV 检修机制：当合并单元装置检修压板投入时，发送采样值报文中采样值数据的品质 q 的 Test 位应置 True，SV 接收端装置应将接收的 SV 报文中的 Test 位与装置自身的检修压板状态进行比较，只有两者一致

时才将该信号用于保护逻辑，否则应按相关通道采样异常进行处理。对于多路 SV 输入的保护装置，一个 SV 接收软压板退出时应退出该路采样值，该 SV 中断或检修均不影响本装置运行。

三、GOOSE 报文介绍

GOOSE 服务器传输 GOOSE 报文，都是以数据集形式发送，一帧报文对应一个数据集，一次发送，将整个数据集中所有数据值同时发送。

GOOSE 跳闸、遥控、遥信采集、遥测采集报文传输过程完全一致，在此仅以 GOOSE 跳闸为例进行说明。

一帧 GOOSE 报文由 AppID、PDU 长度、保留字 1、保留字 2、PDU 组成，其中 PDU 为可变长度，由数据集中 FCDA 的个数决定，每个 FCDA 在报文中占 3 个字节。

AppID：GOOSE 报文的 AppID 范围为 0x0000～0x3fff，其值来源于 GOOSE 配置文本中目的地址中的 AppID。

PDU 长度：从 AppID 开始计数到 PDU 结束的全部字节长度。

保留字：两个保留字值默认为 0x0000。

PDU：协议数据单元，其中包含报告控制块信息及数据信息，PDU 控制块信息如下：

控制块引用名：来源于 GOOSE 文本中控制块的 GoCBRef。

允许生存时间：该报文在网络上允许生存的时间，超时后收到的报文将被丢弃，主要受交换机报文交换延时影响。

数据集引用名：控制块对应的数据集引用名，来源于 GOOSE 文本中控制块的 DatSet。

GOOSEID：GOOSE 控制块 ID，来源于 GOOSE 文本中控制块的 AppID。

事件时标：该帧报文产生的时间。

状态号（Stnumber）：范围 0～4294967295，从 0 开始，每产生一次变化数据，该值加 1。

序号（Sqnumber）：范围 0～4294967295，从 0 开始，每发送一次

GOOSE 报文，该值加 1。

Test：检修标识，表示 GOOSE 服务器的检修状态。

配置版本：来源于 GOOSE 文本中控制块的 ConfRev，可在 GOOSEID 文本中配置，默认为 1。

Needs Commissioning：暂时未使用到。

数据集条目数：控制对应的数据集中的条目数。

数据：数据集中每个数据的实时值。

某条 GOOSE 报文解析内容如图 6-8 所示。

```
⊟ IEC 61850 GOOSE
    AppID*: 282
    PDU Length*: 150
    Reserved1*: 0x0000
    Reserved2*: 0x0000
  ⊟ PDU
      IEC GOOSE
      {
        Control Block Reference*:    PB5031BGOLD/LLN0$GO$gocb0
        Time Allowed to Live (msec):  10000
        DataSetReference*:    PB5031BGOLD/LLN0$dsGOOSE0
        GOOSEID*:    PB5031BGOLD/LLN0$GO$gocb0
        Event Timestamp:  2008-12-27 13:38.46.222997  Timequality: 0a
        StateNumber*:    2
        Sequence Number:   0
        Test*:     TRUE
        Config Revision*:     1
        Needs Commissioning*:     FALSE
        Number Dataset Entries:   8
        Data
        {
          BOOLEAN:  TRUE
          BOOLEAN:  FALSE
          BOOLEAN:  FALSE
```

图 6-8　GOOSE 报文解析

四、SMV 报文介绍

目前采样值传输有三种标准（60044-8、9-1、9-2），其中 9-2 标准，技术先进，通道数可灵活配置，组网通信，需外部时钟进行同步，现仅以 9-2 传输报文为例介绍。

工程实施过程中，9-2 抓包可使用 MMS-ethreal、EPT61850 来抓取，但两个工具均不支持对采样值数据内容的解析，所以我们需要直接通过原始数据桢来分析，一般来讲，我们需要从采样值序列标记（0x87）看起，0x87之后为数据长度，例如对于12通道的为0x60，对于11通道为0x58，这里一个通道为8个字节，前4个字节为数值，后4个字节为品质，我们可以通过这个办法依次找到每个通道的具体值。具体如图6-9所示。

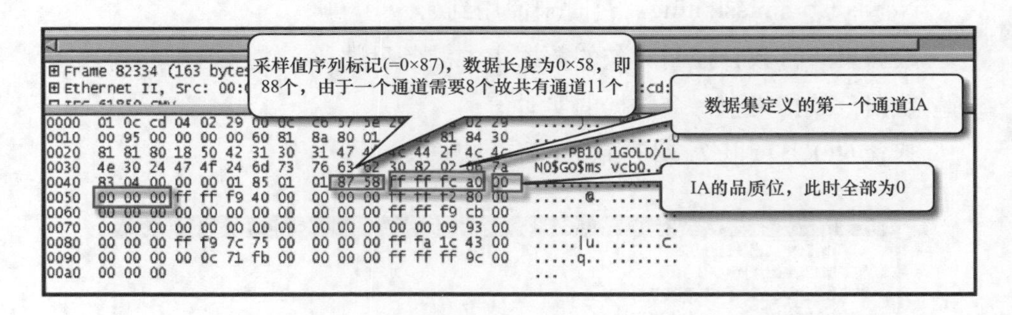

图6-9 SMV报文

品质位共4字节，如图6-10所示。

<table>
<tr><th>7</th><th>6</th><th>5</th><th>4</th><th>3</th><th>2</th><th>1</th><th>0</th></tr>
<tr><td colspan="8">默认 0x00</td></tr>
<tr><td colspan="8">默认 0x00</td></tr>
<tr><td></td><td></td><td></td><td>OpB</td><td>检修</td><td>源</td><td colspan="2">细化品质</td></tr>
<tr><td colspan="6">细化品质</td><td colspan="2">有效性</td></tr>
</table>

图6-10 SMV品质位说明

品质位仅使用Validity、Test属性，其他属性暂不考虑。00000001为无效，这个无效位由MU置无效。00000800即为检修，当检修压板投入时，置检修位。

对于数值，由于9-2里面20ms内采样有80个点，且都是一次值的瞬时值，所以看起来不太好看，我们一般先找到峰值，然后算出其有效值(电压的精度为10mV，电流的精度为1mA)，如图6-11所示，0x000c71fb，换算成十进制为815611，即815611×10mV（8.15611kV），再换算成有效值为5.77kV。

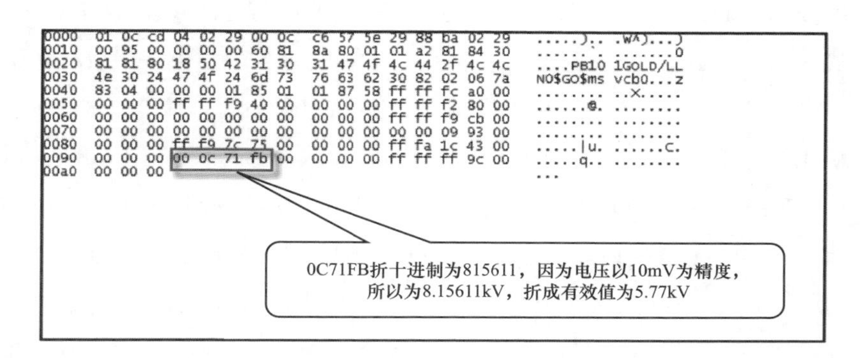

图6-11　SMV采样举例一

这里正数用原码表示，负数用补码表示，即对正数按位取反，如图6-12所示的采样值，其一个周波的波谷为0xfff38ecb，将其减1，后取反得0xc7135即815413，表示－8.15413kV，再换算成有效值为－5.766kV。

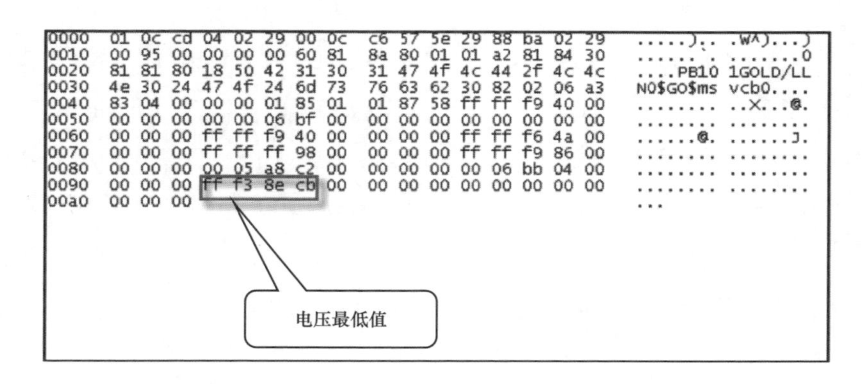

图6-12　SMV采样举例二

【典型案例】

以下是某网络报文记录分析仪监测的一帧完整SV采样报文（9-2，采样通道顺序：IA1、IA2、IB1、IB1、IC1、IC2、I01、I02、I0、UA、UB、

UC、IA、IB、IC)，SV 采样报文中 IA1 是什么？

01 0C CD 04 01 44 52 47 51 20 26 D0 81 00 A0 14 88 BA 41 44 00 B5

00 00 00 00 60 81 AA 80 01 01 A2 81 A4 30 81 A1 80 0F 54 46 44 32

43 30 33 42 5F 31 38 4D 55 30 31 82 02 09 A7 83 04 00 00 00 01 85

01 01 87 81 80 00 00 01 F4 00 00 00 00 00 00 13 51 00 00 00 00 00

00 14 C1 00 00 00 00 FF FF E3 63 00 00 00 00 FF FF DC 58 00 00 00

00 FF FF EA F6 00 00 00 00 FF FF F2 89 00 00 00 00 FF FF FF 2D 00

00 00 00 FF FF FC 6C 00 00 00 00 00 00 01 D1 00 00 00 00 00 00 00

00 00 00 00 00 00 00 00 00 00 00 00 00 00 00 00 00 00 00 00 00 00

00 03 93 00 00 00 00 00 00 04 A6 00 00 00 00 00 00 01 D4 00 00 00 00

答：IA1 电流采样十六进制为下面标灰部分所示。

01 0C CD 04 01 44 52 47 51 20 26 D0 81 00 A0 14 88 BA 41 44 00 B5

00 00 00 00 60 81 AA 80 01 01 A2 81 A4 30 81 A1 80 0F 54 46 44 32

43 30 33 42 5F 31 38 4D 55 30 31 82 02 09 A7 83 04 00 00 00 01 85

01 01 87 81 80 00 00 01 F4 00 00 00 00 **00 00 13 51** 00 00 00 00 00

00 14 C1 00 00 00 00 FF FF E3 63 00 00 00 00 FF FF DC 58 00 00 00

00 FF FF EA F6 00 00 00 00 FF FF F2 89 00 00 00 00 FF FF FF 2D 00

00 00 00 FF FF FC 6C 00 00 00 00 00 00 01 D1 00 00 00 00 00 00 00

00 00 00 00 00 00 00 00 00 00 00 00 00 00 00 00 00 00 00 00 00 00

00 03 93 00 00 00 00 00 00 04 A6 00 00 00 00 00 00 01 D4 00 00 00 00

转化为十进制为：4945，表示 4.945A，有效值为 3.497A。

任务三　智能变电站调试软件介绍

【任务描述】

本任务主要以南瑞继保智能变电站常用软件为例。通过介绍其基本功能，配合图解示意及举例，了解智能变电站需要哪些功能的配置软件及其能完成什么功能；掌握如何使用调试软件帮助我们现场解决问题等内容。

【知识要点】

SCD（substation configuration description）：全站系统配置文件，描述所有 IED 的实例配置和通信参数、IED 之间的通信配置以及变电站一次系统结构，由系统集成厂商完成。SCD 文件应包含版本修改信息，明确描述修改时间、修改版本号等内容。

虚端子（virtual terminator）：描述 IED 设备的 GOOSE、SV 输入和输出信号连接点的总称，用以标识过程层、间隔层及其之间联系的二次回路信号，等同于传统变电站的屏柜端子。

【技能要领】

一、IED Configurator 工具

该软件的主要功能是修改 ICD 文件，若调试的时候发现 ICD 文本有需要修改的时候，例如：增加数据集或减少数据集，增加或减少数据集中的 FCDA，修改短地址、信号描述等。该软件也可以修改 CID 文件和 SCD 文件，但是 CID 文件一般是由 SCD 导出，不需要编辑，SCD 由 SCL Configurator 工具编辑。

（一）修改信号描述

如图 6-13 所示，用 IED Configurator 打开对应的 CID 文件，找到对应

图 6-13　修改信号描述

的数据需要集中修改描述的信号，修改对应的“描述”和“du”，然后保存即可。

（二）增加数据集中的 FCDA

如图 6-14 所示，用 IED Configurator 打开对应的 ICD 文件，在右边的数据中找到需要添加的信号，然后拖到中间的 FCDA 列表，然后保存即可。

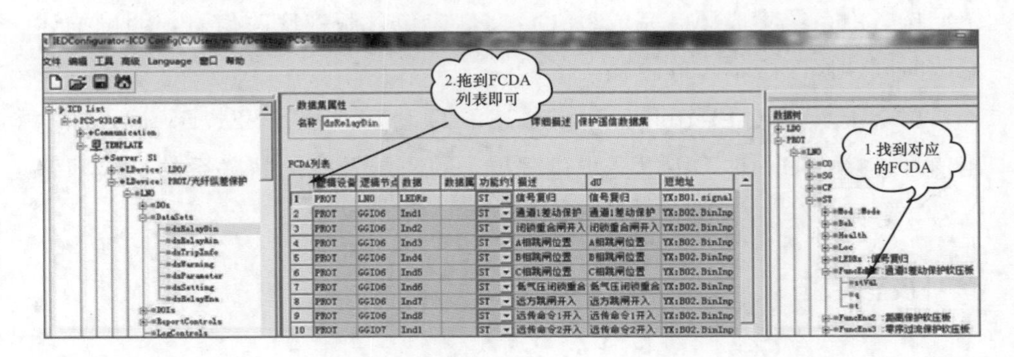

图 6-14 增加数据集中的 FCDA

（三）删除数据集中的 FCDA

如图 6-15 所示，找到相应数据集中的 FCDA，单击鼠标右键，选择“删除 FCDA”，然后保存即可。

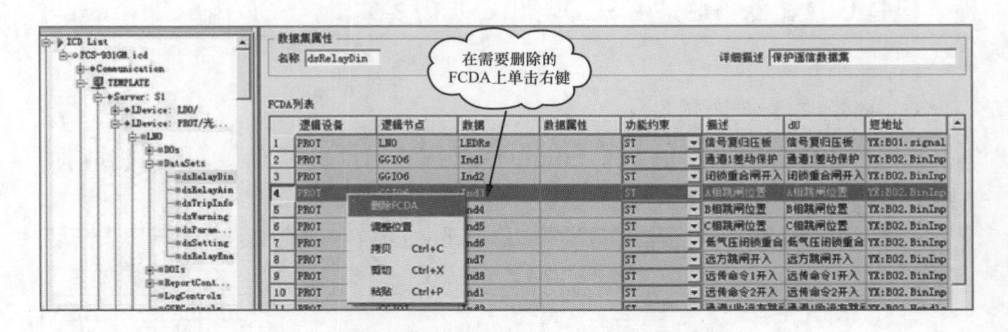

图 6-15 删除数据集中的 FCDA

（四）增加或者删除数据集

如图 6-16 所示，在“数据集列表”中单击鼠标右键，选择“Add DataSet”来增加数据集或者选择“Del DataSet”来删除指定的数据集。

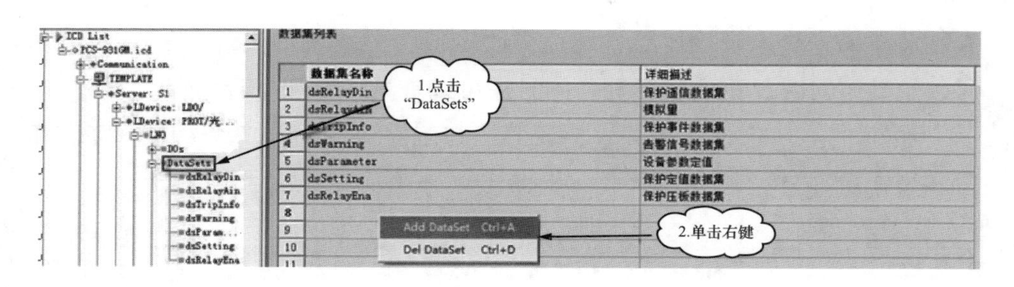

图 6-16 增加或删除数据集

二、SCL Configurator 工具

该软件的主要功能是生成 SCD 文件，以及从 SCD 文件中导出配置文件。对于 61850 的变电站，生成一个全站级的 SCD 文件后，可以直接导入后台、远动、信息子站等站控层设备，而不需要在每个监控设备中单独添加装置；对于有 GOOSE 或者 SMV 的变电站，还需要在 SCD 中配置虚端子连线。SCD 完成后，需要从中导出配置文件（61850 的站只有 device.cid，有 GOOSE 或 SMV 的变电站还有 goose.txt）下载到装置中。具体使用详见“任务四 智能站保护 SCD 文件配置及下装”。

三、LCDTERMINAL 工具

软件又称模拟液晶，功能就是通过串口查看没有液晶的装置的信息以及修改其定值。智能操作箱系列（PCS-222B、PCS-222C）以及没有液晶的合并单元系列（PCS-221C、PCS-221D 等）都可以通过该软件来修改定值，查看自检信息以及开入变位信息。对于没有液晶的其他装置也可以尝试用该软件来查看。连上装置（以 PCS-222DA 为例）后，如图 6-17 所示。

与操作实际键盘一样，单击虚拟键盘的“上”，进入主菜单。进入分菜单后，根据需求操作即可；修改定值的密码同保护装置一样，为“+←↑−”，若密码为三位，则可能为“114”或者“111”。

四、PCS_PC_3.0 工具

该软件与 DBG2000 的功能基本相同，就是下载程序，上装配置，远程查看装置的采样、自检信息、远程修改定值、上装波形文件、复归装置信号、给装置对时、重启装置等，同时还可以查看变量和查看内存。

如图 6-18 所示，连接装置时选择“UAPC 调试端口”，按照步骤，可以查看调试变量。

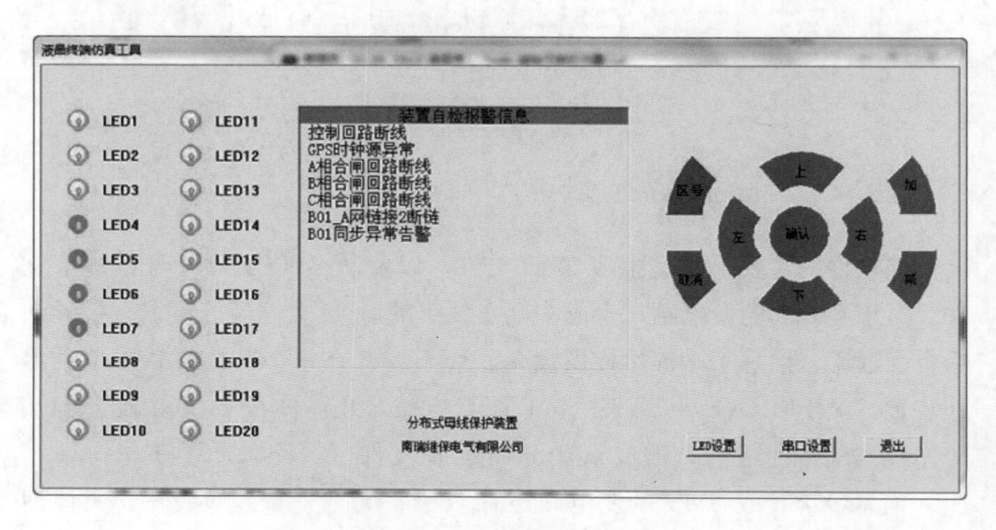

图 6-17 模拟液晶屏显示图

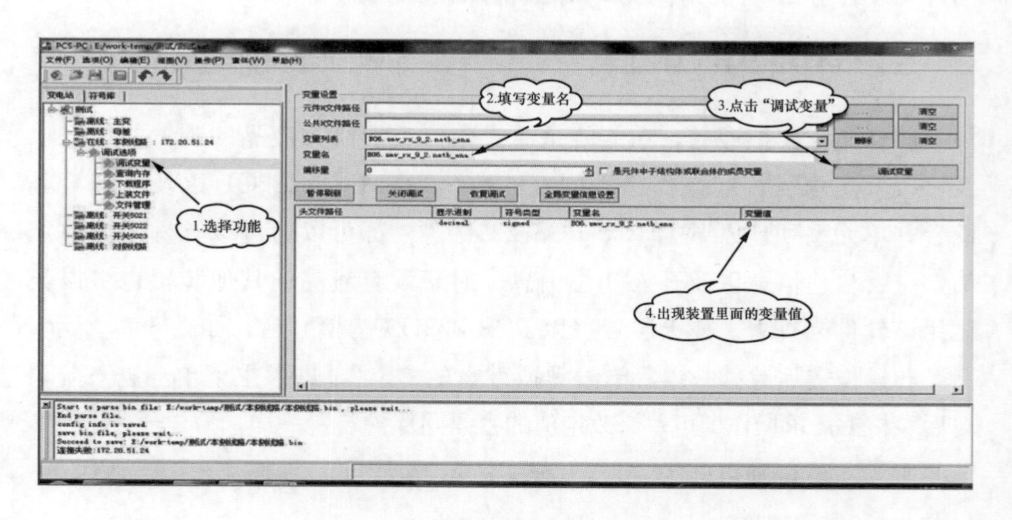

图 6-18 查看调试变量

如图 6-19 所示，连接装置时选择“UAPC 调试端口”，按照步骤，下载程序。

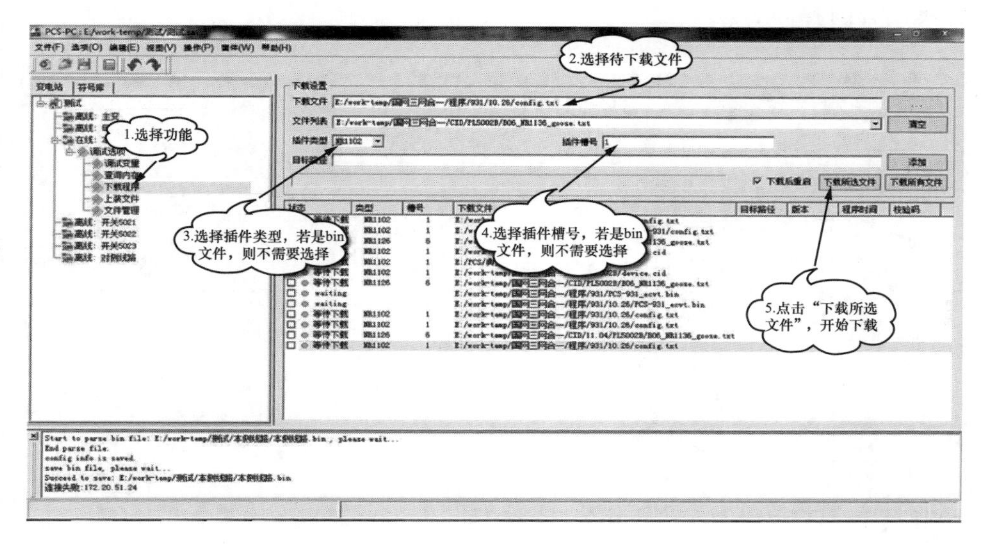

图 6-19 下载程序

如图 6-20 所示，连接装置时选择“UAPC 调试端口”，按照步骤，上装文件。

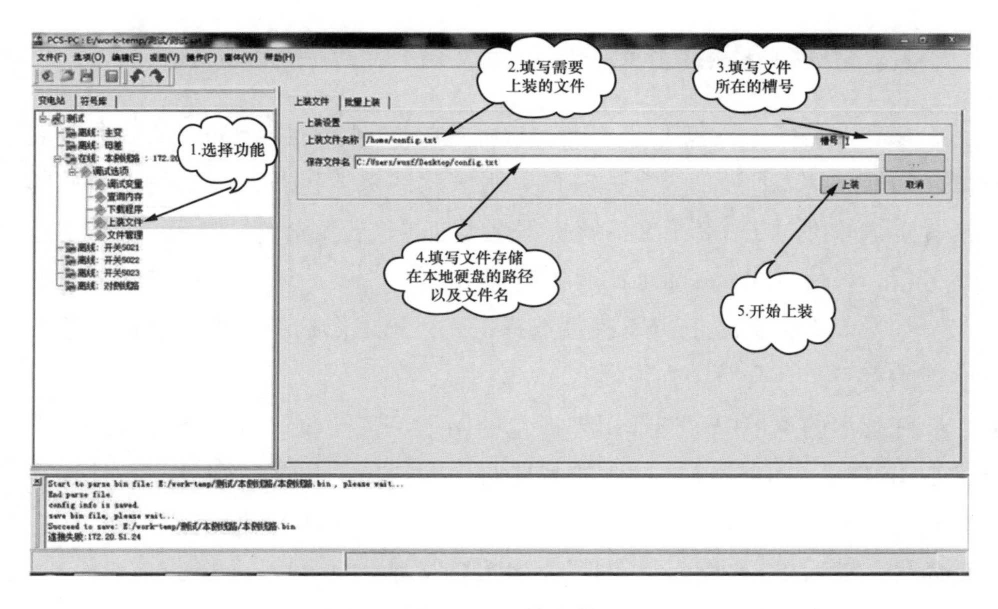

图 6-20 上装文件

如图 6-21 所示，连接装置的时候选择“IEC 103 服务端口”，依次单击所要查看内容即可。

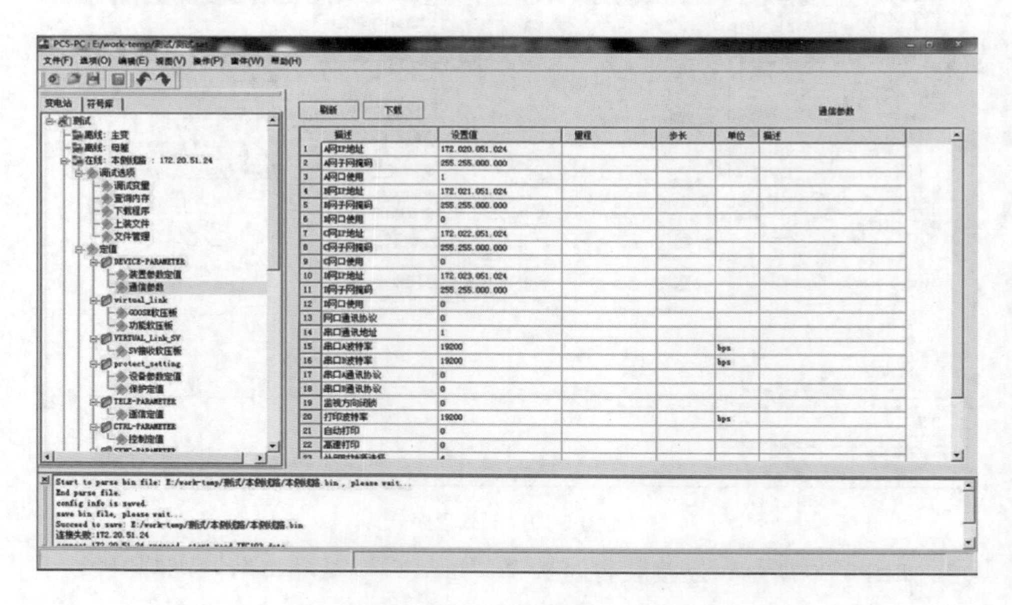

图 6-21　查看定值

五、MMS Ethereal 工具

该软件是一个抓包工具，装置与后台的 MMS 通信异常以及装置与装置之间的 GOOSE 通信异常的时候，用该软件来抓包并分析是一个最佳的选择。该软件对于 9-2 报文的解析不是很理想（若要对合并单元 9-2 报文进行分析，可使用 Wireshark 工具进行抓包）。

如图 6-22 所示，打开软件后选择工具栏第二个按钮（也可以选择第一个或者第三个，全凭个人习惯）。

在弹出的菜单中，选择用来抓包的网卡，按需填写过滤条件（例如要抓取 IP 地址为 198. 120. 0. 21 的装置与后台通信的报文，则过滤条件填写 host 198. 120. 0. 21），在“Display Options”选项下根据个人喜好勾选相应的条件，然后单击“Start”即可，如图 6-23 所示。

抓包的界面主要分为三个部分，如图 6-24 所示，第一个部分是所有报文的列表，第二部分是解析出来方便阅读的每一帧报文的解析，第三部分是每一帧报文的二进制解析，在 Filter 栏还可以填写过滤条件，停止抓包（工具栏第四个按钮）后，报文可以保存到本地硬盘。

图 6-22　MMS Ethereal 界面一

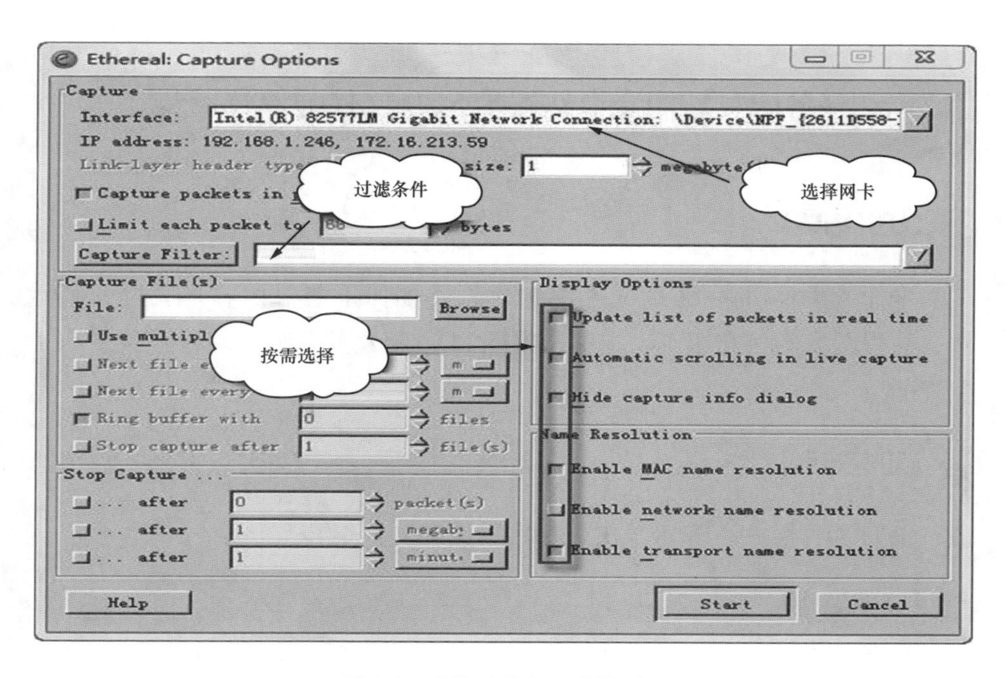

图 6-23　MMS Ethereal 界面二

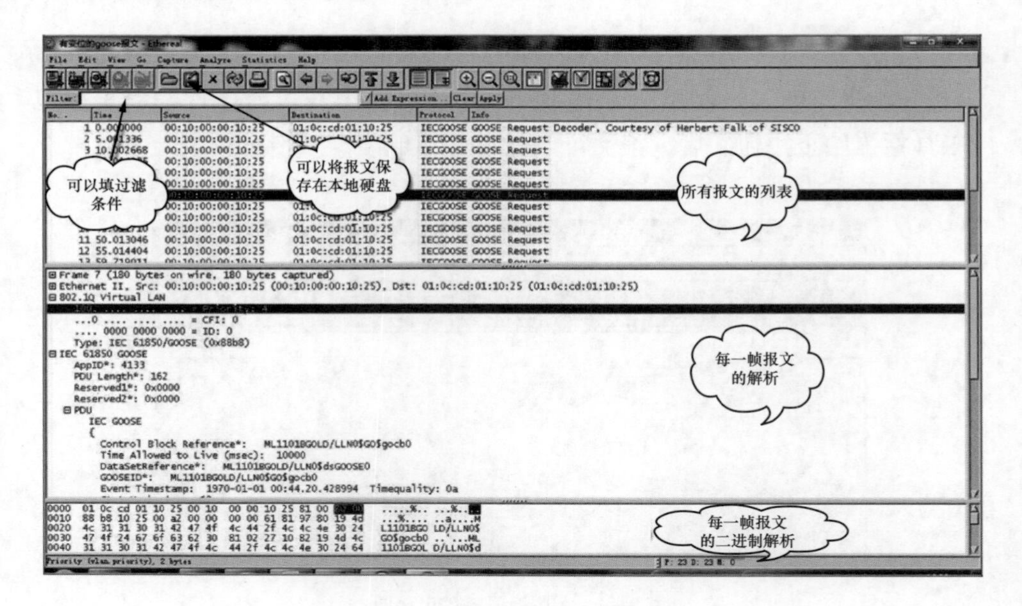

图 6-24 MMS Ethereal 界面三

任务四 智能变电站保护 SCD 文件配置及下装

【任务描述】

本任务主要讲解 SCD 文件配置流程及如何下装等内容。通过图解示意、流程图及实例介绍等，了解及熟悉 SCD 配置及下装的流程；掌握 SCD 配置的及下装的方法。

【知识要点】

SCD 文件配置、配置导出、程序下载和文件上装。

【技能要领】

一、SCD 文件配置

SCD 文件是数字化变电站的核心配置文件，那么如何配置 SCD 就成为数字化站调试的关键，图 6-25 和图 6-26 是变电站配置流程图，可见 SCD 的核心位置。

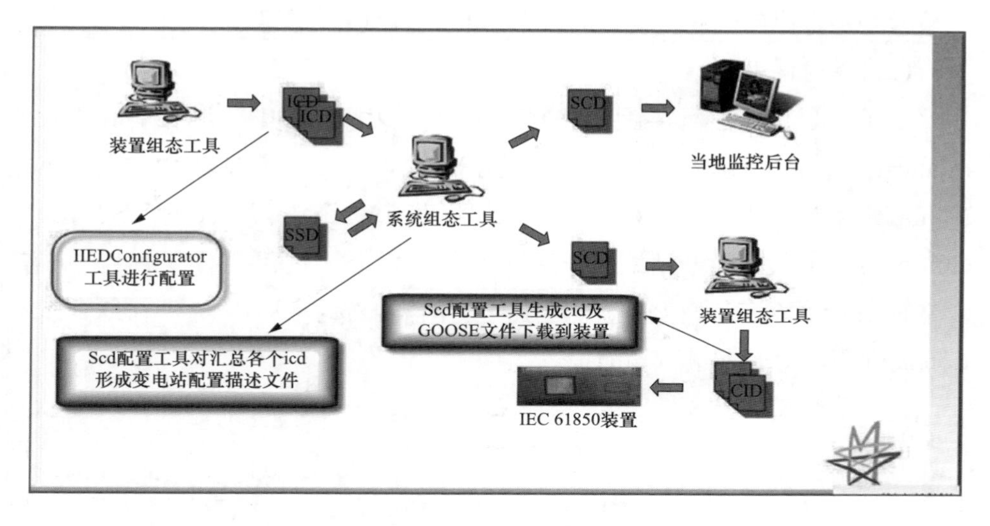

图 6-25　变电站配置流程图（一）

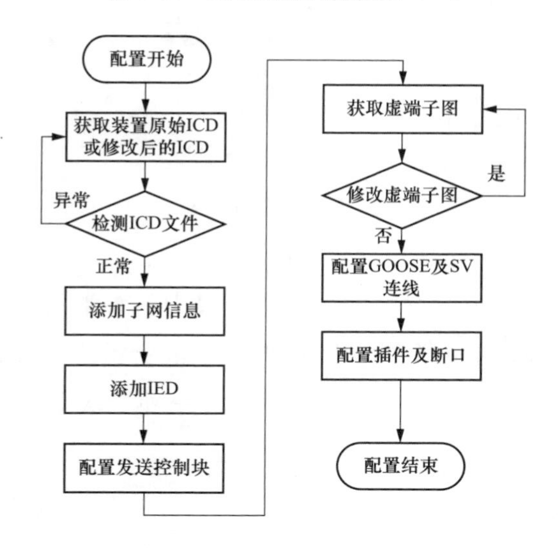

图 6-26　变电站配置流程图（二）

（一）准备工作

此阶段将要使用的工具有 IED Configurator、UE、ICDCheck。其中，IED Configurator 用于查看和修改模型，UE 是以文本格式来查看和修改模型，ICDCheck 是用于检验模型。

制作 SCD 之前需要先获取装置的 ICD 文件，并使用 ICDCheck 对其进行检验，检查出的问题需要及时反馈给相关人员进行修改。

（二）添加子网

对于一个新工程，先新建一个空的 SCD 文件，选中树形表中的 Communication，在右侧窗口单击右键，选择新建，新建的子网如图 6-27 所示，Name 属性为子网的名称；Type 属性共有三个选项（8-MMS、IEC-GOOSE、SMV），对于站控层子网要选择 8-MMS，过程层 GOOSE 子网需要选择 IECGOOSE 类型，过程层采样子网需要选择 SMV 类型；Description 属性用以对子网进行功能描述。

No.	Name	Type	Description
1	MMS	8-MMS	站控层监控后台及远动、保护子站用MMS子网
2	GOOSE-220kV-1	IECGOOSE	220kV第一套装置过程层GOOSE子网
3	GOOSE-220kV-2	IECGOOSE	220kV第二套装置过程层GOOSE子网
4	GOOSE-500kV-1	IECGOOSE	500kV第一套装置过程层GOOSE子网
5	GOOSE-500kV-2	IECGOOSE	500kV第二套装置过程层GOOSE子网

图 6-27　添加子网

（三）添加 IED

选中树形表中的 IED 选项，在右侧窗口中，单击右键，选择新建，将弹出导入 IED 向导，单击下一步进入如图 6-28 所示，导入 IED 时，工具目前提供两种导入方式，一种为从 ICD 导入，一种为从已有 IED 复制导入。

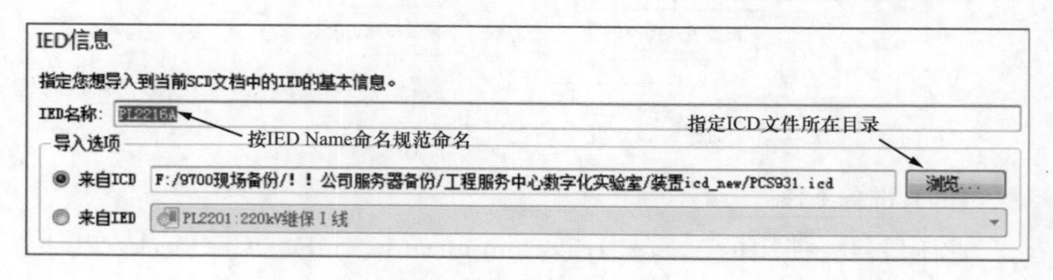

图 6-28　添加 IED（一）

如果是第一次导入某个型号的装置，选择“从 ICD 导入”，如果 SCD 中已有某个型号，则可以选择“从 IED 导入”，此外 IEDName 也需要在此设置。

选完导入方式后，继续下一步，将显示 schema 的校验结果，内容多为字符串超长的提示，在此可以忽略，继续下一步。

在更新通信信息窗口，选择模型中已存在的通信信息属于哪个子网，默认的 S1 访问点都属于 MMS 子网，所以此处选择 MMS；另外此处也可以选择不导入通信信息，而在配置子网时进行配置，如图 6-29 所示。

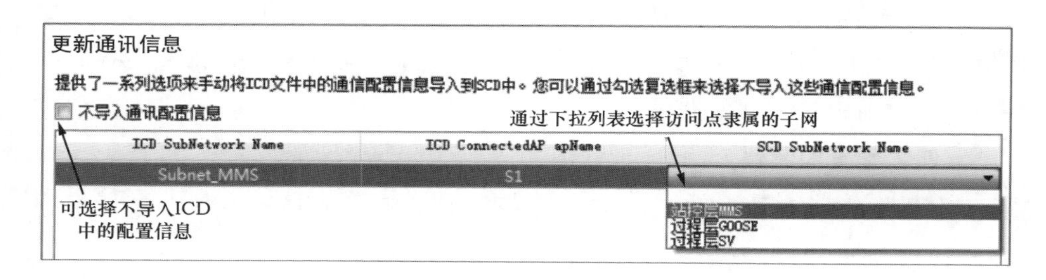

图 6-29 添加 IED（二）

除了新加 IED，还有对原 ICD 进行更新的需要，在 IED 窗口，选中需要更新的 IED，单击右键，选择更新，更新 IED 只能从 ICD 文件更新，在进行到更新选项这一步时，需选择一下选项，选择更新哪些内容，如图 6-30 所示：绝大多数情况下的更新，按图 6-30 中所示内容勾选即可。

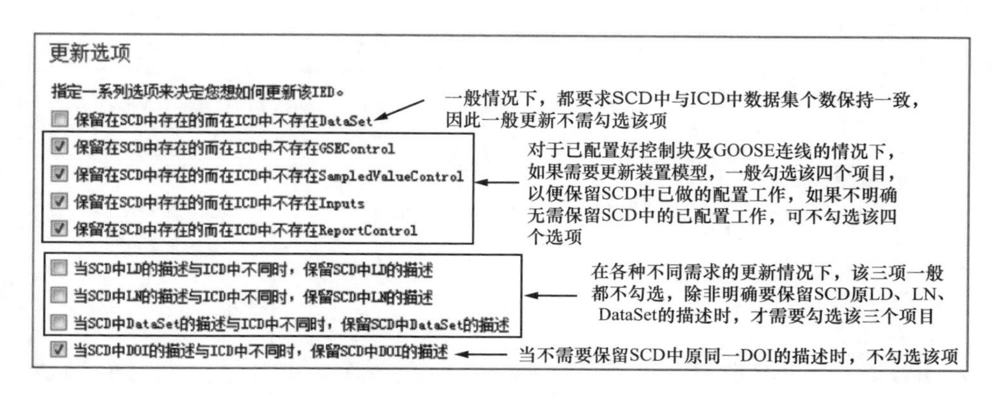

图 6-30 添加 IED（三）

如果在 SCD 中只添加了某装置，但未进行任何配置的时候需要更新该装置，所有选项可以都不选。

如果在 SCD 中某装置已配置了部分内容后需要更新，则要酌情选择选项，主要分以下几种情况：

（1）仅配置了控制款信息，建议全部不勾选，更新完装置后重新配置控制块。

（2）仅配置了开入信号的名称，建议仅勾选最后一个选项，保留 SCD 中修改过的名称。

（3）配置了控制块、GOOSE 连线、开入名称等大部分配置工作，建议按图 6-30 所示选项勾选；如果 SCD 中某装置已配置完所有相关内容后需要更新，则按图 6-30 勾选即可。

（四）配置控制块

在添加完所有的 IED 后，需要配置每个 IED 的发送控制块，包括报告控制块、GOOSE 控制块、SMV 控制块。

1. 报告控制块

由于 ICD 中已包含报告控制块，因此此处只需核对报告控制块的 RPT ID 是否唯一即可，对于触发条件及可选项，如果要求配置触发条件，可在此进行修改，如图 6-31 所示。

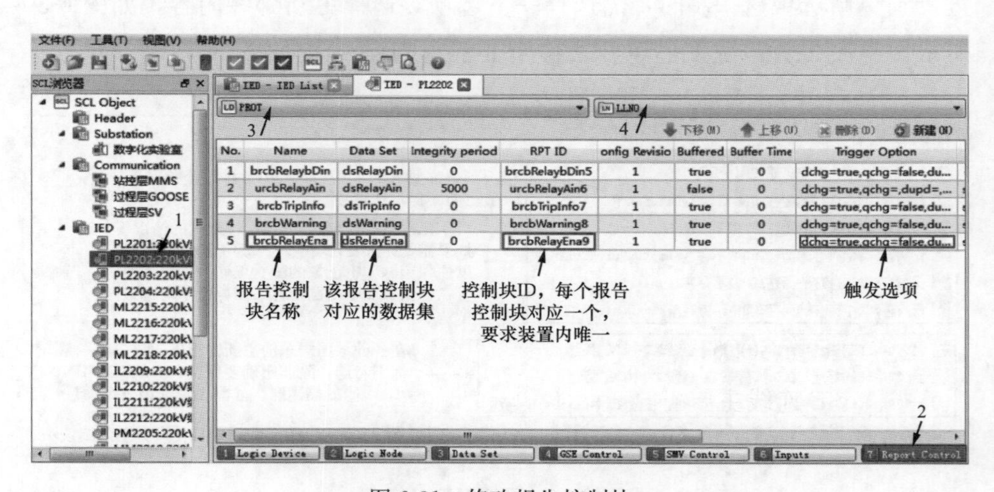

图 6-31 修改报告控制块

2. GOOSE 控制块

如图 6-32 所示步骤，对于需要发送 GOOSE 的装置，例如保护、测控、智能终端等，通过右键新建一个 GOOSE 控制块，GOOSE LD（纯保护中 PI 对应保护 GOOSE；纯测控中 PI 对应测控 GOOSE；保测一体装置，PI1 为保护、PI2 为测控）下有几个数据集需要发送，就建几个控制块，每个控制块对应一个数据集，如图 6-32 中步骤 5，可以通过下拉列表选择数据集。其余参数默认即可。

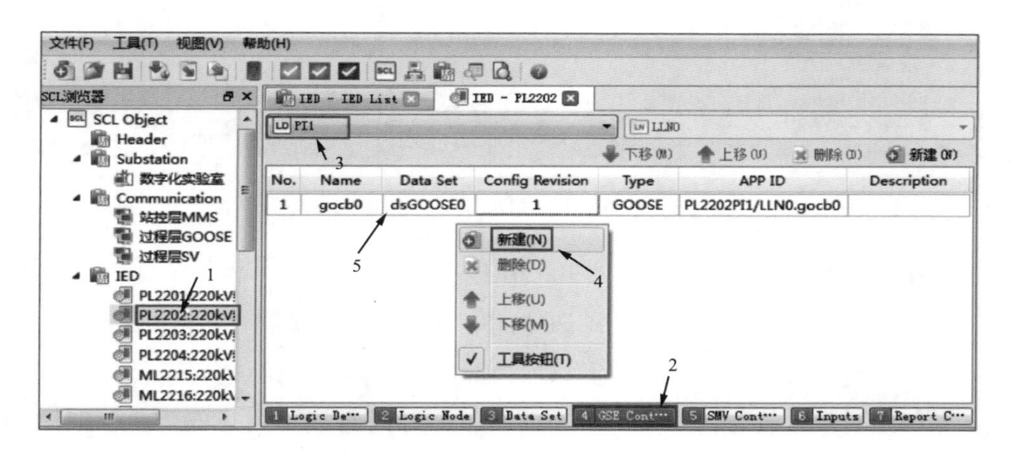

图 6-32 GOOSE 控制块

3. SMV 控制块

对于 SMV 控制块，仅合并单元需要配置，通过右键新建一个 SMV 控制块，SMV LD（典型实例名为 SVLD）下可能有一到两个数据集（如果是一个，那就是 9-2；如果是两个，就是一个 9-2，一个 44-8），对于一个工程，如果合并单元只有一个数据集，那就建一个控制块，如果有两个数据集，那就根据工程需要，选择发送一个数据集或者两个数据集，如图 6-33 示，可以通过下拉列表选择数据集。其余参数默认即可。

（五）配置 GOOSE 连线

GOOSE 连线主要是用于完成开关量值和缓变的模拟量值的传输，包含信号采集和跳闸命令、缓慢变化的模拟量的传输，GOOSE 传输又分点对点方式和组网方式，两者 GOOSE 连线无任何区别，仅在传输的物理介质连接方式上存在区别。

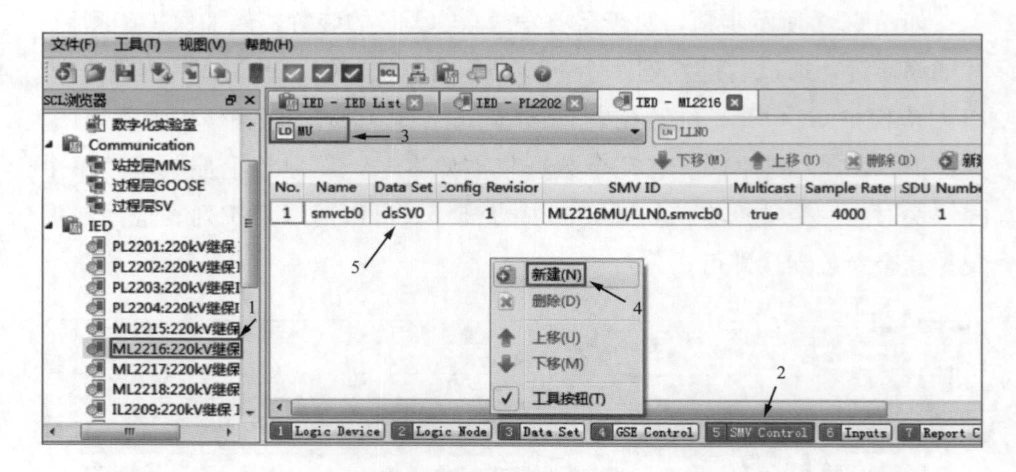

图 6-33 SMV 控制块

在配置 GOOSE 连线时，有几项连线原则：

（1）对于接收方，必须先添加外部信号，再加内部信号；

（2）对于接收方，允许重复添加外部信号，但不建议该方式；

（3）对于接收方，同一个内部信号不允许同时连两个外部信号，即同一内部信号不能重复添加；

（4）国家电网有限公司 Q/GDW 441—2010《智能变电站继电保护技术规范》中，GOOSE 连线仅限连至 DA 一级。

在遵循上面原则的情况下，我们可以进行正常的 GOOSE 连线，连线过程中日志窗口会有详细记录，如有连线有异常时，日志窗口会有相应的告警记录。

1. GOOSE 外部信号

GOOSE 连线中的外部信号（外部虚端子），也就是除本装置外其他装置模型内数据集中的 FCDA，每一个 FCDA 就是一个外部信号，即一个外部虚端子（按 Q/GDW 441—2010《智能变电站继电保护技术规范》要求，GOOSE 数据集宜采用 DA 定义，故每个外部信号都是 FCDA）。

按图 6-34 序号所示，从右侧 IED 筛选器中选择发送方装置，并选择该装置 GOOSE 访问点 G1 下发送数据集中的 FCDA 作为外部端子，并将其拖至中间窗口，顺序排放。

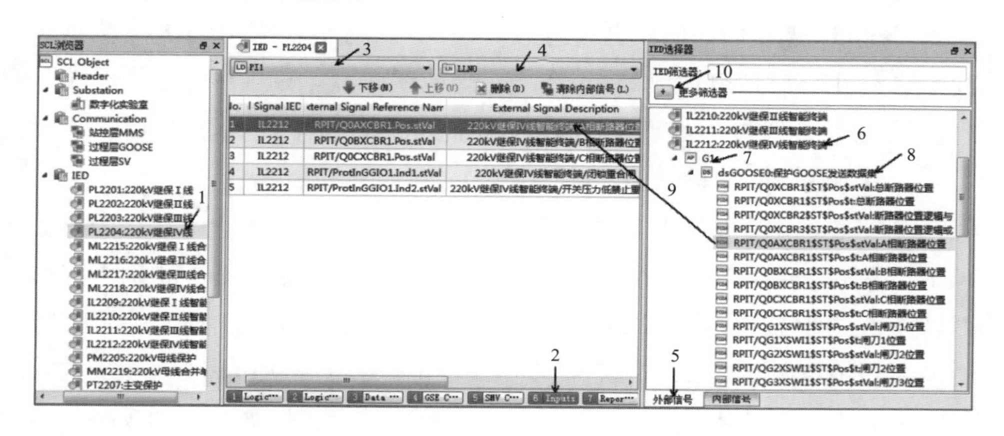

图 6-34　GOOSE 外部信号连线

2. GOOSE 内部信号

添加内部信号，鼠标拖曳时，该内部信号放到第几行，由拖曳时对象所处的位置决定，需要将内部信号放在某行与所在行的外部信号连接，就将该对象拖至相应行的空白处，再松开，即完成一个 GOOSE 连线。否则会产生错误的 GOOSE 连线。

如图 6-35 中序号所示顺序，找到本装置内与外部信号相对应的信号，

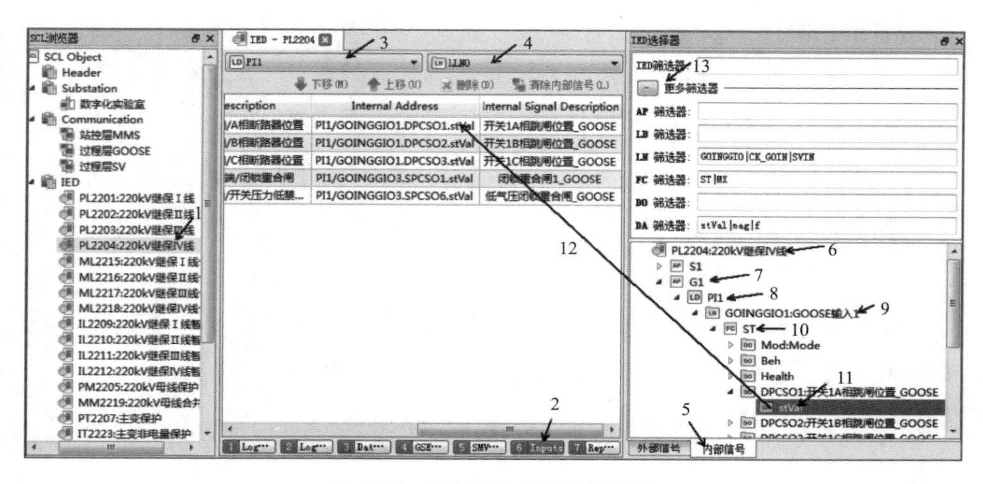

图 6-35　GOOSE 内部信号连接

并将其托至 Inputs 窗口中，与外部信号一一对应，由于 Q/GDW 441—2010《智能变电站继电保护技术规范》中推荐 GOOSE 数据集中放至 DA，因此 GOOSE 连线内部信号也应连至 DA 一级。图 6-35 第 13 步中，为默认的筛选条件，都是以关键字的形式进行视图过滤，GOOSE 输入虚端子（内部信号）一般包含 GOIN 关键字，因此可按 GOIN 来过滤。

（六）配置 SMV 连线

SMV 连线主要是用于完成采样值的传输，其中合并单元只发送采样值，保护、测控等装置只接收采样值，采样值传输又分点对点采样和组网采样，两者连线区别为点对点采样需要连通道延时，而组网采样无需连通道延时。

在 Q/GDW 441—2010《智能变电站继电保护技术规范》中，推荐与保护相关装置采用点对点采样，测控、录波等可采用组网方式；如现场具备条件，测控也可采用点对点。另外规定 SMV 连线宜采用 DO 方式，因此在遵循这一规范的情况下，我们后续的 SMV 连线均采用连至 DO 一级的方式。

1. SMV 外部信号

SMV 连线中的外部信号（外部虚端子），也就是间隔内合并单元 SMV 数据集中的 FCD，每一个 FCD 就是一个外部信号，即一个外部虚端子（按 Q/GDW 441—2010《智能变电站继电保护技术规范》要求，SMV 数据集宜采用 DO 定义，故每个外部信号都是 FCD）。

按图 6-36 序号所示，从右侧 IED 筛选器中选择间隔对应的合并单元装置，并选择该装置 SMV 访问点 M1 下发送数据集中的 FCD 作为外部端子，并将其拖至中间窗口，顺序排放。

小技巧，如果需要连的外部信号很多，则可以拖整个数据集到外部信号，然后把没用的再删除，如图 6-36 中第 8 步所示，直接拖数据集。

2. SMV 内部信号

添加内部信号，鼠标拖曳时，该内部信号放到第几行，由拖曳时对象所处的位置决定，需要将内部信号放在某行与所在行的外部信号连接，就将该对象拖至相应行的空白处，再松开，即完成一个 SMV 连线。否则会产生错误的 SMV 连线。

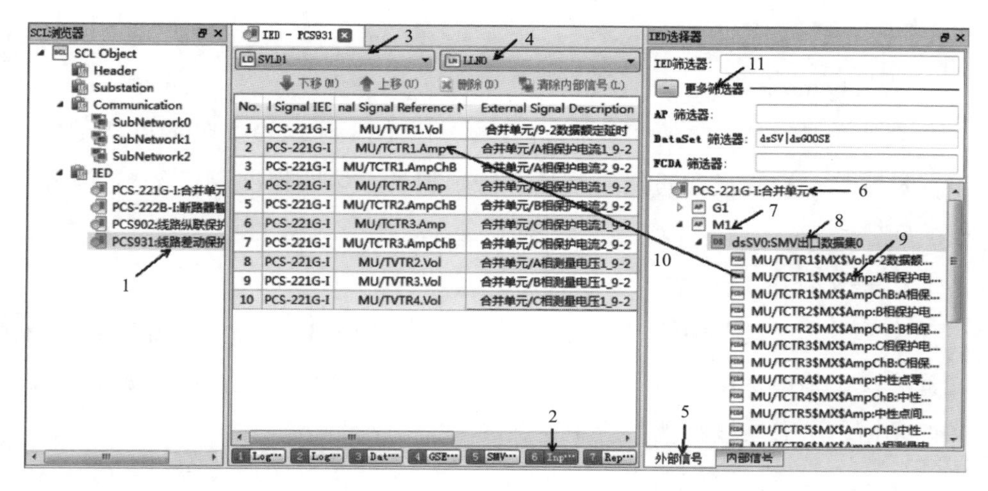

图 6-36　SMV 外部信号连接

如图 6-37 中序号所示顺序，找到本装置内与外部信号相对应的信号，并将其托至 Inputs 窗口中，与外部信号一一对应，由于 Q/GDW 441—2010《智能变电站继电保护技术规范》中推荐 9-2 SMV 数据集中数据放至 DO，因此 SMV 连线内部信号也应连至 DO 一级。

图 6-37 第 13 步中，为默认的筛选条件，都是以关键字的形式进行视图过滤，SMV 输入虚端子（内部信号）一般包含 SVIN 关键字，因此可按 SVIN 来过滤。

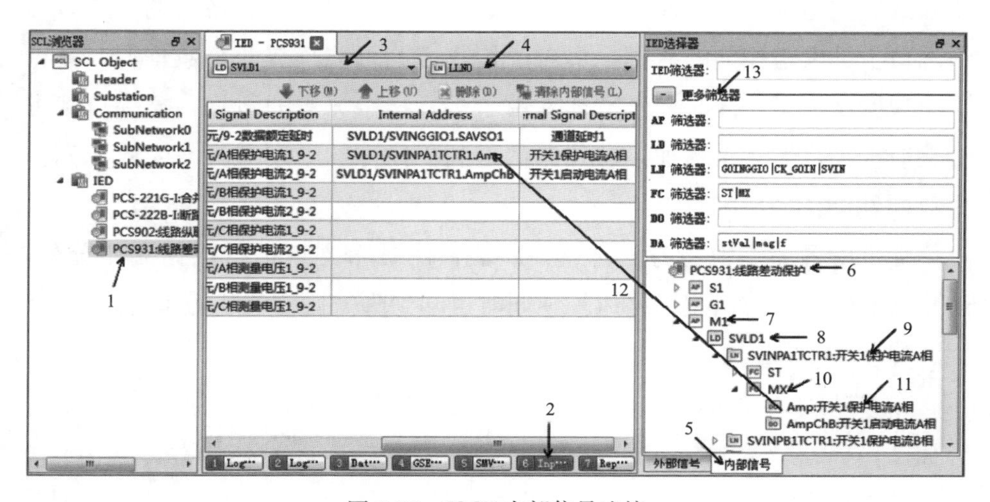

图 6-37　SMV 内部信号连接

（七）SCD配置检测

1. Schema 校验

菜单栏“工具”中的“Schema 校验”用于检测 SCD 文件的框架结构、字符长度等，校验最常遇到的就是字符串超长，多数情况可以忽略字符超长的问题。

2. 语义校验

菜单栏“工具”中的“语义校验”用于检测 SCD 文件内文件的语法及配置错误，是最常用也是最有用的，可按照检测结果处理错误，如果 SCD 文件无错，所有装置检测都应是正确的。

3. 数据类型模板校验

菜单栏“工具”中的“数据类型模板校验”用于检测 SCD 中数据类型模板中重复的数据类型，检测完毕，会将重复出现的同一数据类型、未被实例化的数据类型都删除，通过该检测，可减小 SCD 中数据类型模板的大小，保证数据类型的唯一。

（八）插件及端口配置

在国家电网有限公司的典型设计方案中，对于一台保护和一台智能终端装置，可能同时存在直连口和组网口，那么这两个装置间就会存在两条不同的数据通道（直连通道和网络通道），如果两台装置在各自的直连口和组网口上都发送相同的数据，那对于接收方就可能存在两个数据源，就可能出现网络风暴，同时发送方插件由于多发送了无用的数据，插件负载也会相应提高，发热量增加，这几点都不利于插件的稳定运行，因此我们需要对插件进行端口配置。

插件配置的作用是为了对过程层插件的各个光口进行数据流向分配，防止在数据接收方出现网络风暴，同时也起到降低插件负载的作用。

1. 插件配置

在 SCD 工具菜单栏中的“工具”中选择“插件配置”，打开插件配置界面。

首先选择需要配置的装置，并选择“插件”选项，在右侧待选插件列表中选择你需要配置的插件，并将其拖至左侧窗口中，如图 6-38 所示顺序。

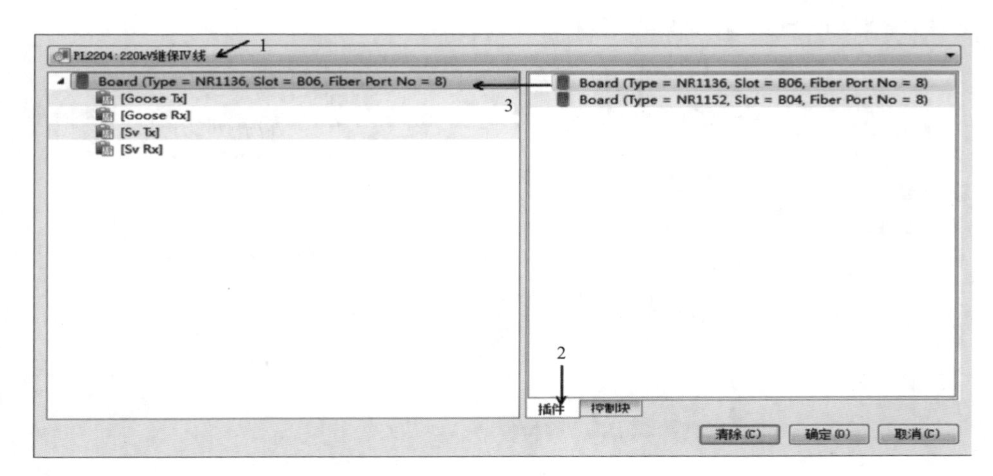

图 6-38　插件配置一

如图 6-39 所示顺序，将插件对应的各个 GSE 控制块从右侧待选窗拖至左侧配置窗口中相应的发送或接受选项下。

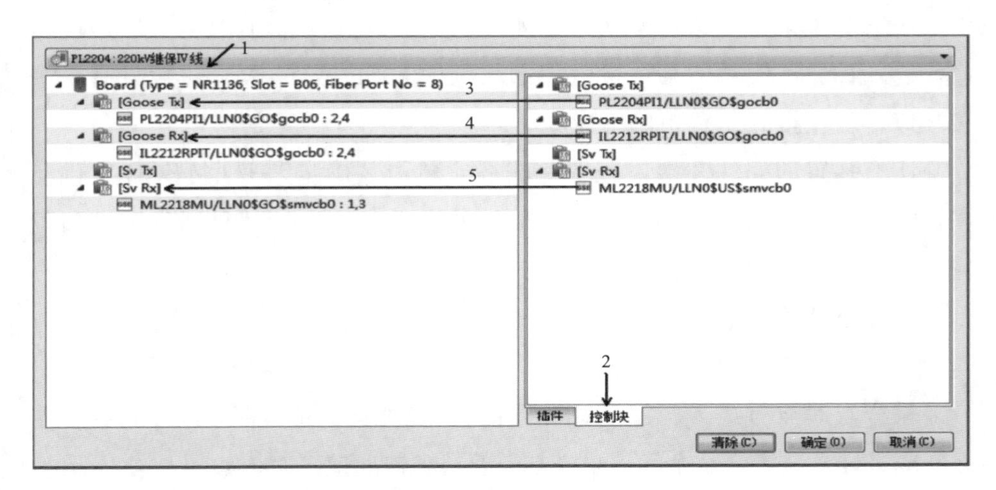

图 6-39　插件配置二

2. 端口配置

在 GSE 控制块分配完毕后，在左侧配置窗口中，双击要配置的 GSE 控制块，打开“设置光口”窗体，如图 6-40 所示填写该控制块所对应的信息需要发送或者接收的端口，如果需要多个端口发送，端口号之间以英文逗号隔开；如果配置了插件和控制块，但相应控制块的光口号不填，则表示该控制块信息可在插件的所有端口上收发。

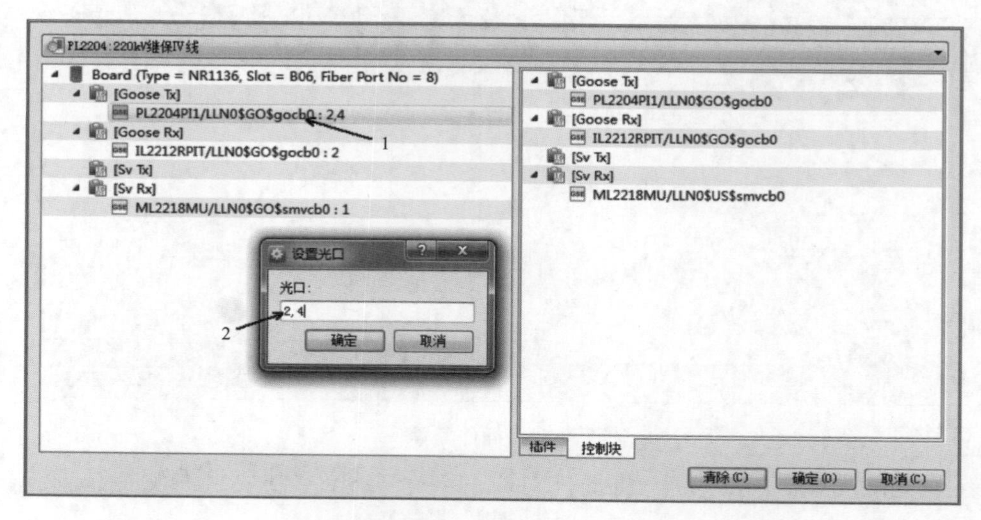

图 6-40 端口配置一

一般对于某个发送控制块（GOOSE 或 SMV）可能出现多个发送端口（直跳、组网），但对于某个接收控制块（GOOSE 或 SMV）一般只有一个接收口，防止接收装置报网络风暴。

所有装置的插件和端口配置完毕后，单击“确定”，即在 SCD 文件所在目录生成一个名为“goosecfg. xml”的文件，该文件就是插件和端口配置文件，在备份时需要将该文件同步归档。

（九）SCD 配置注意事项

1. 采样是否需要连通道延时

采样点对点方式下，每个间隔的采样都需要连通道延时，对于母差需要多间隔采样的装置，每个间隔采样都需要单独连通道延时，如图 6-41 所示。

2. 采样的层次选择

采样连线要注意外部信号与内部信号的匹配关系，一般外部 DO 级别，内部也 DO 级别；外部 DA 级别，内部也 DA 级别，如图 6-42 所示。

3. 保护双 AD 对应关系

保护的采样拉线，需要注意双 AD 拉线，如保护电流拉电流 1，启动拉电流 2，如图 6-43 所示 SV 连线，图中 SV 连线为 DA 方式，为以前装置的连线方式。

SVLD1 LLN0

下移(M) 上移(U) 删除(D)

No.	l Signal IEC	xternal Signal Reference Nam	External Signal Description	Internal Address	rnal Signal Descript
1	ML2218	MU/TVTR1.Vol.instMag.i	220kV继保IV线合并单元/9-2数据额定延时	SVLD1/SVINGGIO1.SAVSO1.instMag.i	通道延时1
2	ML2218	MU/TCTR1.Amp.instMag.i	220kV继保IV线合并单元/A相保护电流1_9_2	SVLD1/SVINPA1TCTR1.Amp.instMag.i	开关1保护电流A相
3	ML2218	MU/TCTR1.AmpChB.instMag.i	220kV继保IV线合并单元/A相保护电流2_9_2	SVLD1/SVINPA1TCTR1.AmpChB.instMag.i	开关1启动电流A相
4	ML2218	MU/TCTR2.Amp.instMag.i	220kV继保IV线合并单元/B相保护电流1_9_2	SVLD1/SVINPB1TCTR1.Amp.instMag.i	开关1保护电流B相
5	ML2218	MU/TCTR2.AmpChB.instMag.i	220kV继保IV线合并单元/B相保护电流2_9_2	SVLD1/SVINPB1TCTR1.AmpChB.instMag.i	开关1启动电流B相
6	ML2218	MU/TCTR3.Amp.instMag.i	220kV继保IV线合并单元/C相保护电流1_9_2	SVLD1/SVINPC1TCTR1.Amp.instMag.i	开关1保护电流C相
7	ML2218	MU/TCTR3.AmpChB.instMag.i	220kV继保IV线合并单元/C相保护电流2_9_2	SVLD1/SVINPC1TCTR1.AmpChB.instMag.i	开关1启动电流C相
8	ML2218	MU/TVTR2.Vol.instMag.i	220kV继保IV线合并单元/A相测量电压1_9_2	SVLD1/SVINUATVTR1.Vol.instMag.i	保护电压A相
9	ML2218	MU/TVTR3.Vol.instMag.i	220kV继保IV线合并单元/B相测量电压1_9_2	SVLD1/SVINUBTVTR1.Vol.instMag.i	保护电压B相
10	ML2218	MU/TVTR4.Vol.instMag.i	220kV继保IV线合并单元/C相测量电压1_9_2	SVLD1/SVINUCTVTR1.Vol.instMag.i	保护电压C相
11	ML2218	MU/TVTR5.Vol.instMag.i	220kV继保IV线合并单元/同期电压_9_2	SVLD1/SVINUXTVTR1.Vol.instMag.i	保护同期电压

图 6-41　通道延时设置

SVLD1 LLN0

下移(M) 上移(U) 删除(D)

No.	l Signal IEC	xternal Signal Reference Nam	External Signal Description	Internal Address	rnal Signal Descript
1	ML2218	MU/TVTR1.Vol.instMag.i	220kV继保IV线合并单元/9-2数据额定延时	SVLD1/SVINGGIO1.SAVSO1.instMag.i	通道延时1
2	ML2218	MU/TCTR1.Amp.instMag.i	220kV继保IV线合并单元/A相保护电流1_9_2	SVLD1/SVINPA1TCTR1.Amp.instMag.i	开关1保护电流A相
3	ML2218	MU/TCTR1.AmpChB.instMag.i	220kV继保IV线合并单元/A相保护电流2_9_2	SVLD1/SVINPA1TCTR1.AmpChB.instMag.i	开关1启动电流A相
4	ML2218	MU/TCTR2.Amp.instMag.i	220kV继保IV线合并单元/B相保护电流1_9_2	SVLD1/SVINPB1TCTR1.Amp.instMag.i	开关1保护电流B相
5	ML2218	MU/TCTR2.AmpChB.instMag.i	220kV继保IV线合并单元/B相保护电流2_9_2	SVLD1/SVINPB1TCTR1.AmpChB.instMag.i	开关1启动电流B相
6	ML2218	MU/TCTR3.Amp.instMag.i	220kV继保IV线合并单元/C相保护电流1_9_2	SVLD1/SVINPC1TCTR1.Amp.instMag.i	开关1保护电流C相
7	ML2218	MU/TCTR3.AmpChB.instMag.i	220kV继保IV线合并单元/C相保护电流2_9_2	SVLD1/SVINPC1TCTR1.AmpChB.instMag.i	开关1启动电流C相
8	ML2218	MU/TVTR2.Vol.instMag.i	220kV继保IV线合并单元/A相测量电压1_9_2	SVLD1/SVINUATVTR1.Vol.instMag.i	保护电压A相
9	ML2218	MU/TVTR3.Vol.instMag.i	220kV继保IV线合并单元/B相测量电压1_9_2	SVLD1/SVINUBTVTR1.Vol.instMag.i	保护电压B相
10	ML2218	MU/TVTR4.Vol.instMag.i	220kV继保IV线合并单元/C相测量电压1_9_2	SVLD1/SVINUCTVTR1.Vol.instMag.i	保护电压C相
11	ML2218	MU/TVTR5.Vol.instMag.i	220kV继保IV线合并单元/同期电压_9_2	SVLD1/SVINUXTVTR1.Vol.instMag.i	保护同期电压

图 6-42　采样连线的层次选择

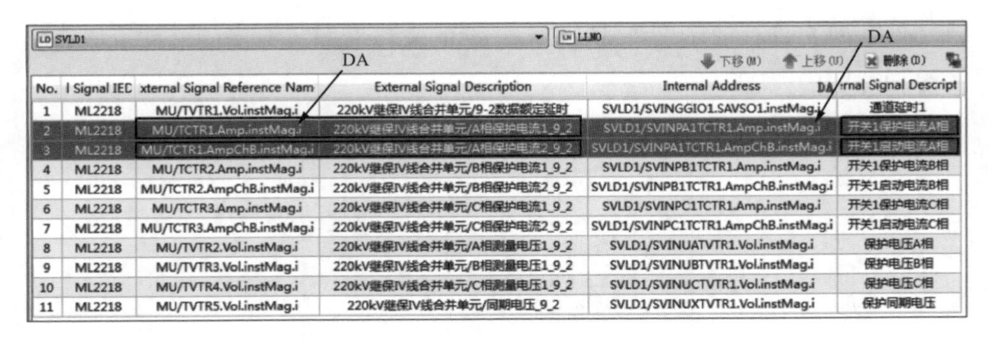

SVLD1 LLN0

下移(M) 上移(U) 删除(D)

No.	l Signal IEC	xternal Signal Reference Nam	External Signal Description	Internal Address	rnal Signal Descript
1	ML2218	MU/TVTR1.Vol.instMag.i	220kV继保IV线合并单元/9-2数据额定延时	SVLD1/SVINGGIO1.SAVSO1.instMag.i	通道延时1
2	ML2218	MU/TCTR1.Amp.instMag.i	220kV继保IV线合并单元/A相保护电流1_9_2	SVLD1/SVINPA1TCTR1.Amp.instMag.i	开关1保护电流A相
3	ML2218	MU/TCTR1.AmpChB.instMag.i	220kV继保IV线合并单元/A相保护电流2_9_2	SVLD1/SVINPA1TCTR1.AmpChB.instMag.i	开关1启动电流A相
4	ML2218	MU/TCTR2.Amp.instMag.i	220kV继保IV线合并单元/B相保护电流1_9_2	SVLD1/SVINPB1TCTR1.Amp.instMag.i	开关1保护电流B相
5	ML2218	MU/TCTR2.AmpChB.instMag.i	220kV继保IV线合并单元/B相保护电流2_9_2	SVLD1/SVINPB1TCTR1.AmpChB.instMag.i	开关1启动电流B相
6	ML2218	MU/TCTR3.Amp.instMag.i	220kV继保IV线合并单元/C相保护电流1_9_2	SVLD1/SVINPC1TCTR1.Amp.instMag.i	开关1保护电流C相
7	ML2218	MU/TCTR3.AmpChB.instMag.i	220kV继保IV线合并单元/C相保护电流2_9_2	SVLD1/SVINPC1TCTR1.AmpChB.instMag.i	开关1启动电流C相
8	ML2218	MU/TVTR2.Vol.instMag.i	220kV继保IV线合并单元/A相测量电压1_9_2	SVLD1/SVINUATVTR1.Vol.instMag.i	保护电压A相
9	ML2218	MU/TVTR3.Vol.instMag.i	220kV继保IV线合并单元/B相测量电压1_9_2	SVLD1/SVINUBTVTR1.Vol.instMag.i	保护电压B相
10	ML2218	MU/TVTR4.Vol.instMag.i	220kV继保IV线合并单元/C相测量电压1_9_2	SVLD1/SVINUCTVTR1.Vol.instMag.i	保护电压C相
11	ML2218	MU/TVTR5.Vol.instMag.i	220kV继保IV线合并单元/同期电压_9_2	SVLD1/SVINUXTVTR1.Vol.instMag.i	保护同期电压

图 6-43　DA 方式双 AD 采样

DO 方式的双 AD 采样连线如图 6-44 所示。

4. 组播地址的有效范围

在通信配置中 GOOSE 组播地址后三段为：01-0c-cd-01-00-00～01-0c-cd-01-3f-ff。

SVLD1 | LLN0

下移(M) 上移(U) 删除(D) 清除内部信号(L)

No.	l Signal IED	nal Signal Reference N	External Signal Description	Internal Address	rnal Signal Descrip
1	ML2216	MU/TVTR1.Vol	220kV继保Ⅱ线合并单元/9-2数据额定延时	SVLD1/SVINGGIO1.SAVSO1	通道延时1
2	ML2216	MU/TCTR1.Amp	220kV继保Ⅱ线合并单元/A相保护电流1_9_2	SVLD1/SVINPA1TCTR1.Amp	开关1保护电流A相
3	ML2216	MU/TCTR1.AmpChB	220kV继保Ⅱ线合并单元/A相保护电流2_9_2	SVLD1/SVINPA1TCTR1.AmpChB	开关1启动电流A相
4	ML2216	MU/TCTR2.Amp	220kV继保Ⅱ线合并单元/B相保护电流1_9_2	SVLD1/SVINPB1TCTR1.Amp	开关1保护电流B相
5	ML2216	MU/TCTR2.AmpChB	220kV继保Ⅱ线合并单元/B相保护电流2_9_2	SVLD1/SVINPB1TCTR1.AmpChB	开关1启动电流B相
6	ML2216	MU/TCTR3.Amp	220kV继保Ⅱ线合并单元/C相保护电流1_9_2	SVLD1/SVINPC1TCTR1.Amp	开关1保护电流C相
7	ML2216	MU/TCTR3.AmpChB	220kV继保Ⅱ线合并单元/C相保护电流2_9_2	SVLD1/SVINPC1TCTR1.AmpChB	开关1启动电流C相

D0 D0

图 6-44 DO 方式双 AD 采样

SMV 组播地址的后三段为：01-0c-cd-04-40-00～01-0c-cd-04-7f-ff。

与 GOOSE 和 SMV 对应的 APPID 分别为 0～3fff，4000～7fff。

二、配置导出、程序下载及文件上装

（一）如何导出配置文件

需要从 SCD 文件中导出并下载到装置里的的配置文件主要有 device. cid 和 goose. txt 两个，如图 6-45 所示，在 SCD 工具菜单栏“工具”中，“批量导出 CID 文件”“批量导出 uapc-goose 文件”“批量导出 CID 及 uapc-Ygoose 文件”，三个功能选项，可分别得到 device. cid、goose. txt，一般推荐使用“批量导出 CID 及 uapc-Ygoose 文件”，同时导出 device. cid、goose. txt 两个文件，两文件存放于名称为 IEDName 的文件夹内。导出的文件可以直接下载到装置内。

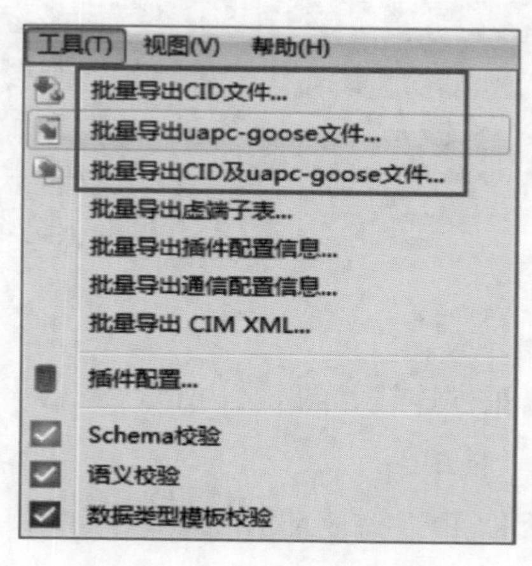

图 6-45 导出 SCD 配置文件

（二）需要导出的其他文件

在 SCD 文件制作完毕后，可将 SCD 中的各项配置导出成 excel 文件，作为备份或核对文件，如图 6-45（b）所示的几个选项，均可导出 excel 文件，供用户使用。

其中比较重要的是虚端子表和通信配置信息表，是现场 SCD 配置完毕后进行信息核对的一个重要依据，它可脱离 SCD 工具，供其他不熟悉 SCD 的人员使用。

（三）程序下载

打开 PCS-PC 新建变电站，可以选择 SAT 自己创建模式，也可以选择导入 SCD 模式，这里选择 SAT 自己创建一个变电站，如图 6-46 所示。

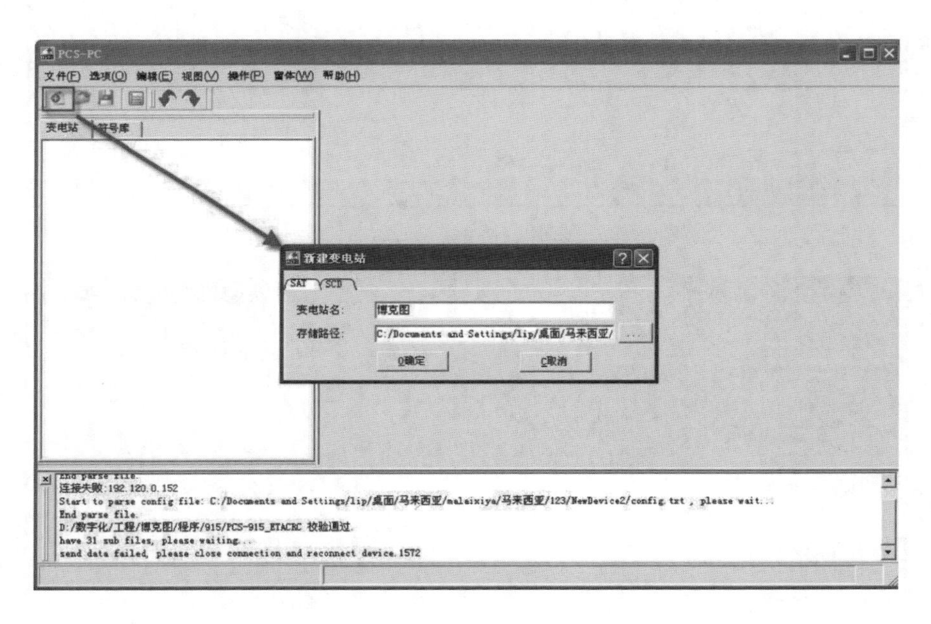

图 6-46　程序下载一

如图 6-47 所示，在变电站下面创建一台装置，以 PCS-978 为例，输入正确 IP，如果装置此时在线，则会自动读取 PCS-978 的相关信息；如果装置不在线，则会生成离线装置。

读取成功后如图 6-48 所示。

单击“下载程序”，选择 bin 文件进行下载，下载重启打上勾后，则会下载完成自动重启装置，如图 6-49 所示。

当需要下载单个文件时，则需要选择插件类型和槽号，如图 6-50 所示。

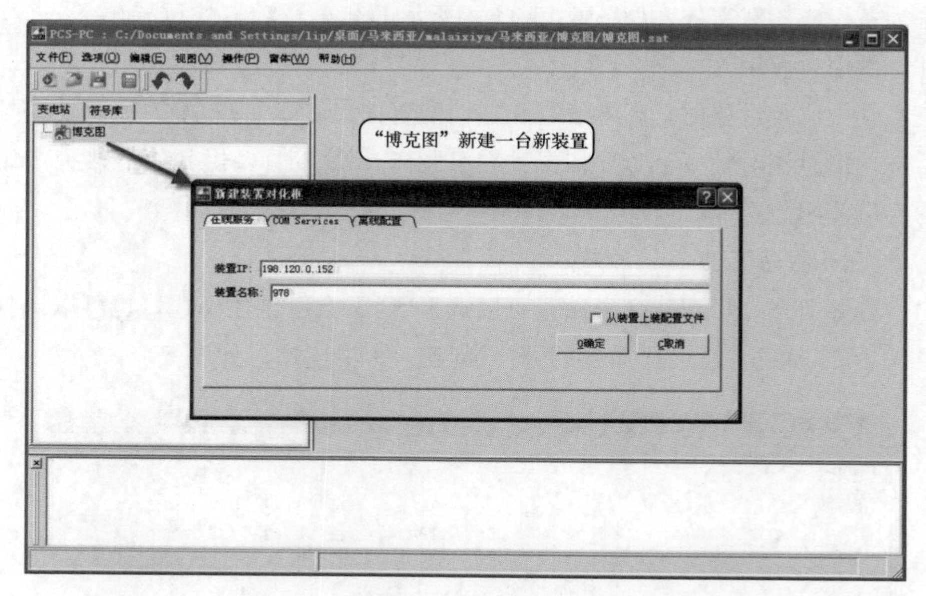

图 6-47 程序下载二

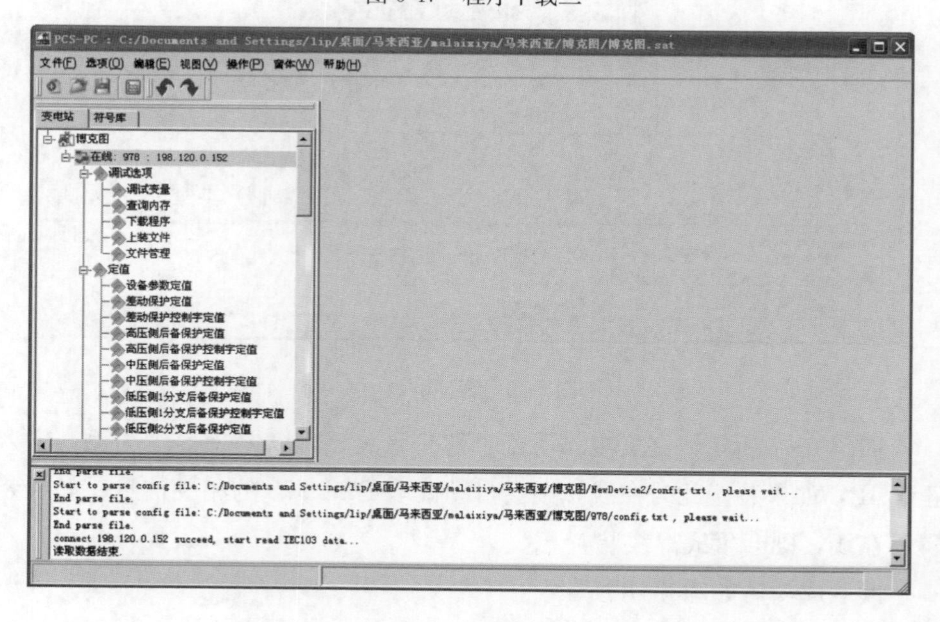

图 6-48 程序下载三

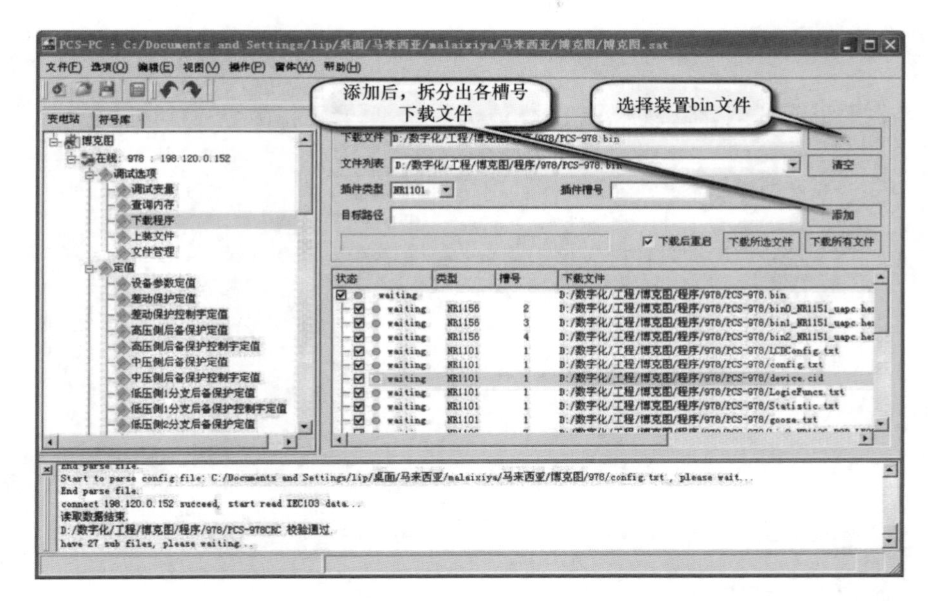

图 6-49 程序下载四

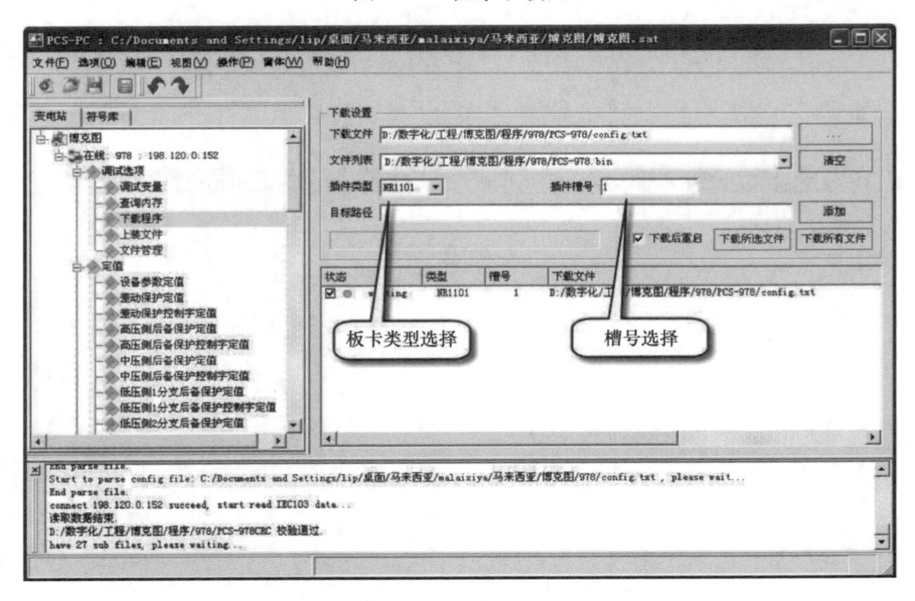

图 6-50 程序下载五

（四）文件上装

上装文件时，单击左侧上装文件按钮，选择文件名、槽号，并选择保存路径即可。

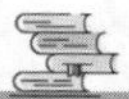

如图 6-51 所示为上装 1 号槽 config. txt 文件。

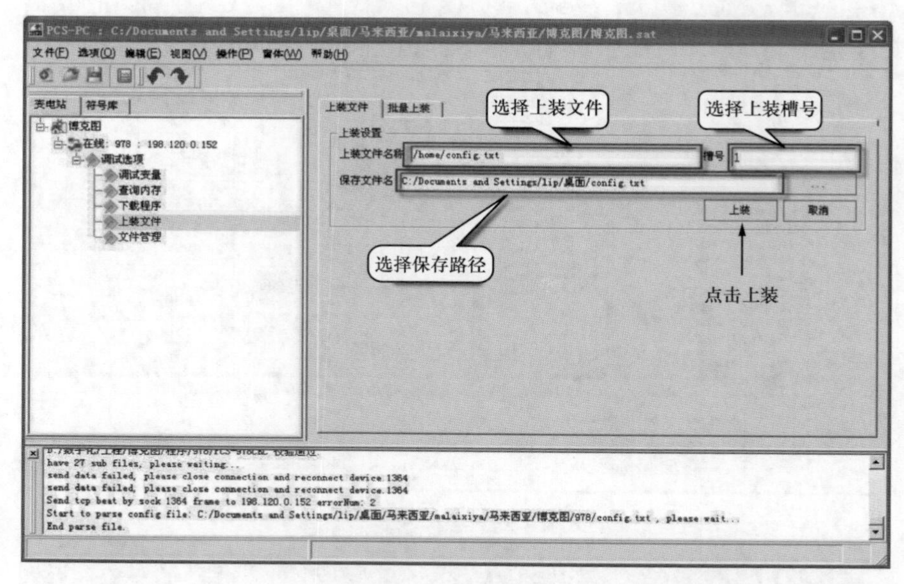

图 6-51　上装 1 号槽

如图 6-52 所示为上装 7 号槽 goose. txt 文件。

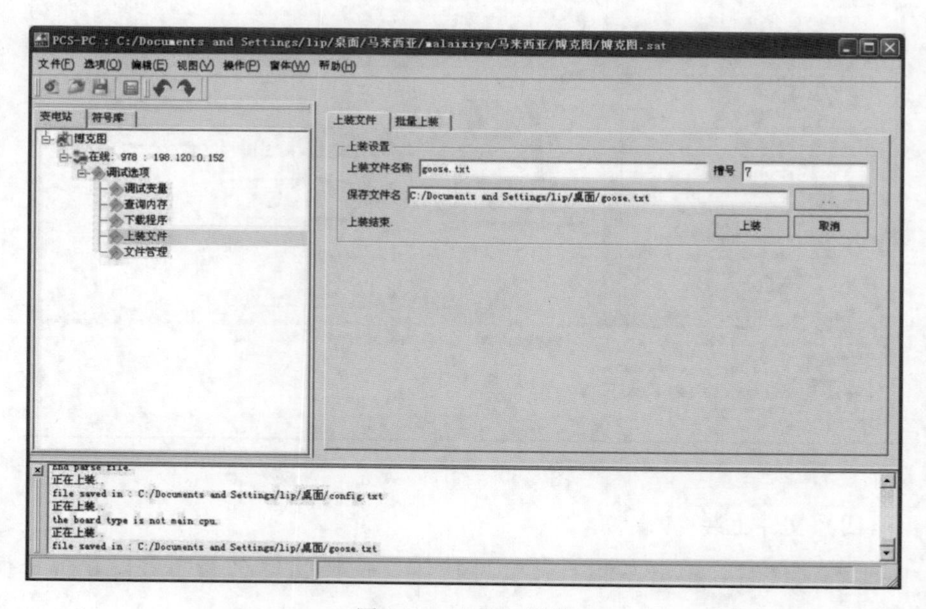

图 6-52　上装 7 号槽

（五）串口下载及上装

此下载方法适用于合并单元、智能终端、母差子站等装置。

1. 程序下载

如图 6-53 所示，对于装置程序 bin 文件，使用 PCS-PC 嵌入的 serial 程序，下载方法与 PCS-PC 下载方法一致。

图 6-53　串口程序下载

单个文件下载如图 6-54 所示，需特别注意目标板卡槽号的设置。

图 6-54　串口单个文件下载

2. 文件上装

串口文件上装如图 6-55 所示。

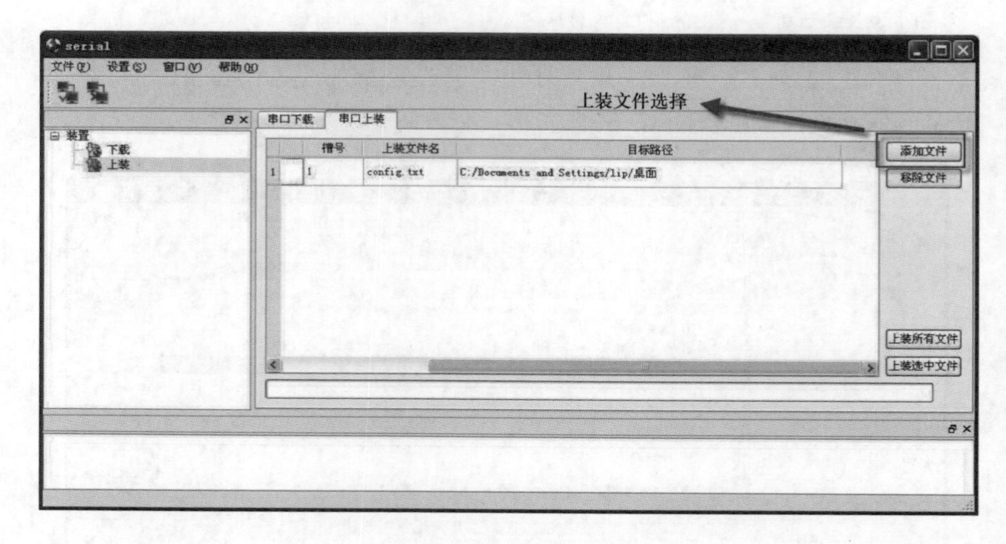

图 6-55 串口文件上装

任务五 智能变电站保护装置调试

【任务描述】

本任务主要讲解智能站保护装置调试过程中，相较于常规站保护增加的调试环节内容，包括重要定值介绍、试验接线、测试方法、报警信息说明、检修机制校验等。介于智能站保护与常规站保护原理一致，保护的原理性功能调试在此就不一一介绍了。通过本任务的学习，了解智能站保护调试流程；掌握智能站保护调试项目、接线等内容。

【知识要点】

智能站保护装置的基本原理与常规站保护装置是一致的，但是采样、信号的传输方式有所区别，另外相较于常规站保护多了合并单元、智能终端以及交换机等装置，同时对运行和检修的装置增加了检修机制的判别。相应的调试过程中在保护动作原理不变的基础上增加了一些智能站特有的调试环节。

【技能要领】

一、重要定值

以下均以线路保护为例，见表 6-1。

表 6-1 线路保护重要定值

定值项目	备注
GOOSE 出口软压板	控制跳闸出口软压板
GOOSE 重合闸软压板	控制重合闸出口软压板
GOOSE 启动失灵软压板	控制启动失灵出口软压板
光耦电平	测控的开入板可能为 1502A，也可能为 1502D，可通过整定光耦电平来完成
SMV 软压板	修改描述，使之准确匹配链路关系

二、功能调试（测试工具采用 HELP9000）

（一）单机测试

1. 测试接线

如图 6-56 所示，将 HELP9000 的第一块数字化板设计为 SV 9-2，将第二块数字化板设计为 GOOSE 的发送和接收，分别连接光纤至直采、直跳口。

2. 测试方法（暂不考虑返回时间测试）

如图 6-57 所示，导入 goose. txt，将 SV 输入配置板卡 1，GOOSE 输入、GOOSE 输出配置板卡 2。

对 SV 控制块的参数设置，设置设备参数、延时、通道对应关系，如图 6-58 所示。

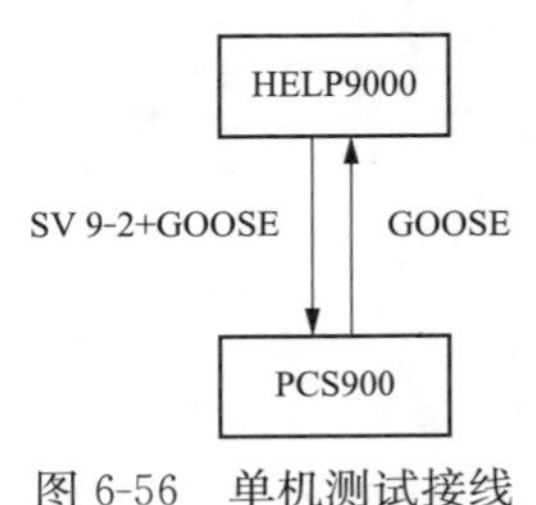

图 6-56 单机测试接线

进入递变试验菜单，选择按键触发（各个状态是统一设置的，即第一状态到第二状态通过按键，其余状态切换都是时间控制）。

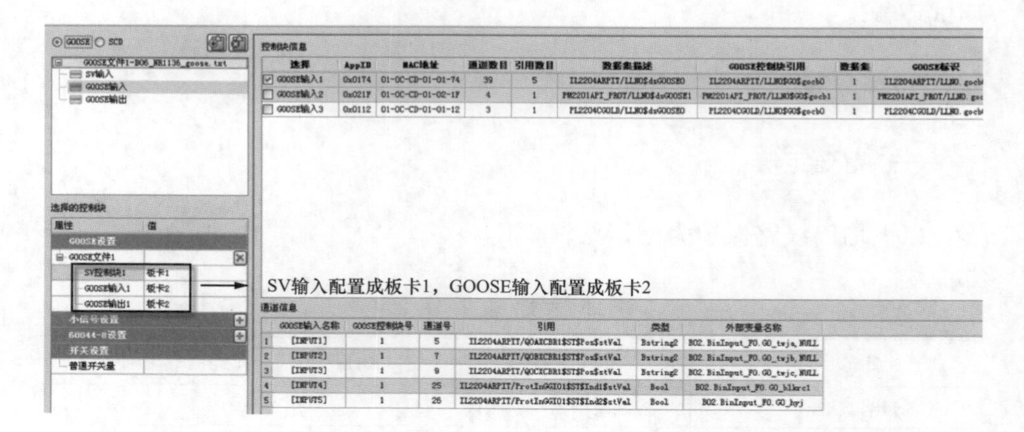

图 6-57　SV、GOOSE 输入配置

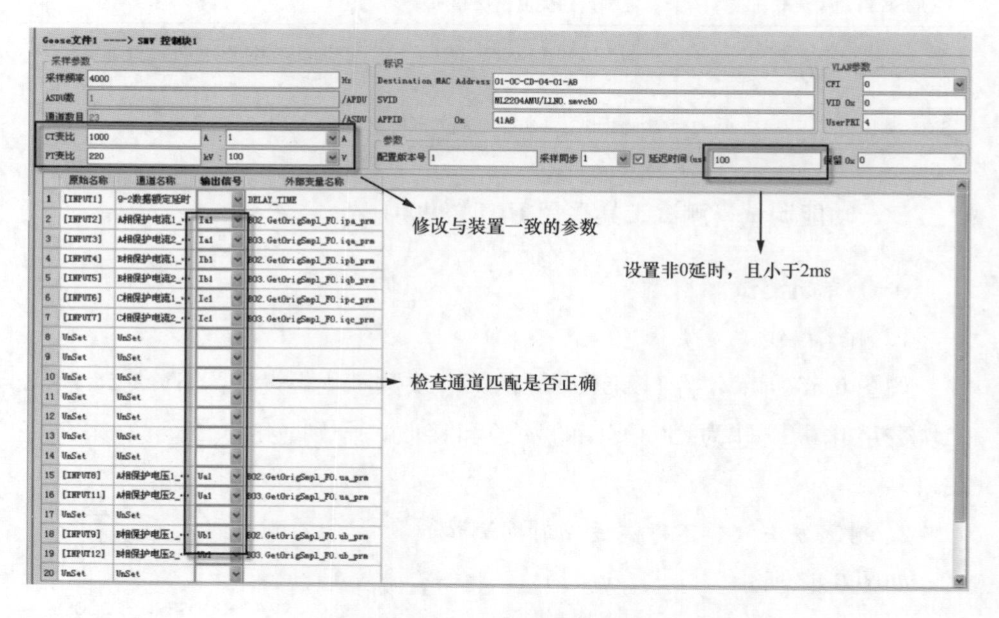

图 6-58　SV 控制块的参数设置

通用设置界面如图 6-59 所示。

状态 1 界面如图 6-60 所示。

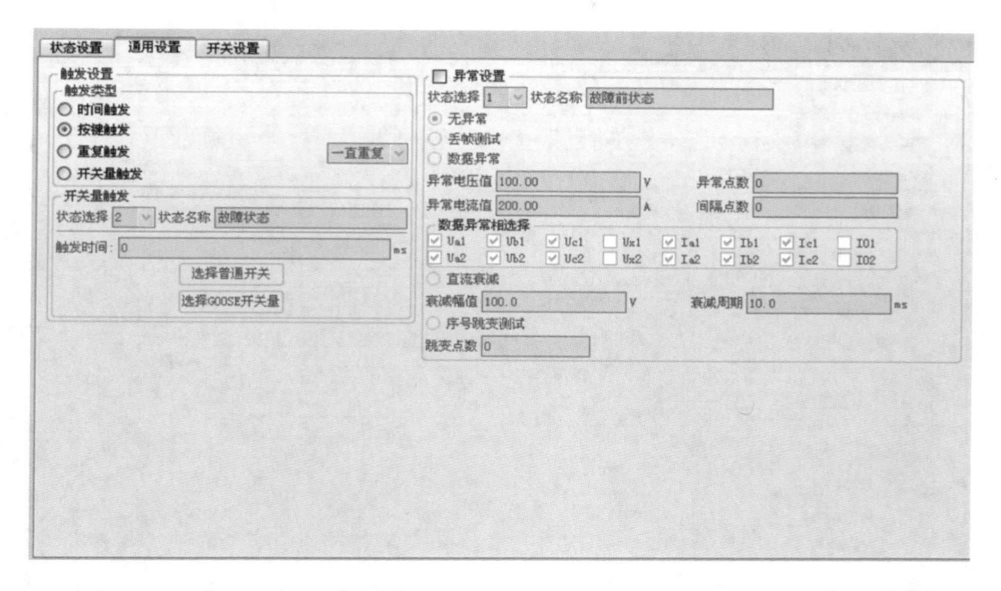

图 6-59 通用设置界面

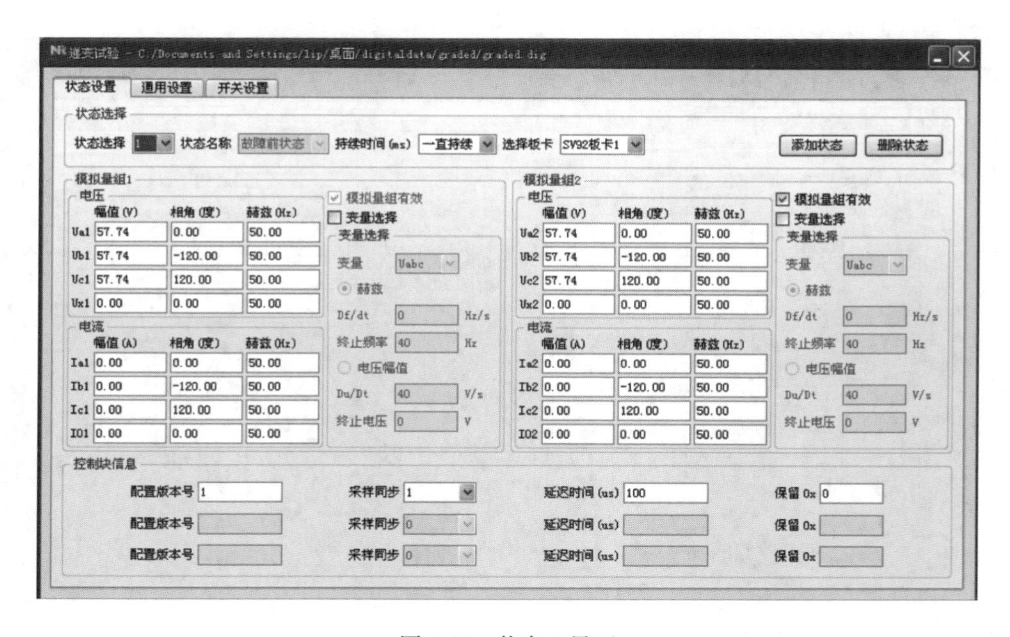

图 6-60 状态 1 界面

状态 2 界面如图 6-61 所示。

状态 3 界面如图 6-62 所示。

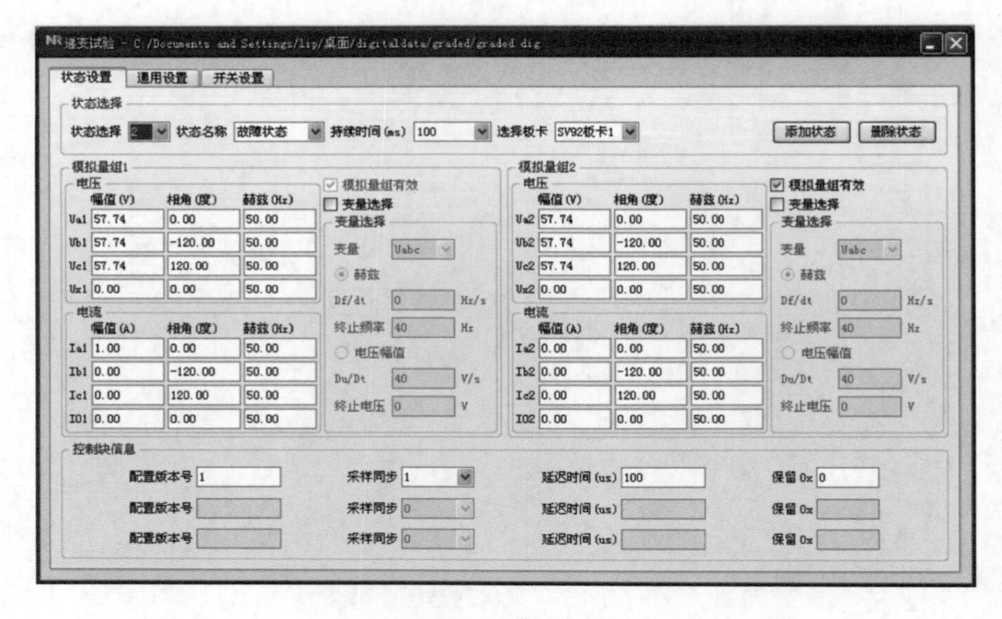

图 6-61 状态 2 界面

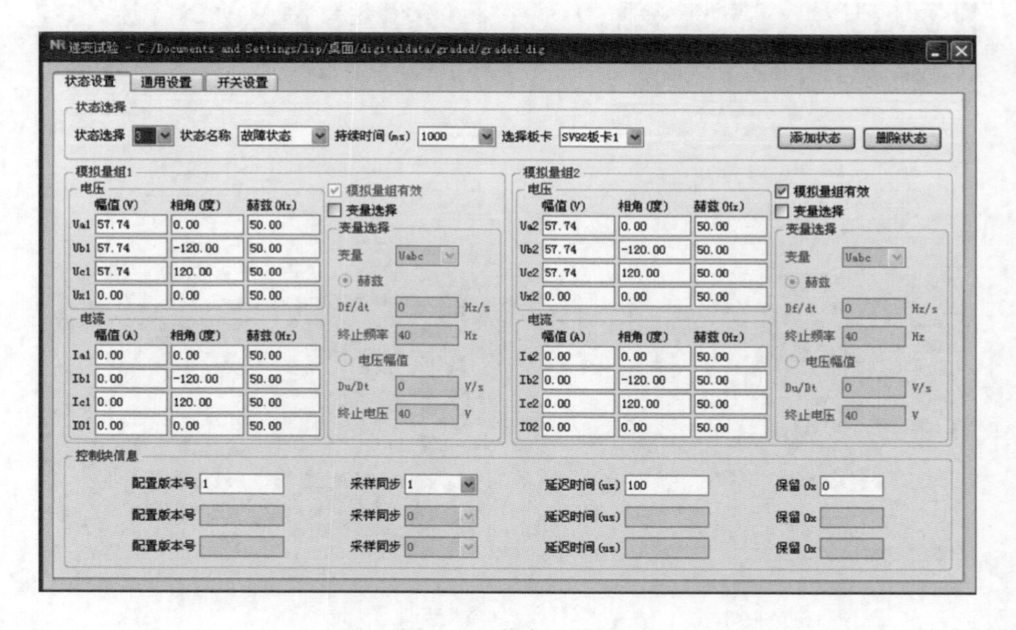

图 6-62 状态 3 界面

开关设置界面如图 6-63 所示。

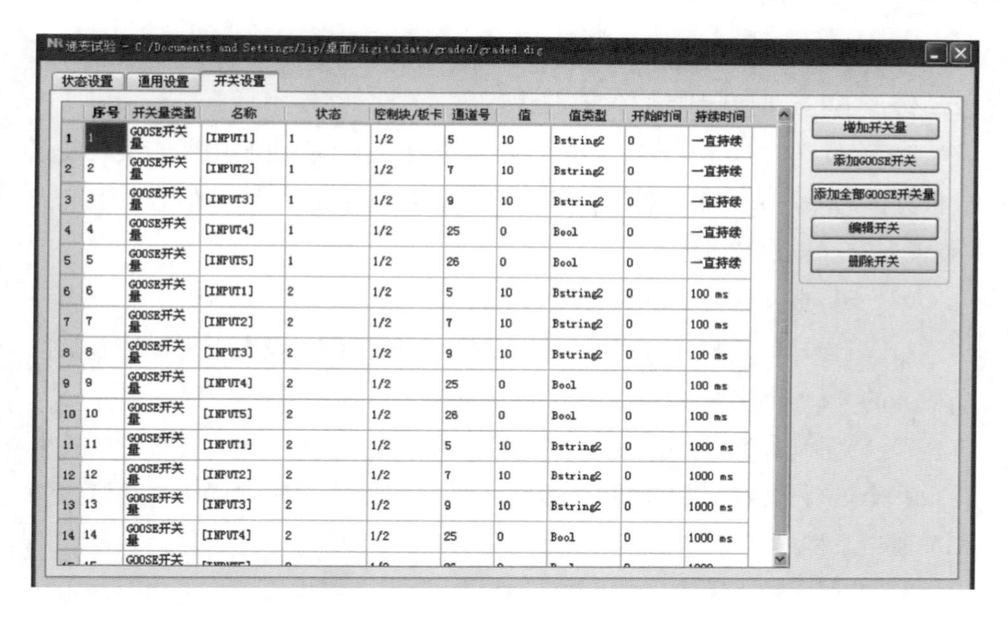

	序号	开关量类型	名称	状态	控制块/板卡	通道号	值	值类型	开始时间	持续时间
1	1	GOOSE开关量	[INPUT1]	1	1/2	5	10	Bstring2	0	一直持续
2	2	GOOSE开关量	[INPUT2]	1	1/2	7	10	Bstring2	0	一直持续
3	3	GOOSE开关量	[INPUT3]	1	1/2	9	10	Bstring2	0	一直持续
4	4	GOOSE开关量	[INPUT4]	1	1/2	25	0	Bool	0	一直持续
5	5	GOOSE开关量	[INPUT5]	1	1/2	26	0	Bool	0	一直持续
6	6	GOOSE开关量	[INPUT1]	2	1/2	5	10	Bstring2	0	100 ms
7	7	GOOSE开关量	[INPUT2]	2	1/2	7	10	Bstring2	0	100 ms
8	8	GOOSE开关量	[INPUT3]	2	1/2	9	10	Bstring2	0	100 ms
9	9	GOOSE开关量	[INPUT4]	2	1/2	25	0	Bool	0	100 ms
10	10	GOOSE开关量	[INPUT5]	2	1/2	26	0	Bool	0	100 ms
11	11	GOOSE开关量	[INPUT1]	2	1/2	5	10	Bstring2	0	1000 ms
12	12	GOOSE开关量	[INPUT2]	2	1/2	7	10	Bstring2	0	1000 ms
13	13	GOOSE开关量	[INPUT3]	2	1/2	9	10	Bstring2	0	1000 ms
14	14	GOOSE开关量	[INPUT4]	2	1/2	25	0	Bool	0	1000 ms
[illegible]	[illegible]	GOOSE开关	[illegible]	[illegible]	[illegible]	[illegible]	[illegible]	[illegible]	[illegible]	[illegible]

图 6-63　开关设置界面

单击按钮，开始试验进入第一状态，再按，进入第二态故障态，软件自动按时间完成后续状态。

（二）带智能终端测试

1. 测试接线

如图 6-64 所示，将 HELP9000 的第一块数字化板设计为 SV 9-2，连接光纤至直采口，将 PCS900 与智能终端通信正常，智能终端跳闸接点接至 HELP9000。

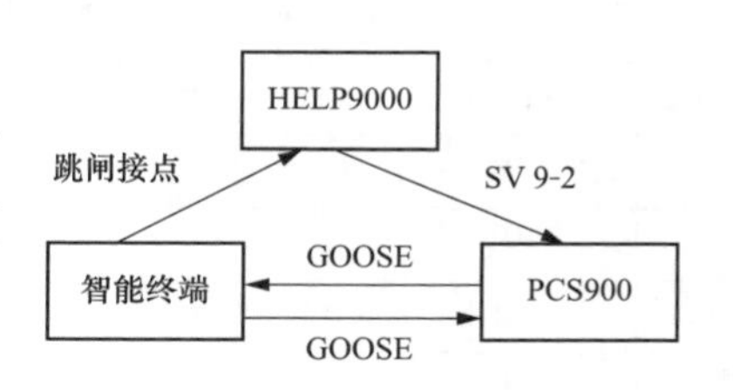

图 6-64　带智能终端测试接线

2. 测试方法

同上，只需要配置 SV 部分，GOOSE 配置部分不需要关心。

（三）检修机制调试

（1）GOOSE 报文实现检修机制如下：

1）当装置检修压板投入时，装置发送的 GOOSE 报文中的 Test 应置为 True。

2）GOOSE 接收端装置应将接收的 GOOSE 报文中的 Test 位与装置自

身的检修压板状态进行比较，只有两者一致时才将信号作为有效进行处理或动作，不一致时宜保持一致前的状态。

3）当发送方 GOOSE 报文中 Test 置位时发生 GOOSE 中断，接收装置应报具体的 GOOSE 中断告警，不应报“装置告警（异常）”信号，不应点“装置告警（异常）”灯。

（2）SV 报文检修机制的实现如下：

1）当合并单元装置检修压板投入时，发送采样值报文中采样值数据的品质 q 的 Test 位应置 True。

2）SV 接收端装置应将接收的 SV 报文中的 Test 位与装置自身的检修压板状态进行比较，只有两者一致时才将该信号用于保护逻辑，否则应按相关通道采样异常进行处理。

3）对于多路 SV 输入的保护装置，一个 SV 接收软压板退出时应退出该路采样值，该 SV 中断或检修均不影响本装置运行。

（3）介于以上检修机制，合并单元、保护装置、智能终端之间的动作逻辑应见表 6-2。

表 6-2　　合并单元、保护装置、智能终端检修动作逻辑

序号	合并单元	保护装置	智能终端	保护动作情况	开关动作情况
1	运行	运行	运行	动作	动作
2	检修	检修	检修	动作	动作
3	检修	运行	运行	不动作	保护动能动作
4	检修	运行	检修	不动作	不动作
5	检修	检修	运行	动作	不动作
6	运行	检修	运行	不动作	不动作
7	运行	检修	检修	不动作	保护动能动作
8	运行	运行	检修	动作	不动作

三、报警信息说明

线路保护主要报警信息见表 6-3。

表 6-3 线路保护主要报警信息一览表

报警信息	说明	解决办法
SMV 总告警	装置级 SMV 告警信号逻辑或	检查 SMV 所有相关信号
GOOSE 总告警	装置级 GOOSE 告警信号逻辑或	检查 GOOSE 所有相关信号
B0X_GOOSE_A 网络风暴告警	A 网同一光口（电口）连续收到相同 GOOSE 帧	检查 A 网 GOOSE 报文
B0X_GOOSE_B 网络风暴告警	B 网同一光口（电口）连续收到相同 GOOSE 帧	检查 B 网 GOOSE 报文
XXXGOOSE-A 网断链	一般 4 倍 t_0 时间收不到 XXX 的 A 网 GOOSE 心跳报文	检查 A 网 GOOSE 报文
XXXGOOSE-B 网断链	一般 4 倍 t_0 时间收不到 XXX 的 B 网 GOOSE 心跳报文	检查 B 网 GOOSE 报文
XXX_链路 A 异常	将 A 网的数据超时、解码出错、采样计数器出错做“或”处理，然后：延时 10 个采样点报警，报警之后展宽 1s 返回	检查 A 网 SV 报文
XXX_链路 B 异常	将 B 网的数据超时、解码出错、采样计数器出错做“或”处理，然后：延时 10 个采样点报警，报警之后展宽 1s 返回	检查 B 网 SV 报文
XXX_采样数据无效	读取数据帧中的无效标志位，然后：延时 10 个采样点报警，报警之后展宽 1s 返回	检查无效品质
XXX_时钟同步丢失	合并单元自己检测到其丢失时钟同步信号，并通知保护装置；延时 10 个采样点报警，报警之后展宽 1s 返回	检查 MU 同步源
XXX_检修状态异常	接收软压板投入的情况下，如果本地检修和发送方检修位不一致时，装置报警且闭锁相关保护，所以 MU 投检修前应将相应的接收压板退出	检查 MU 的检修压板
保护电流采样无效	保护板细分报文，保护电流采样置无效标记	检查无效品质
保护电流检修报警	保护板细分报文，保护电流采样置检修标记	检查 MU 检修压板
采样通道延时异常（9-2 情况下）	从合并单元读取的采样通道延时出现以下情况报“采样延时异常”： 1. 前后两次连接的合并单元采样通道延时不一致； 2. 延时为零； 3. 延时超过 3000μs； 4. 两组电流接入时采样通道延时不相等报“采样通道延时异常”时闭锁差动保护	检查采样通道状态中“采样通道延时”，如果是前后两次连接的合并单元 ECVT 延时不一致情况，可通过本地命令菜单中“采样通道延时确认”命令消除或者重启装置

【典型案例】

1. 主变压器保护调试

主变压器保护调试与线路保护基本一致，主要区别如下：

（1）重要定值见表 6-4。

表 6-4　主变压器保护重要定值

定值项目	备注
GOOSE 出口压板	与出口矩阵一一对应，尤其需要注意备用出口压板要根据 SCD 的实际拉线来定义；并可将备用压板通过矩阵整定为启动失灵软压板，这样去母差启动失灵的软压板也就有单独的软压板
光耦电平	测控的开入板可能为 1502A，也可能为 1502D，可通过整定光耦电平来完成
XXXTA 一次值	整定为 0，对应采样值不显示
SMV 软压板	修改描述，使之准确匹配链路关系

（2）测试时，导入 goose. txt，配置 SV 输入、GOOSE 输入、GOOSE 输出板卡时应主变压器各侧分别配置，如图 6-65 所示。

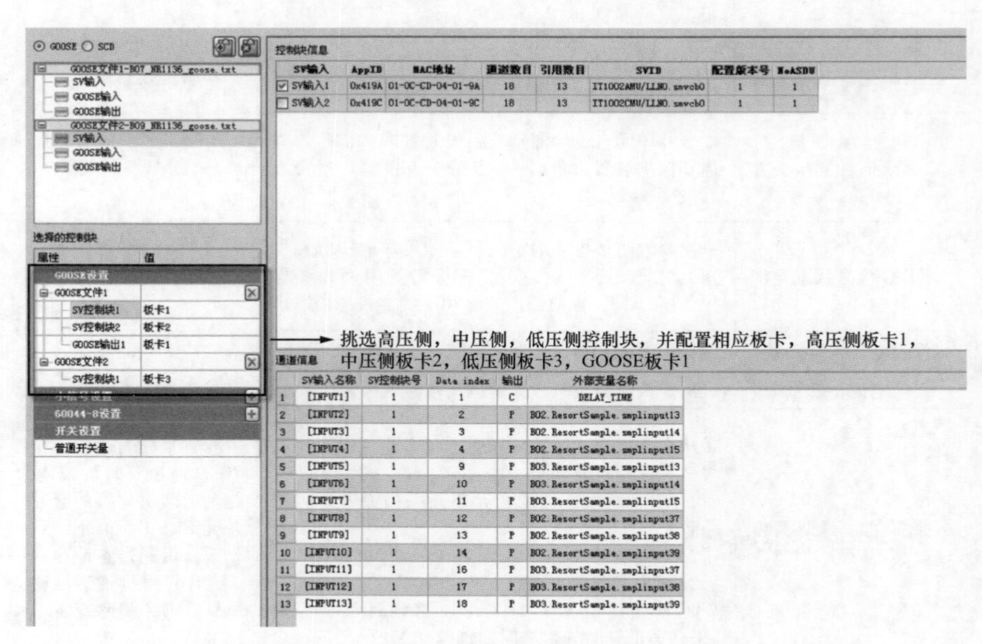

图 6-65　主变压器保护板卡配置示意图

2. 母差保护调试

（1）重要定值见表6-5。

表6-5 母差保护重要定值

定值项目	备注
XXX间隔投入软压板	与间隔一一对应，退出后，该间隔差动，隔离开关接收和失灵同时退出
XXXTA一次值	整定为负值，可以反极性
GOOSE发送软压板	与间隔一一对应
GOOSE接收软压板	GOOSE启动失灵接收软压板，装置应用层处理，非链路层定值
显示一次值	采样显示一次值
定值一次值	定值显示一次值，注意该选项整定后，定值一定要对应整定否则会报定值出错
设备定值	主要整定TA和TV的变比，注意对于2、3、9、10四个支路一般可用于主变压器和线路，用于主变压器时一定要接在这4个支路中，定值需投入相应控制字，投入后对应开放主变压器三跳启动失灵的功能和主变压器支路解除失灵电压闭锁功能；特殊程序中若是由外部开入启动失灵及解除失灵电压闭锁时，会在相应的“保护支路开入量”的菜单中开放出“该支路的解除失灵闭锁开入”
软压板	特别注意该项定值中对应整定各支路的投退，退出时该支路即退出母差计算，同时该支路的各种报警不再显示，一般在运行中退出时要对应整定退出该支路，不使用的支路若误投入会报SV网及GOOSE网的链路出错等异常告警；该定值项中还包含隔离开关的模拟盘功能，可以在隔离开关开入不正常时根据需要强制投入对应支路隔离开关，投入强制功能时装置会一直告警
描述定值	比常规保护增加的一项定值，用于更改各支路的名称支持中文

（2）测试时，因母差间隔较多，板件相应也较多，每块板件需做相应的配置。

任务六 智能变电站检修安全措施

【任务描述】

本任务主要讲解检修现场如何实施智能变电站二次安全措施等内容。通过概念描述、案例分析等，了解和熟悉智能变电站的二次安全措施布置点；掌握智能变电站检修现场如何正确实施二次安全措施等内容。

【知识要点】

智能变电站装置检修机制应满足以下条件：装置检修状态通过硬压板开入实现，检修压板应只能就地操作，当压板投入时，表示装置处于检修状态；装置应通过LED状态灯、液晶显示或报警触点提醒运行、检修人员装置处于检修状态。

智能变电站二次检修工作安全措施布置点及隔离措施。

各种隔离措施的优缺点比较。

【技能要领】

目前智能变电站二次系统主要有以下三种配置模式：

（1）非常规互感器＋就地 MU＋GOOSE 跳闸；

（2）常规互感器＋就地 MU＋GOOSE 跳闸；

（3）常规互感器＋常规采样＋GOOSE 跳闸。

如图 6-66 所示，智能变电站二次系统检修工作涉及的设备主要包括合并单元、保护装置、智能终端、交换机以及 GPS 时钟。

智能变电站二次系统安全措施设置点如图 6-67 所示，含以下几个方面：

（1）断开智能终端跳、合闸出口硬压板。如图 6-67①所示，在智能终端与一次设备的控制回路中串行设置了出口硬压板，作为一个明显电气断点，控制跳、合闸回路的通断，对于同一个断路器，单间隔保护（如线路保护）和跨间隔保护（如母差保护）经过同一个跳闸硬压板出口。

（2）投入装置检修压板。如图 6-67②所示，保护装置、智能终端分别设置一块检修硬压板，利用检修机制隔离检修间隔及运行间隔。

（3）退出相关装置出口及接收软压板。如 6-67③所示，智能变电站保护装置压板设置采用软压板模式，如保护功能投退压板、跳/合闸出口压板等。典型 220kV 线路保护 GOOSE 出口软压板设置见表 6-6。

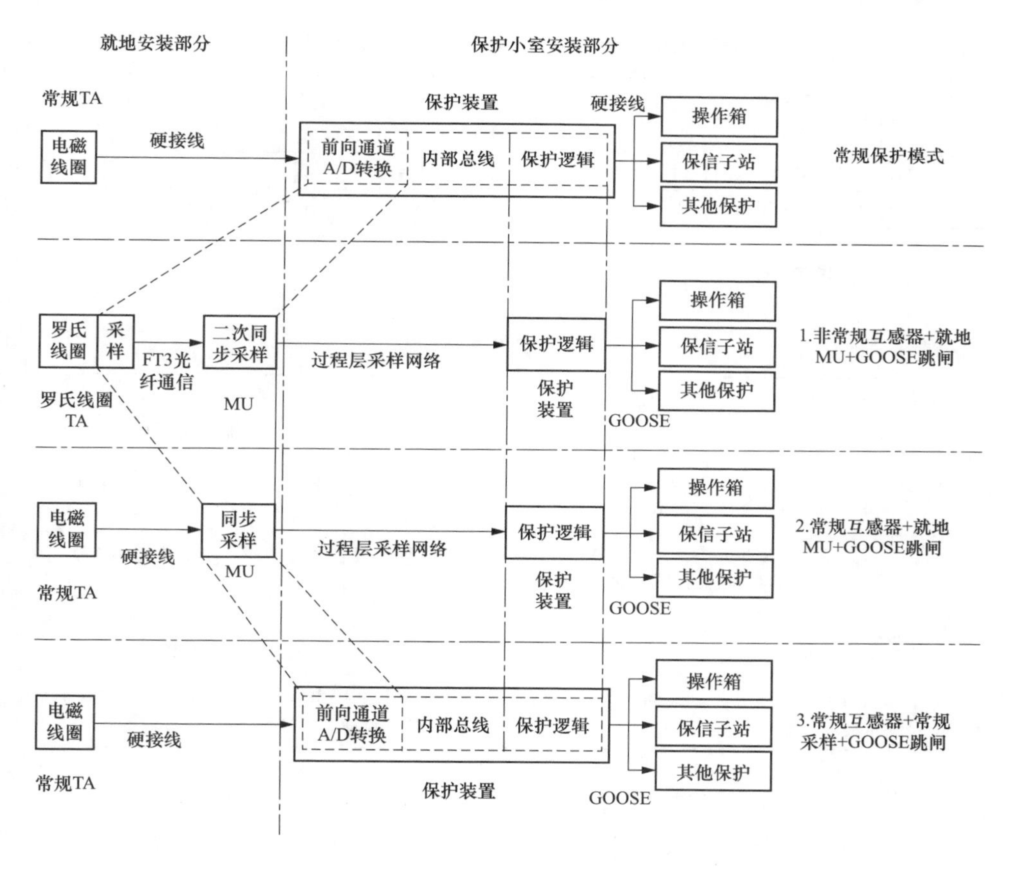

图 6-66　智能站配置模式

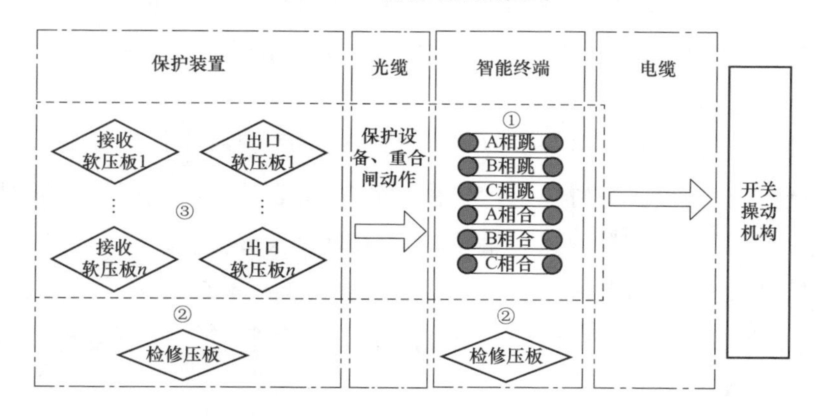

图 6-67　智能变电站二次系统安全措施设置点分布

（4）把装置背板光纤拔掉。

表 6-6　　典型 220kV 线路保护 GOOSE 出口软压板设置

软压板类型	软压板功能
GOOSE 跳闸出口软压板	GOOSE 跳闸出口，置“1”，允许跳闸出口
GOOSE 启动失灵软压板	GOOSE 启动失灵，置“1”，允许启动失灵
GOOSE 重合闸出口软压板	GOOSE 重合出口，置“1”，允许重合闸出口

不同隔离措施特点比较见表 6-7。

表 6-7　　不同隔离措施特点比较

隔离措施	优点	缺点
投入检修压板	简单明确，仅需要对被检修设备进行操作，不涉及运行设备	1. 装置出现软件异常时，可能失效，无法可靠隔离信号； 2. 下一级设备缺乏对上一级设备投检修态的确认
退出出口软压板	操作较简单，仅需要对被检修设备进行操作，不会涉及运行设备	装置出现软件异常时，可能失效，无法可靠隔离信号
退出接收软压板	可靠隔离信号	1. 在运行设备上实施安措，操作较为复杂； 2. 智能终端未设置 GOOSE 接收软压板
退出跳合闸出口硬压板	明显的电气断开点，可靠隔离信号	会导致共用出口压板的保护（如母差保护）无法出口跳闸

智能变电站装置安全措施隔离技术。

（1）检修压板：报文接收装置将接收到 GOOSE 报文 Test 位、SV 报文数据品质 Test 位与装置自身检修压板状态进行比较，做“异或”逻辑判断，两者一致时，信号进行处理或动作，两者不一致时则报文视为无效，不参与逻辑运算。

（2）软压板：软压板分为发送软压板和接收软压板，用于从逻辑上隔离信号输入、输出。装置输入信号由保护输入信号和接收压板数据对象共同决定，装置输出信号由保护输出信号和发送压板数据对象共同决定，通过改变软压板数据对象的状态便可以实现某一路信号的通断。

（3）光纤：断开装置间的光纤能够保证检修装置（新上装置）与运行装置的可靠隔离。

（4）智能终端出口硬压板：智能终端二次回路中的出口硬压板可以作为一个明显电气断开点实现该二次回路的通断。

为保证检修装置（新上装置）与运行装置的安全隔离，智能变电站继电保护作业安全措施应该遵循以下原则：

1）间隔二次设备检修时，原则上应停役一次设备，并与运行间隔做好安全隔离措施。

2）双重化配置的二次设备仅单套装置（除合并单元）发生故障时，可不停役一次设备进行检修处理，但应防止无保护运行。

3）智能终端出口硬压板、装置间的光纤插拔可实现具备明显断点的二次回路安全措施。

4）由于断开装置间光纤的安全措施存在着检修装置（新上装置）试验功能不完整、光纤接口使用寿命缩减、正常运行装置逻辑受影响等问题，作业现场应尽量避免采用断开光纤的安全措施。“三信息”比对的安全措施隔离技术可以代替光缆插拔的二次回路安全措施隔离技术。

5）通过“三信息”比对或安全措施可视化界面核对检修装置（新上装置）、相关联的运行装置的检修状态以及相关软压板状态等信息，确认安全措施执行到位后方可开展工作。

6）对于确无法通过退软压板停用保护且与之关联的运行装置未设置接收软压板的GOOSE光纤回路，可采取断开GOOSE光纤的方式实现隔离，不得影响其他装置的正常运行。断开GOOSE光纤回路前，应对光纤做好标识，取下的光纤应用相应保护罩套好光接头，防止污染物进入光器件或污染光纤端面。

7）双重化配置间隔中，单一元件异常处置原则：保护装置异常时，放上装置检修压板，重启装置一次；智能终端异常时，取下出口硬压板，放上装置检修压板，重启装置一次；间隔合并单元异常时，放上装置检修压板，重启装置一次；以上装置重启后若异常消失，将装置恢复到正常运行状态；若异常没有消失，保持该装置重启时状态，必要时申请停役一次设备（见厂站运行规程）。

8）装置异常处理后需进行补充试验，确认装置正常、配置及定值正确；保持装置检修压板处于投入状态、发送软压板处于退出状态后，接入光缆；检查通信链路恢复、传动试验正常后装置方可投入运行。

9）GOOSE 交换机异常时，重启一次；更换交换机后，需确认交换机配置与原配置一致、相关装置链路通信正常。

10）主变压器非电量智能终端装置发生 GOOSE 断链时，非电量智能终端可继续运行，应加强运行监视。

检修过程中如果需对光纤进行插拔，应注意以下几个方面：

（1）操作前核实光纤标识是否规范、明确，且与现场运行情况是否一致。

（2）取下的光纤应做好记录，恢复时应在专人监护下逐一进行，并仔细核对。

（3）严禁将光纤端对着自己和他人的眼睛。

（4）插拔光纤过程中应小心、仔细，避险光纤白色陶瓷插针触及硬物，从而造成光头污染或光纤损伤。

（5）光纤拔出后应及时套上光纤帽，裸露的光口也需用防尘帽进行隔离。

（6）恢复原始状态后，检查光纤是否有明显折痕以及弯曲度是否符合要求。

（7）恢复以后，查看二次回路通信图，检查通信恢复情况。

【典型案例】

（1）以 220kV 线路间隔第一套保护为例，其典型配置以及与其他保护装置的网络联系示意图如图 6-68 所示。

1）一次设备停电情况下，220kV 线路保护定期校验安全措施。

a. 采用电子式互感器（不校验合并单元）。

a）退出 220kV 第一套母线保护内该间隔 GOOSE 启失灵接收软压板，投入 220kV 第一套母线保护内该间隔的隔离开关强制软压板。

b）退出该间隔第一套线路保护 GOOSE 启失灵发送软压板。

c）放上该间隔第一套线路保护、第一套智能终端检修压板。

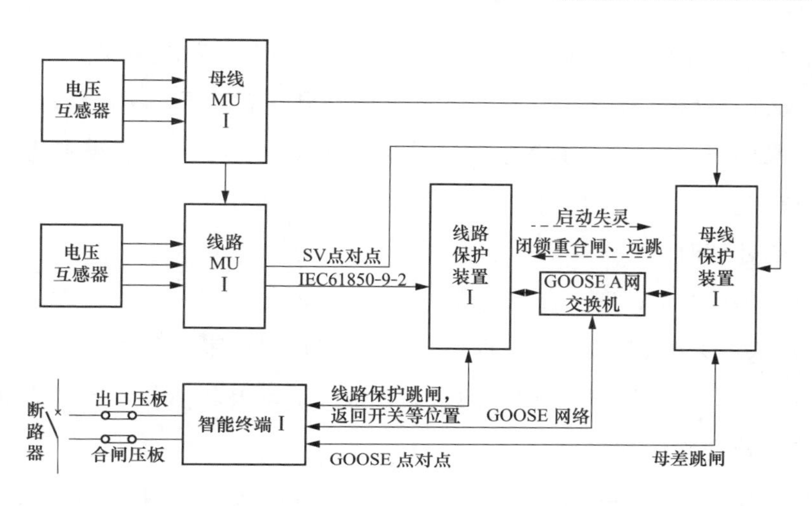

图 6-68　220kV 线路间隔典型配置及与其他保护装置的网络联系示意图

b. 采用传统互感器。不带合并单元做试验：同 a。

带合并单元做试验：

a）退出 220kV 第一套母线保护该间隔 SV 接收软压板及该间隔 GOOSE 启失灵接收软压板，投入 220kV 第一套母线保护内该间隔的隔离开关强制分软压板。

b）退出该间隔第一套线路保护 GOOSE 启失灵发送软压板。

c）放上该间隔第一套合并单元、线路保护及智能终端检修压板。

d）在该合并单元端子排处将 TA 短接并划开，TV 回路划开。

c. 线路保护与 220kV 第一套母线保护失灵回路试验时的安全措施。

a）退出 220kV 第一套母线保护内运行间隔 GOOSE 出口软压板、失灵联跳软压板，放上 220kV 第一套母线保护检修压板。

b）放上该间隔第一套合并单元、线路保护、智能终端检修压板。

2）220kV 线路间隔装置缺陷处理时安全措施。

a. 间隔合并单元缺陷处理。合并单元缺陷时，投入该合并单元检修压板，重启一次，重启后若异常消失，将装置恢复到正常运行状态；若异常没有消失，保持该装置重启时状态，根据设备缺陷严重等级，确定是否需停役一次设备；停役一次设备后，退出相应保护 SV 接收软压板。

b. 线路保护缺陷处理。线路保护缺陷时，投入该线路保护检修压板，重启一次，重启后若异常消失，将装置恢复到正常运行状态；若异常没有消失，保持该装置重启时状态。在不停用一次设备时，二次设备做如下补充安全措施。

缺陷处理时：

a）退出220kV第一套母线保护该间隔GOOSE启失灵接收软压板。

b）退出该间隔第一套线路保护内GOOSE出口软压板、启失灵软压板。

c）如有需要可取下线路保护至对侧纵联光纤及线路保护背板光纤。

缺陷处理后传动试验时：

a）退出220kV第一套母线保护内运行间隔GOOSE出口软压板、失灵联跳软压板，放上220kV第一套母线保护检修压板。

b）退出该间隔第一套智能终端出口硬压板，放上该智能终端检修压板。

c）如有需要取下线路保护至线路对侧纵联光纤，解开该智能终端至另外一套智能终端闭锁重合闸回路。

d）本安全措施方案可传动至该间隔智能终端出口，如有必要可停役一次设备做完整的整组传动试验。

c. 智能终端缺陷处理。智能终端缺陷时，取下出口硬压板，放上装置检修压板，重启装置一次，重启后若异常消失，将装置恢复到正常运行状态；若异常没有消失，保持该装置重启时状态。在不停用一次设备时，二次设备做如下补充安全措施。

缺陷处理时：

a）退出该间隔第一套线路保护内GOOSE出口软压板、启失灵软压板。

b）投入220kV第一套母线保护内该间隔的隔离开关强制软压板。

c）如有需要解开至另外一套智能终端闭锁重合闸回路。

d）如有需要可取下智能终端背板光纤。

缺陷处理后传动试验时：

a）退出220kV第一套母线保护内运行间隔GOOSE出口软压板、失灵联跳软压板，放上该母线保护检修压板。

b）放上该间隔第一套线路保护检修压板。

c）如有需要可取下该间隔第一套线路保护至线路对侧纵联光纤、解开该智能终端至另外一套智能终端闭锁重合闸二次回路。

d）本安全措施方案可传动至该间隔智能终端出口，如有必要可停役一次设备做完整的整组传动试验。

（2）以 500kV 变电站第一套主变压器保护为例，其典型配置以及与其他保护装置的网络联系示意图如图 6-69 所示。

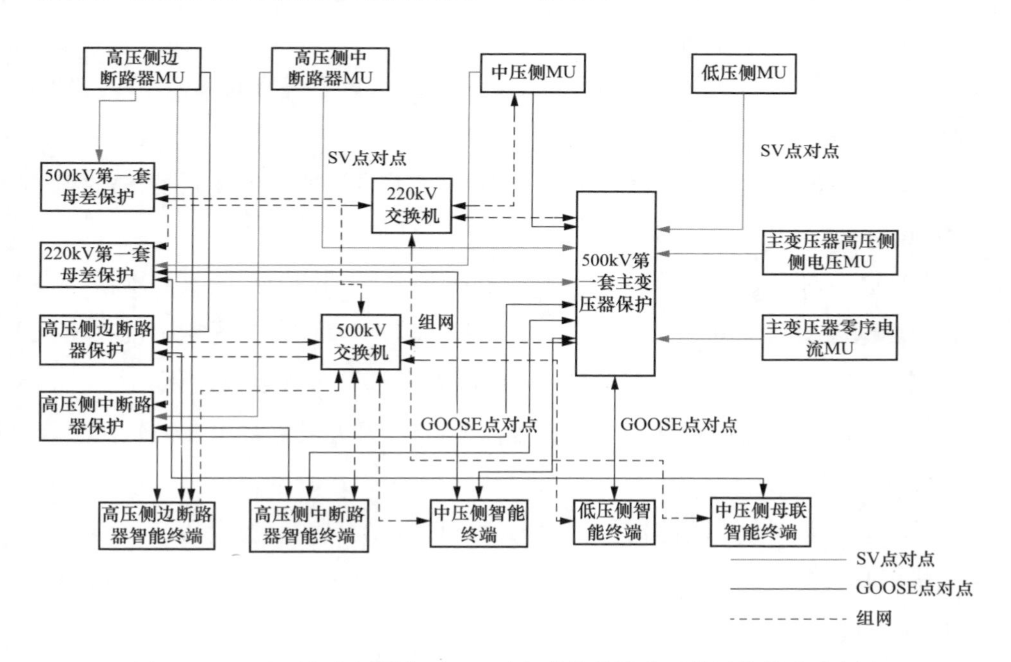

图 6-69 500kV 主变间隔典型配置及与其他保护装置的网络联系示意图

1）变压器停电情况下，主变压器间隔定期校验安全措施（含边断路器保护、中断路器保护）。

a. 采用电子式互感器（不带合并单元做试验）。

a）退出对应 500kV 第一套母线保护内该间隔 GOOSE 接收软压板。

b）退出 220kV 第一套母线保护内该间隔 GOOSE 失灵解复压接收软压板，投入 220kV 第一套母线保护内该间隔的隔离开关强制软压板。

c）退出该500kV第一套主变压器保护220kV侧GOOSE启失灵解复压发送软压板及至运行设备GOOSE出口软压板。

d）退出第一套边断路器保护内GOOSE启失灵软压板。

e）退出第一套中断路器保护内至运行设备GOOSE启失灵、GOOSE出口软压板。

f）放上500kV第一套主变压器保护、边断路器保护、中断路器保护、各侧智能终端检修压板。

b. 采用传统互感器。不带合并单元做试验：同a。

从合并单元前加量做试验：

a）退出对应500kV第一套母线保护、220kV第一套母线保护内该间隔SV接收软压板。

b）退出同串运行第一套线路保护或主变压器保护内中断路器SV接收软压板。

c）退出对应500kV第一套母线保护内该间隔GOOSE接收软压板。

d）退出220kV第一套母线保护内该间隔GOOSE失灵解复压接收软压板，投入220kV第一套母线保护内该间隔的隔离开关强制软压板。

e）退出该主变压器保护220kV侧GOOSE启失灵解复压发送软压板及至运行设备GOOSE出口软压板。

f）退出第一套边断路器保护内GOOSE启失灵发送软压板。

g）退出第一套中断路器保护内至运行设备GOOSE启失灵、GOOSE出口软压板。

h）放上500kV第一套主变压器保护、边断路器保护、中断路器保护、各侧智能终端、各侧合并单元检修压板。

i）在合并单元端子排将TA短接并划开，TV回路划开。

注：同串运行第一套线路保护、主变压器保护报GOOSE数据异常。

c. 500kV主变保护失灵回路传动试验。

a）退出同串运行第一套线路保护或主变压器保护内中断路器SV接收软压板。

b）退出对应500kV第一套母线保护内运行间隔GOOSE出口软压板，放上该母线保护检修压板。

c）退出220kV第一套母线保护内运行间隔GOOSE出口软压板、失灵联跳软压板，放上该母线保护检修压板。

d）退出该500kV第一套主变压器保护至运行设备GOOSE出口软压板。

e）退出该中断路器保护内至运行设备GOOSE启失灵、GOOSE出口软压板。

f）投入500kV第一套主变压器保护、边断路器保护、中断路器保护、各侧智能终端、各侧合并单元检修压板。

g）在合并单元端子排将TA短接并划开，TV回路划开。

2）变压器不停电情况下，主变压器间隔装置缺陷处理。

a. 合并单元缺陷（以500kV边断路器合并单元为例）。合并单元缺陷时，投入该合并单元检修压板，重启一次，重启后若异常消失，将装置恢复到正常运行状态；若异常没有消失，保持该装置重启时状态，根据设备缺陷严重等级，确定是否需停役一次设备；停役一次设备后，退出相应保护SV接收软压板。

b. 主变压器保护缺陷。主变压器保护缺陷时，投入该主变压器保护检修压板，重启一次，重启后若异常消失，将装置恢复到正常运行状态；若异常没有消失，保持该装置重启时状态。在不停用一次设备时，二次设备做如下补充安全措施。

缺陷处理时：

a）退出该500kV第一套主变压器保护内GOOSE出口软压板、失灵解复压发送软压板。

b）如有需要可取下该500kV第一套主变压器保护背板光纤。

缺陷处理后传动试验时：

a）退出对应500kV第一套母线保护内运行间隔GOOSE出口软压板，放上对应500kV第一套母线保护检修压板。

b）退出220kV第一套母线保护内运行间隔GOOSE出口软压板、失灵联跳软压板，放上 220kV 第一套母线保护检修压板。

c）退出第一套中断路器保护内至运行间隔 GOOSE 启失灵、GOOSE 出口软压板，放上第一套中断路器保护检修压板，放上第一套边断路器保护检修压板。

d）取下 220kV 母联第一套智能终端、母分第一套智能终端出口硬压板，放上 220kV 母联第一套智能终端、母分第一套智能终端检修压板（如主变压器保护有跳 220kV 母联、母分智能终端回路）。

e）取下该主变压器间隔各侧第一套智能终端出口硬压板，放上各侧第一套智能终端检修压板。

f）本安全措施方案可传动至各相关智能终端出口，如有必要可停役一次设备做完整的整组传动试验。

c. 断路器保护缺陷（以边断路器第一套保护为例）。断路器保护缺陷时，投入该断路器保护检修压板，重启一次，重启后若异常消失，将装置恢复到正常运行状态；若异常没有消失，保持该装置重启时状态。在不停用一次设备时，二次设备做如下补充安全措施。

缺陷处理时：

a）退出对应 500kV 第一套母线保护内该断路器保护 GOOSE 接收软压板。

b）退出第一套断路器保护 GOOSE 出口软压板、启失灵软压板。

c）如有需要可取下第一套断路器保护背板光纤。

缺陷处理后传动试验时：

a）退出对应 500kV 第一套母线保护内运行间隔 GOOSE 出口软压板，放上对应 500kV 第一套母线保护检修压板。

b）退出 500kV 主变压器第一套保护内至运行间隔 GOOSE 出口软压板、失灵解复压软压板，放上 500kV 主变压器第一套保护检修压板。

c）退出第一套中断路器保护内至运行间隔 GOOSE 启失灵、GOOSE 出口软压板，放上第一套中断路器保护检修压板，放上第一套边断路器保护检修压板。

d）取下该主变压器间隔各侧第一套智能终端出口硬压板，放上各侧第一套智能终端检修压板。

e）该种安全措施方案可传动至智能终端出口，如有必要可停役相关一次设备做完整的整组传动试验。

d. 智能终端缺陷（以 500kV 侧边断路器智能终端为例）。智能终端缺陷时，取下出口硬压板，放上装置检修压板，重启装置一次，重启后若异常消失，将装置恢复到正常运行状态；若异常没有消失，保持该装置重启时状态。在不停用一次设备时，二次设备做如下补充安全措施。

缺陷处理时：

a）退出该断路器保护内 GOOSE 出口软压板、启失灵软压板。

b）如有需要可取下智能终端背板光纤。

缺陷处理后传动试验时：

a）退出对应 500kV 第一套母线保护内运行间隔 GOOSE 出口软压板，放上对应 500kV 第一套母线保护检修压板。

b）退出 500kV 主变压器第一套保护内至运行间隔 GOOSE 出口软压板、失灵解复压软压板，放上 500kV 主变压器第一套保护检修压板。

c）退出该中断路器第一套保护内至运行间隔 GOOSE 启失灵、GOOSE 出口软压板，放上中断路器第一套保护检修压板，放上边断路器第一套保护检修压板。

d）取下该主变压器间隔各侧第一套智能终端跳闸硬压板，放上各侧第一套智能终端检修压板。

e）该种安全措施方案可传动至智能终端出口，如有必要可停役相关一次设备做完整的整组传动试验。

任务七　智能站监控系统介绍

【任务描述】

本任务主要讲解智能变电站监控系统设备及配置原则；通过概念描述、

实例分析，了解和熟悉各个厂家监控系统的主要配置，掌握主流厂家智能变电站相关软件使用方法。

【知识要点】

三层两网：三层为站控层、间隔层、过程层，两网为站控层网络、过程层网络。

星形以太网：网络中的各个节点通过点对点的方式连接到中心交换机，由该中心交换机向目的节点传送信息。

配置软件：包括后台软件、SCD组态软件、装置配置工具、数据网关机组态软件、交换机配置软件等，用以实现整个变电站监控系统设备的配置与管理。

【技能要领】

一、概述

目前，智能变电站监控系统设备包括站控层设备、间隔层设备、过程层设备、网络和安全防护设备，各层设备主要包括：

(1) 由于对智能变电站功能的增加，普通PC机已经不能完成这些功能，同时为了站内服务功能的清晰化，所以按照功能配置，站控层配置了多台服务器。主要包括监控主机（操作员站一般和主机合并在一起）、通信网关机、数据服务器、综合应用服务器等。

(2) 间隔层设备包括保护装置、测控装置、自动装置、故障录波器及网络记录分析仪。站内的MMS、GOOSE、SV等报文是系统故障和缺陷调查处理的基础，所以网络分析及故障录波是必不可少的，且具有实时在线分析的功能。

(3) 过程层设备包括智能终端、合并单元、智能组件等。

(4) 网络和安全防护设备包括各层交换机、路由器、防火墙、加密装置。由于智能变电站把站内各个系统有机的连成一体，根据安全防护的要求，增加了防火墙和加密认证装置，确保不同安全区的设备能够有效隔离。

二、站控层设备

智能变电站站控层设备与传统变电站已经发生了巨大的变化，传统变电站一般采用普通PC机或者工作站来作为后台，设备的硬件配置也相对普通。智能变电站是用服务器替代普通PC，磁盘容量和性能大大增加。根据一体化监控系统的要求，增加了数据服务器、综合应用服务器、数据网关机。站控层设备的功能和数量都增加了，加大了智能站调试维护及后期消缺的难度。

（1）服务器台数的增加，导致了UPS的负荷大大增加，两台服务器开机运行，能使一台3kVA的UPS负荷达到50%以上，不满足UPS正常运行的要求，所以，目前智能变电站UPS的容量要求至少在5kVA及以上。

（2）服务器采用磁盘阵列模式，安装LINUX或UNIX系统，后期的运行维护相对困难，系统硬件和软件的维护，远远没有普通PC机和Windows操作系统简单，这对供电公司检修维护人员提出了新的要求，要求他们需掌握服务器硬件机构、LINUX系统等相关知识。

（3）自动化系统的功能集成，大大增加了调试工作量。如今，监控后台需实现一体化五防、顺控、智能告警等功能，这相对与传统站至少增加了一倍的工作量。

（4）告警直传大大增加了联调的工作量。告警直传的信息表和远动信息表的数量是不相上下的，告警直传的信息和远动信息不能同时核对，大大增加了工作量。

（5）防火墙、纵向认证加密装置、路由器等配置，都是由专业的厂家来现场配置，后期维护，也存在很大的问题。设备增多以后，故障点增多，对故障的排查带来了一定的难度。

三、间隔层设备

间隔层设备相对与传统变电站没有多大的变化，区别在与保护、测控装置就地化、数字化、网络化。保护、测控装置原有的操作箱和采样板就地下放到一次设备场地上，由智能终端和合并单元替代原来操作箱和采样模块的功能。测控装置可以接收不同的遥控命令，进行相应的判别并出口，如强合、同期合、无压合等。

测控装置采样值采用点对点或网络方式接入，采用 IEC 61850-9-2 协议，在工程应用中能灵活配置，同时支持 GOOSE 点对点和网络方式传输，控制命令采用 GOOSE 点对点或 GOOSE 网络跳闸。交流电流、交流电压采用一次值上送，同时具有选择、返校、执行功能，通过 GOOSE 协议实现间隔层防误闭锁功能，液晶面板具备显示实时模拟接线状态图功能，应能实时反映本间隔一次设备的分、合状态。测控单元仅保留检修硬压板，具备接收 IEC 61588 或 B 码时钟同步信号功能，装置的对时精度误差应不大于±1ms。

四、过程层设备

过程层位于站内网络结构最底层，主要实现一次设备状态和模拟量的输入、输出，典型设备为合并单元、智能终端等。过程层设备及信号实现方式，相对于传统变电站都发生了变化，目前主要表现在，电子式互感器逐步取代电磁式互感器，过程层通过光纤组成通信网络，实现信息传输与共享。目前仅智能终端、合并单元得到了大面积推广，是智能变电站的标志之一。

在网络化的智能变电站中，交换机除了用于构建三层网络架构、传输控制命令和实时数据以外，还传输设备之间的跳闸命令和联闭锁信号。因此，相对于传统交换机，在智能变电站系统中，对交换机的性能提出了严格的要求，它已经成为变电站自动化系统其中举足轻重的设备。在实际工程中，过程层交换机数量最多，220kV 及以上设备，都是以间隔为单位，配置单独的过程层交换机，组成独立的双网模式，同时配置若干台过程层中心交换机，组成单星形网络或双星型网络，每台交换机做好 VLAN 划分和镜像配置，特别要注意以下几个要求：

（1）当交换机用于传输SV或者GOOSE等可靠性要求较高的信息时采用光接口，当交换机用于传输MMS等信息时宜采用电接口。

（2）交换机应支持通过VLAN技术实现VPN。站内如果SV和GOOSE组网，为了减轻交换机负担，合理控制数据流，划分VLAN是必不可少的。

（3）交换机应支持IEEE 802.1P流量优先级控制标准，至少支持4个优先级。根据规范要求，GOOSE和SV的优先级都是4，这样能保证在大流量情况下，GOOSE和SV在交换机中能被快速处理和转发，保证保护正确动作和出口。

（4）当过程层采用IEEE 61588网络对时方式时，交换机应该支持精密同步时钟传输协议，并可作为边界时钟、透明时钟、普通时钟等角色。

（5）交换机应支持镜像功能。站内的镜像功能主要用作抓取MMS报文和调度端的104报文。

（6）具有WEB界面管理功能。

实际工程中，为了避免网络风暴，以及使整个变电站网络结构清晰可靠，大都采用星形结构组网。同时为了避免网络信息流过大，控制数据流传播方向，一般进行VLAN划分，目前智能变电站通常采用基于端口划分VLAN。

五、装置配置总体原则

（1）通信规约及信息模型应符合DL/T 860标准。

（2）220kV及以上电压等级测控装置宜单套独立配置；110kV及以下电压等级宜采用保护测控一体化装置；主变压器测控装置宜各侧独立配置，本体测控宜独立配置。这种配置方式和常规站是一致的。

（3）变电站主机宜双套配置，有人值班变电站可按双重化要求配置2台操作员站，无人值班变电站主机可兼操作员站和工程师站。应按照满足站内站控层功能的基础上，尽可能的减少服务器的数量。

（4）远动通信装置应双套配置，双主模式，分别接入省调接入网和地调接入网。

（5）应按照《电力二次系统安全防护总体方案》（电监安全〔2006〕34号）的有关要求，配置相关二次安全防护设备。

（6）过程层由合并单元、智能终端等构成，完成与一次设备相关的功能，包括实时运行电气量的采集、设备运行状态的监测、控制命令的执行等。

六、网络配置总体原则

（1）过程层网络与站控层网络应完全独立。采用星形以太网络。

（2）过程层网络宜按电压等级分别组网，可传输 GOOSE 报文和 SV 报文。

（3）双重化配置的保护及安全自动装置应分别接入不同的两套过程层网络，单套配置的测控装置接入其中一套过程层网络。

（4）220kV 及以上宜按电压等级分别设置 GOOSE 和 SV 网络，均采用双重化星形以太网。

（5）110kV 过程层 GOOSE 报文采用网络方式传输，GOOSE 网络可采用星形单网结构；110kV 每个间隔除应直采的保护及安全自动装置外，如有 3 个及以上装置需接收 SV 报文时，应配置 SV 网络，SV 网络宜采用星形单网结构。

七、交换机配置总体原则

（1）当交换机处于同一建筑物内且距离较短（小于 100m）时宜采用电口连接，否则应采用光口连接。

（2）330kV 电压等级及以上 3/2 接线，过程层 GOOSE、SV 交换机宜按双重化星形网络配置，每个网络宜按串配置 1～2 台交换机。

（3）220kV 电压等级及以上单母或双母线接线，过程层 GOOSE、SV 交换机宜按双重化星形网络配置，接入同一网络的 4 个间隔可合用 1 台交换机。

（4）110kV 电压等级单母或双母线接线，过程层 GOOSE、SV 交换机宜按星形单网配置，4～6 个间隔可合用 1 台交换机。

（5）任意 2 台 IED 之间的网络传输路径不应超过 4 台交换机；任意 2 台主变压器 IED 不宜接入同 1 台交换机。

八、南瑞继保监控系统

（1）南瑞继保集控系统由后台、数据网关机、保护测控装置、智能终端、合并单元、交换机组成。典型的模式如图 6-70 所示。

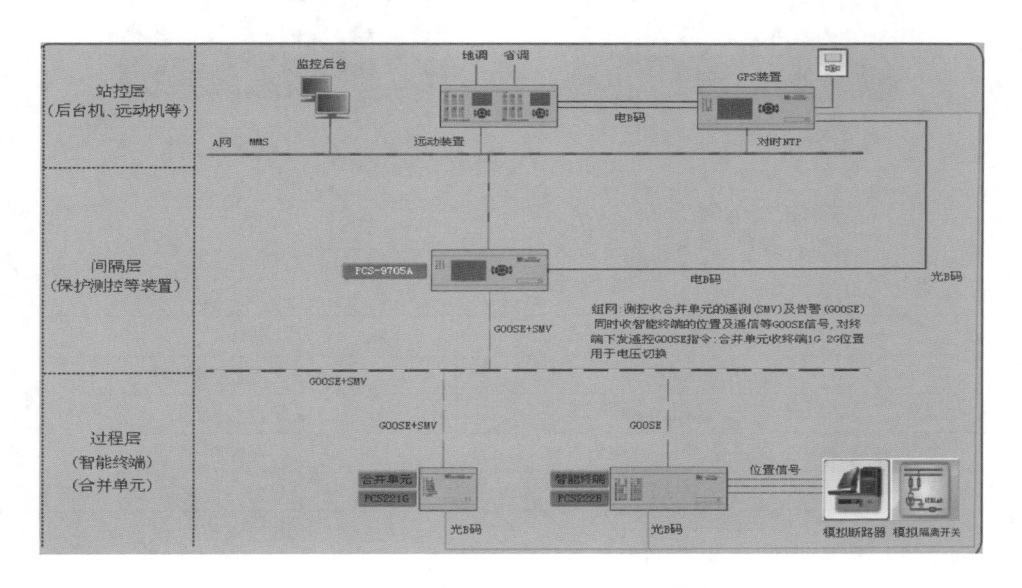

图 6-70　南瑞继保监控系统典型的模式

（2）设备的型号和常用软件如下：

站控层：监控系统 PCS9700，操作系统 LINUX，远动装置 PCS9799C。

间隔层：测控装置 PCS9705A-D-H2。

过程层：智能终端 PCS222B-I、合并单元 PCS221GB-G。

工具软件：后台软件 PCS9700，如图 6-71 所示；SCD 配置工具 PCS -SCD，如图 6-72 所示；远动组态工具 PCS9798，如图 6-73 所示；测控/智能终端/合并单

图 6-71　后台软件

元配置下载工具PCS-PC。

图6-72 SCD配置工具

图6-73 远动组态工具

（3）常用命令见表6-8。

表6-8 监控后台常用命令

序号	命令名称	备注
1	backup_local	备份还原监控软件
2	sophic_stop	关闭监控软件
3	sophic_start	运行监控软件
4	console	启动控制台

（4）常用程序，见表6-9。

表6-9 常用程序

序号	程序名称	备注
1	bin	目录下存放可执行程序
2	sm_console	进程监视
3	LCDTermina	虚拟液晶

九、北京四方监控系统

（1）北京四方系统由后台、数据网关机、保护测控装置、智能终端、合并单元、交换机组成。测控装置如图6-74所示。

（2）智能终端设备，如图6-75所示。

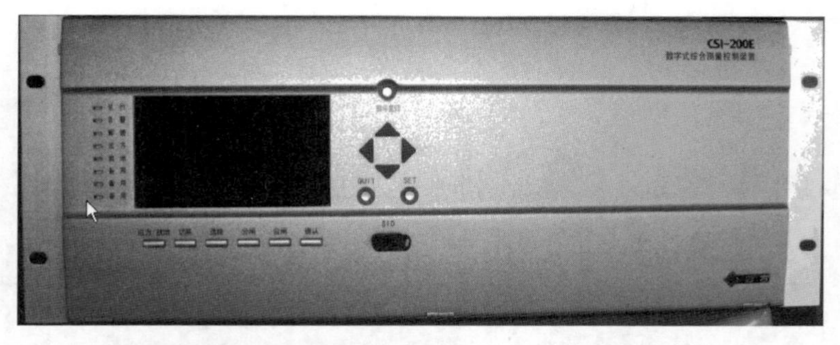

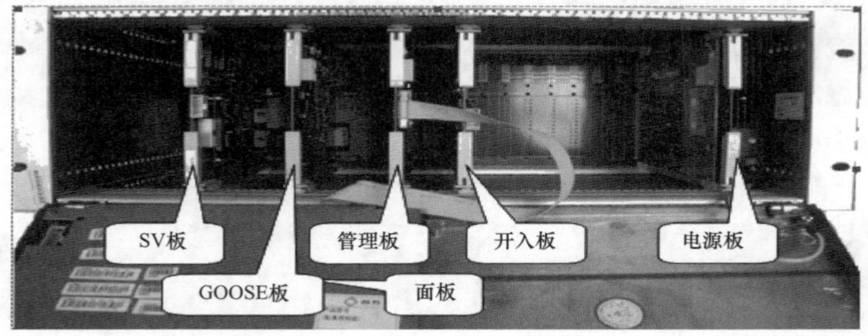

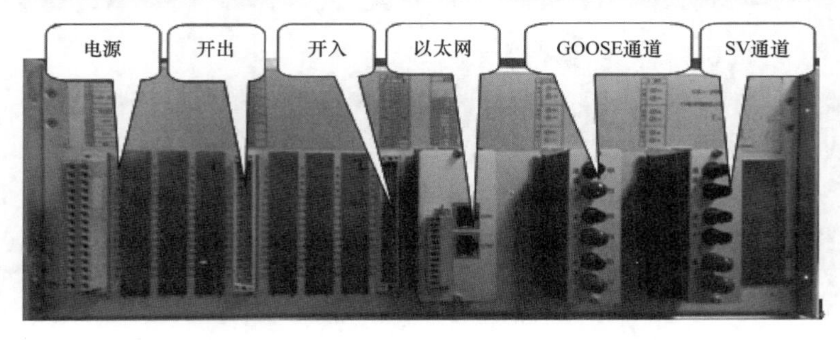

图 6-74 测控装置实物图

（3）合并单元设备，如图 6-76 所示。

（4）设备的型号和常用软件如下：

站控层：监控系统 CSC2000（V2），操作系统 LINUX，远动装置 CSC1321。

间隔层：测控装置 CSI200E。

过程层：智能终端 CSD-601、合并单元 CSD-602。

工具软件：后台软件 CSC2000（V2），SCD 配置工具 System Configuration，远动组态工具 CSC1320，测控/智能终端/合并单元配置下载工具

CSD600。工具软件如图 6-77 所示。

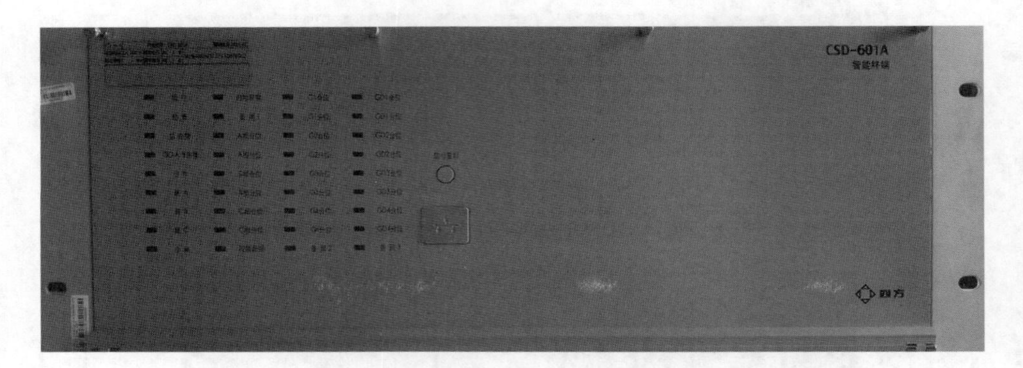

图 6-75　智能终端

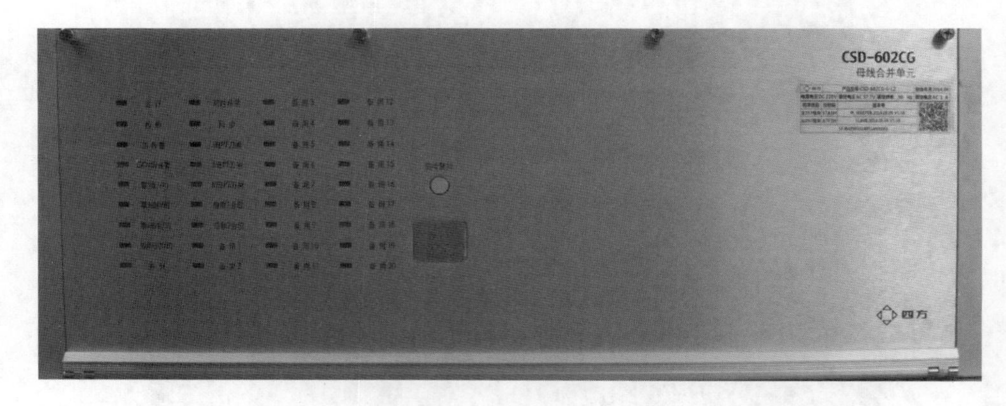

图 6-76　合并单元

图 6-77　工具软件

（5）常用命令，见表 6-10。

（6）常用程序，见表 6-11。

表 6-10　　　　常　用　命　令

序号	命令名称	备注
1	scadaexit	关闭监控软件
2	startjk	运行监控软件
3	desk	启动桌面
4	ping	查看通信链路状况
5	Ctrl+Alt+Delete	启动任务管理器

表 6-11　　　　常　用　程　序

序号	程序名称	备注
1	bin	目录下存放可执行程序
2	Project	工程文件夹
3	61850cfg	站内接入配置文件夹
4	FlashFXP	FTP 软件

十、南瑞科技监控系统

（1）设备的型号和常用软件如下：

站控层：监控系统 NS3000S，操作系统 LINUX，远动装置 NSS201。

间隔层：测控装置 NS3560DD。

过程层：智能终端 NSR-385AG、合并单元 NSR-386A。

工具软件：后台软件 NS3000S，SCD 配置工具 NARI Configuration Tool，测控/智能终端/合并单元配置下载工具 arpTools，工具软件如图 6-78 所示。

（2）常用命令，见表 6-12。

（3）常用程序，见表 6-13。

图 6-78　工具软件

表 6-12 常 用 命 令

序号	命令名称	备注
1	zip -r **. zip ns4000	将 ns4000 文件夹打包为 **. zip
2	unzip -r **. zip	将 **. zip 解压缩
3	df	查看 U 盘挂载点名称
4	sudo umount/media/ ***	*** 为 df 中显示的 U 盘名
5	scp **. zip 100.100.100.21：/home/nari/	复制 **. zip 到远程路径
6	pp **	查看进程
7	pkill ***	终止名为 *** 进程
8	cd	跳转目录指令
9	ls	显示目录文件指令
10	mv	移动文件指令
11	rm	删除文件指令

表 6-13 常 用 命 令

序号	程序名称	备注
1	bin	目录下存放可执行程序
2	. /start	redhat 6.6 系统启动监控软件
3	STOP	关闭监控软件
4	frcfg	配置前置的程序
5	front	远动和调度通信进程（修改转发表、参数时需要重启）
6	frtool	前置模拟遥信和遥测
7	engine	后台与装置通信进程
8	console	控制台
9	nssbackup	程序及参数备份
10	nssrecover	程序及参数备份还原
11	sys_setting	节点配置

任务八 智能站测控 SCD 文件配置及下装

【任务描述】

通过 SCD 生成过程描述、流程图解示意、实例分析等，了解 SCD 配置的基本流程，熟悉各厂家 SCD 组态方法，掌握 SCD 文件的配置和下装。

【知识要点】

SCD：全站配置描述文件。

虚端子：GOOSE、SV 输入和输出信号为网络上传递的变量，与传统屏柜的端子存在对应关系，为了便于形象地理解和应用 GOOSE、SV 信号，将这些信号称为虚端子。

装置配置文件：实现装置功能的经厂家私有配置工具导出的文件。

【技能要领】

一、南瑞继保 SCD 文件配置及下装

（一）SCD 生成过程

智能变电站中的核心文件 SCD 是整个变电站的唯一数据源，为保证数据的同源性，所有信号描述修改都是在 SCD 中进行的，现场配置，一般分为以下四个阶段。流程示意图如图 6-79 所示。

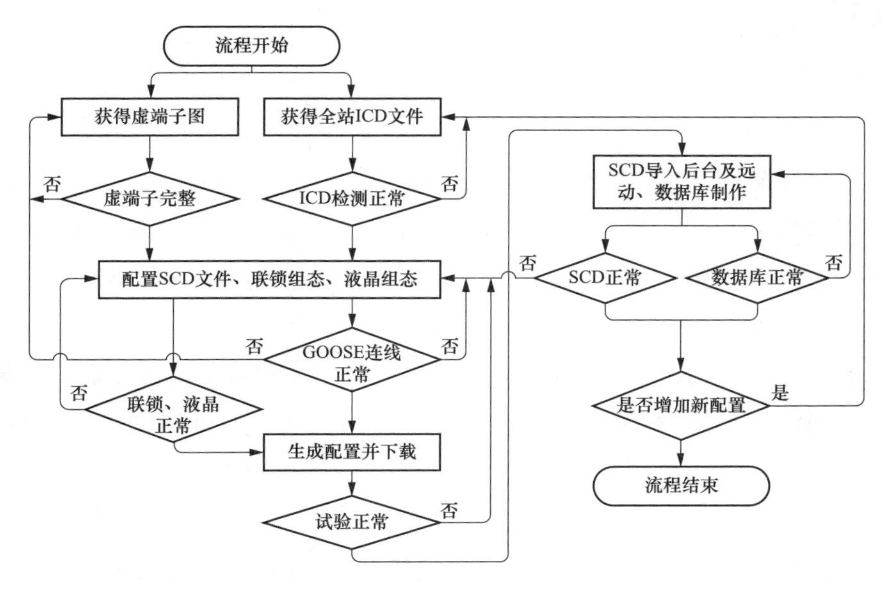

图 6-79　流程示意图

（1）收集ICD模型及虚端子。

（2）规划网络及通信参数。

（3）SCD配置。

（4）生成装置配置文件，下装到各IED设备中。

（二）SCD配置

1. 通信子网创建

通信子网的概念来源于实际通信网络的映射，目的主要是为了配置MMS、GOOSE、SMV等控制块参数，配置如图6-80所示，MMS类型选择8-MMS，GOOSE类型选择IECGOOSE，SMV类型选择SMV。有时，把SMV和GOOSE合二为一。

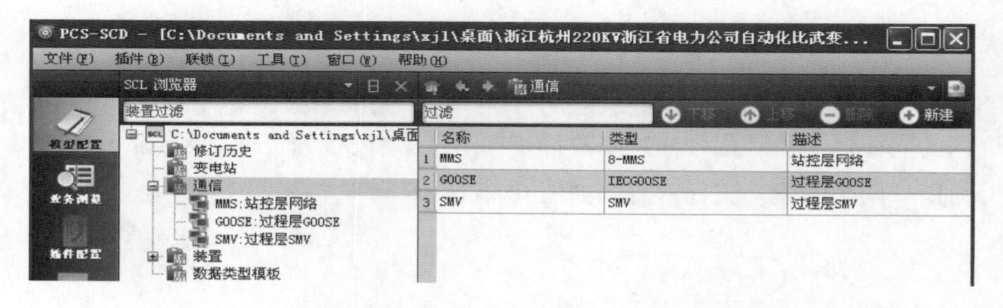

图6-80　SCD通信子网配置

2. IED配置

新建IED设备，选择装置对应的ICD模型，按规范命名装置名称，如图6-81～图6-83所示。

3. 子网划分

对于站控层访问点（S1、P1、A1），应添加至8-MMS子网中的Address标签内；对于过程层GOOSE访问点（G1），应添加至相应子网的GSE标签内；对于过程层SV访问点（M1），应添加至相应子网的SMV标签内。

（1）MMS子网。根据站内分配的IP地址，填入正确的MMS子网IP地址及子网掩码，如图6-84所示。

图 6-81　新建 IED

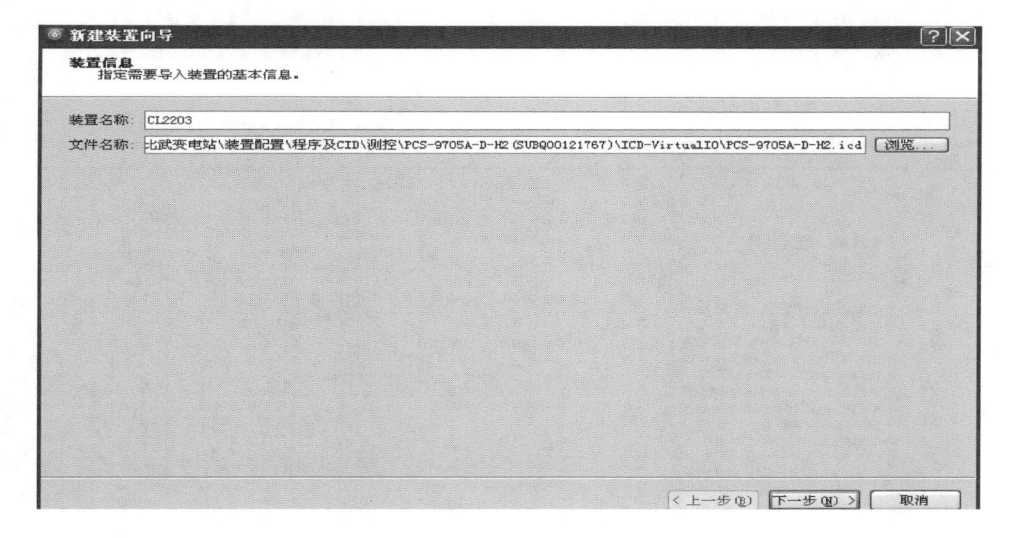

图 6-82　导入 ICD

（2）GOOSE 子网。

1）GOOSE 组播地址有效范围：01-0C-CD-01-00-00～01-0C-CD-01-FF-FF。

2）VLAN-ID 的填写规则：按三位十六进制数据格式填写，范围是 0x000～0xFFF。

3）VLAN-Priority 填写规则：范围 0～7，7 的优先级最高；无特殊要求，均采用默认值 4。

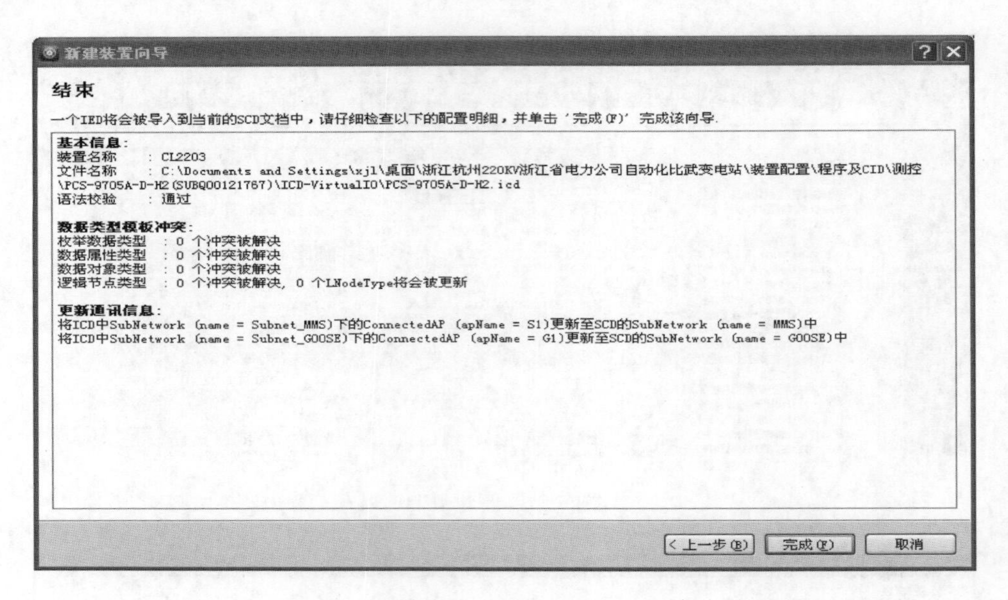

图 6-83 完成 IED 导入

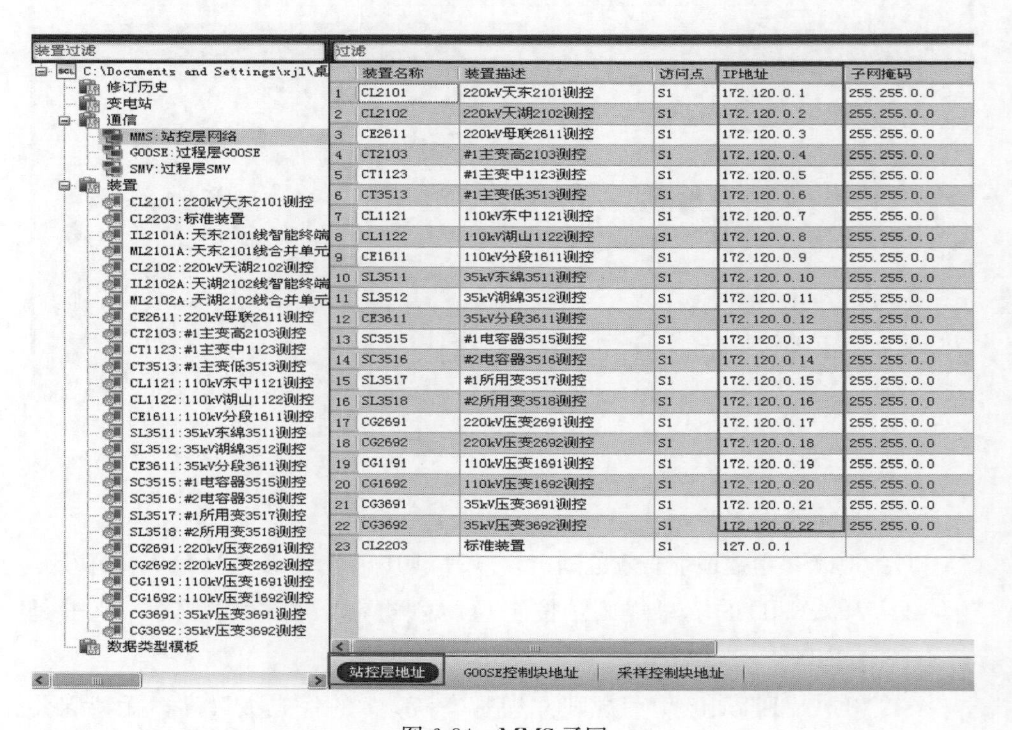

	装置名称	装置描述	访问点	IP地址	子网掩码
1	CL2101	220kV天东2101测控	S1	172.120.0.1	255.255.0.0
2	CL2102	220kV天湖2102测控	S1	172.120.0.2	255.255.0.0
3	CE2611	220kV母联2611测控	S1	172.120.0.3	255.255.0.0
4	CT2103	#1主变高2103测控	S1	172.120.0.4	255.255.0.0
5	CT1123	#1主变中1123测控	S1	172.120.0.5	255.255.0.0
6	CT3513	#1主变低3513测控	S1	172.120.0.6	255.255.0.0
7	CL1121	110kV东中1121测控	S1	172.120.0.7	255.255.0.0
8	CL1122	110kV湖山1122测控	S1	172.120.0.8	255.255.0.0
9	CE1611	110kV分段1611测控	S1	172.120.0.9	255.255.0.0
10	SL3511	35kV东绵3511测控	S1	172.120.0.10	255.255.0.0
11	SL3512	35kV湖绵3512测控	S1	172.120.0.11	255.255.0.0
12	CE3611	35kV分段3611测控	S1	172.120.0.12	255.255.0.0
13	SC3515	#1电容器3515测控	S1	172.120.0.13	255.255.0.0
14	SC3516	#2电容器3516测控	S1	172.120.0.14	255.255.0.0
15	SL3517	#1所用变3517测控	S1	172.120.0.15	255.255.0.0
16	SL3518	#2所用变3518测控	S1	172.120.0.16	255.255.0.0
17	CG2691	220kV压变2691测控	S1	172.120.0.17	255.255.0.0
18	CG2692	220kV压变2692测控	S1	172.120.0.18	255.255.0.0
19	CG1191	110kV压变1691测控	S1	172.120.0.19	255.255.0.0
20	CG1692	110kV压变1692测控	S1	172.120.0.20	255.255.0.0
21	CG3691	35kV压变3691测控	S1	172.120.0.21	255.255.0.0
22	CG3692	35kV压变3692测控	S1	172.120.0.22	255.255.0.0
23	CL2203	标准装置	S1	127.0.0.1	

图 6-84 MMS 子网

4）APPID有效范围：4位十六进制数据，范围0x0000～0x3FFF，要求全站唯一，推荐由GOOSE组播地址后两段拼接而成，且不超过规定的有效范围。

5）MinTime：GOOSE的变位时间 t_1，量纲为ms，典型值为2ms。

6）MaxTime：GOOSE的心跳时间 t_0，量纲为ms，典型值为5000ms。

典型配置如图6-85所示。

	装置名称	装置描述	访问点	逻辑设备	控制块	组播地址	VLAN标识	VLAN优先级	应用标识	最小值	最大值
1	CL2101	220kV天东2101测控	G1	PI_MEAS	gocb1	01-0C-CD-01-01-01	000	4	0101	2	5000
2	CL2101	220kV天东2101测控	G1	PI_MEAS	gocb2	01-0C-CD-01-01-02	000	4	0102	2	5000
3	IL2101A	天东2101线智能终端	G1	RPIT	gocb0	01-0C-CD-01-01-03	000	4	0103	2	5000
4	IL2101A	天东2101线智能终端	G1	RPIT	gocb1	01-0C-CD-01-01-04	000	4	0104	2	5000
5	IL2101A	天东2101线智能终端	G1	RPIT	gocb2	01-0C-CD-01-01-05	000	4	0105	2	5000
6	ML2101A	天东2101线合并单元	G1	PI	gocb0	01-0C-CD-01-01-06	000	4	0106	2	5000
7	CL2102	220kV天湖2102测控	G1	PI_MEAS	gocb1	01-0C-CD-01-01-07	000	4	0107	2	5000
8	CL2102	220kV天湖2102测控	G1	PI_MEAS	gocb2	01-0C-CD-01-01-08	000	4	0108	2	5000
9	IL2102A	天湖2102线智能终端	G1	RPIT	gocb0	01-0C-CD-01-01-09	000	4	0109	2	5000

图6-85　GOOSE子网

（3）SMV子网。

SMV建议取值范围要求：01-0C-CD-04-00-00～01-0C-CD-04-FF-FF，如图6-86所示。

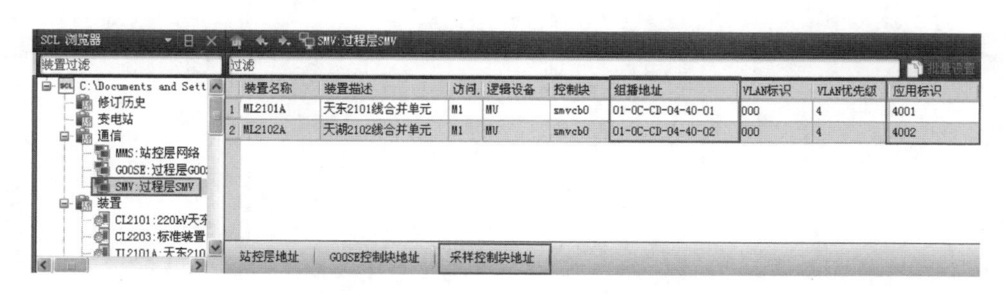

	装置名称	装置描述	访问.	逻辑设备	控制块	组播地址	VLAN标识	VLAN优先级	应用标识
1	ML2101A	天东2101线合并单元	M1	MU	smvcb0	01-0C-CD-04-40-01	000	4	4001
2	ML2102A	天湖2102线合并单元	M1	MU	smvcb0	01-0C-CD-04-40-02	000	4	4002

图6-86　SMV子网

4. 虚端子连线

（1）GOOSE连线。配置GOOSE连线时，有几项连线原则：

1）对于订阅方，先添加外部信号，再加内部信号。

2）对于订阅方，一个内部信号只能连接一个外部信号，即同一内部信号不能重复添加。

3）GOOSE 发送和接收的数据均应采用数据属性 DA，内部引用地址应级联到 DA 一级。

（2）SMV 连线。在配置 SMV 连线时，有几项连线原则：

1）对于订阅方，先添加外部信号，再加内部信号。

2）对于订阅方，允许重复添加外部信号，但非首选方式。

3）对于订阅方，一个内部信号只能连接一个外部信号，即同一内部信号不能重复添加。

4）9-2 的点对点与组网方式，连线区别在于点对点方式需要连通道延时虚端子，组网方式不需要连通道延时。

5）SV 连线应级联至数据 DO 一级。

（3）连线原则。

1）所有的虚端子连线都在接收方配置。

2）连线的时候必须选对 LD。

3）GOOSE 必须配置到 DA，9-2 必须配置到 DO，如图 6-87 所示。

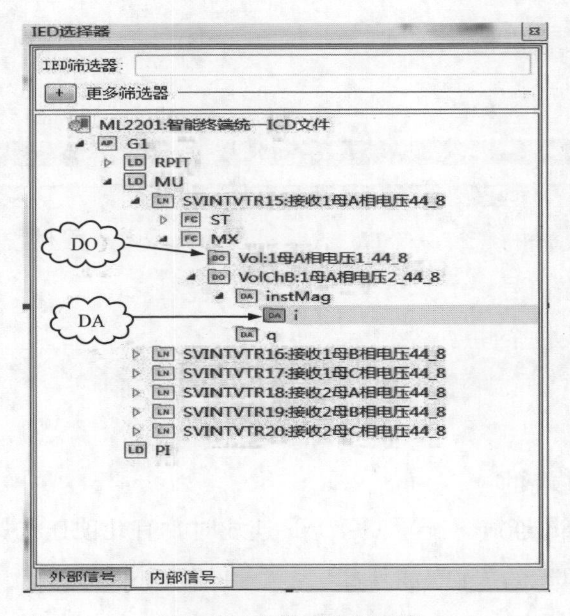

图 6-87 虚端子连线原则

4）只有实例化了的DO和DA才能连线，如果对未实例化的DO或者DA拉线的话，生成的goose.txt会有问题，下载到装置中一般都会导致装置异常。

5）外部信号和内部信号的类型必须一致，即外部信号是单点（SPS），内部信号也必须是单点（SPS）；外部信号是双点（DPS），内部信号也必须是双点（DPS）；外部信号配置到t，内部信号也必须配置到t；外部信号配置到stVal或general，内部信号必须配置到stVal。测控遥控智能终端，需要在智能终端侧连接虚端子，外部信号为测控的遥控命令，内部信号为智能终端的分合闸接收，如图6-88所示。

	外部信号	外部信号描述	接收端	内部信号	内部信号描述
1	CL2101PI_MEAS/CSWI1.OpOpn.general	220kV天东2101测控/遥控01跳闸出口		RPIT/GOINGGIO2.SPCS028.stVal	备用1控分
2	CL2101PI_MEAS/CSWI1.OpCls.general	220kV天东2101测控/遥控01合闸出口		RPIT/GOINGGIO2.SPCS029.stVal	备用1控合
3	CL2101PI_MEAS/CSWI2.OpOpn.general	220kV天东2101测控/遥控02跳闸出口		RPIT/GOINGGIO2.SPCS04.stVal	闸刀1控分
4	CL2101PI_MEAS/CSWI2.OpCls.general	220kV天东2101测控/遥控02合闸出口		RPIT/GOINGGIO2.SPCS05.stVal	闸刀1控合
5	CL2101PI_MEAS/CSWI3.OpOpn.general	220kV天东2101测控/遥控03跳闸出口		RPIT/GOINGGIO2.SPCS07.stVal	闸刀2控分
6	CL2101PI_MEAS/CSWI3.OpCls.general	220kV天东2101测控/遥控03合闸出口		RPIT/GOINGGIO2.SPCS08.stVal	闸刀2控合
7	CL2101PI_MEAS/CSWI4.OpOpn.general	220kV天东2101测控/遥控04跳闸出口		RPIT/GOINGGIO2.SPCS010.stVal	闸刀3控分
8	CL2101PI_MEAS/CSWI4.OpCls.general	220kV天东2101测控/遥控04合闸出口		RPIT/GOINGGIO2.SPCS011.stVal	闸刀3控合
9	CL2101PI_MEAS/CSWI5.OpOpn.general	220kV天东2101测控/遥控05跳闸出口		RPIT/GOINGGIO2.SPCS016.stVal	接地闸刀1控分
10	CL2101PI_MEAS/CSWI5.OpCls.general	220kV天东2101测控/遥控05合闸出口		RPIT/GOINGGIO2.SPCS017.stVal	接地闸刀1控合
11	CL2101PI_MEAS/CSWI6.OpOpn.general	220kV天东2101测控/遥控06跳闸出口		RPIT/GOINGGIO2.SPCS019.stVal	接地闸刀2控分
12	CL2101PI_MEAS/CSWI6.OpCls.general	220kV天东2101测控/遥控06合闸出口		RPIT/GOINGGIO2.SPCS020.stVal	接地闸刀2控合
13	CL2101PI_MEAS/CSWI7.OpOpn.general	220kV天东2101测控/遥控07跳闸出口		RPIT/GOINGGIO2.SPCS022.stVal	接地闸刀3控分
14	CL2101PI_MEAS/CSWI7.OpCls.general	220kV天东2101测控/遥控07合闸出口		RPIT/GOINGGIO2.SPCS023.stVal	接地闸刀3控合
15	CL2101PI_MEAS/CILO1.EnaCls.stVal	220kV天东2101测控/遥控01合闭锁状态		RPIT/GOINGGIO2.SPCS03.stVal	断路器闭锁
16	CL2101PI_MEAS/CILO2.EnaCls.stVal	220kV天东2101测控/遥控02合闭锁状态		RPIT/GOINGGIO2.SPCS06.stVal	闸刀1闭锁
17	CL2101PI_MEAS/CILO3.EnaCls.stVal	220kV天东2101测控/遥控03合闭锁状态		RPIT/GOINGGIO2.SPCS09.stVal	闸刀2闭锁
18	CL2101PI_MEAS/CILO4.EnaCls.stVal	220kV天东2101测控/遥控04合闭锁状态		RPIT/GOINGGIO2.SPCS012.stVal	闸刀3闭锁
19	CL2101PI_MEAS/CILO5.EnaCls.stVal	220kV天东2101测控/遥控05合闭锁状态		RPIT/GOINGGIO2.SPCS018.stVal	接地闸刀1闭锁
20	CL2101PI_MEAS/CILO6.EnaCls.stVal	220kV天东2101测控/遥控06合闭锁状态		RPIT/GOINGGIO2.SPCS021.stVal	接地闸刀2闭锁

图6-88　虚端子连接原则

（4）测控装置的连线。测控主要接收智能终端的断路器、隔离开关位置，开入告警等信号；SOE信号时标源头发送。测控组网采样：SMV部分的虚端子连线每个间隔需要7根连线，分别是三相测量电流、三相测量电压以及同期电压，测控不需要双AD。典型的一个220kV测控虚端子连接如图6-89所示。

（5）智能终端的连线。主要接收测控装置的遥控命令及联闭锁信息，虚端子连接如图6-90所示。

（6）合并单元的连线。双母线变电站的电压切换功能通过间隔合并单元实现，线路合并单元需要接收正副母隔离开关的位置。典型线路合并单元虚端子连线如图 6-91 所示。

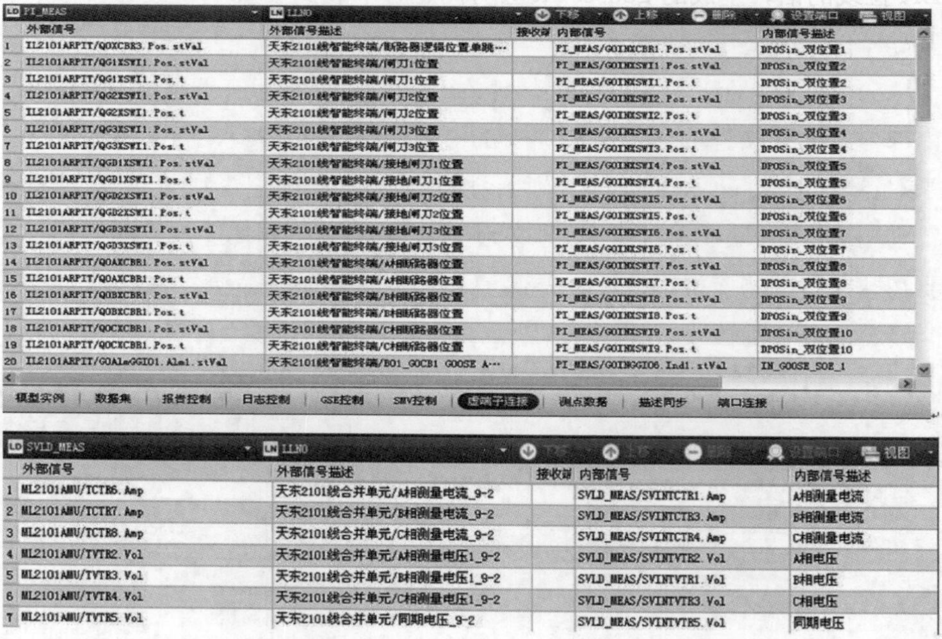

PI_MEAS　LLN0　下移　上移　删除　设置端口　视图

	外部信号	外部信号描述	接收端	内部信号	内部信号描述
1	IL2101ARPIT/Q0XCBR3.Pos.stVal	天东2101线智能终端/断路器逻辑位置单跳…		PI_MEAS/GOINXCBR1.Pos.stVal	DPOSin_双位置1
2	IL2101ARPIT/QG1XSWI1.Pos.stVal	天东2101线智能终端/闸刀1位置		PI_MEAS/GOINXSWI1.Pos.stVal	DPOSin_双位置2
3	IL2101ARPIT/QG1XSWI1.Pos.t	天东2101线智能终端/闸刀1位置		PI_MEAS/GOINXSWI1.Pos.t	DPOSin_双位置2
4	IL2101ARPIT/QG2XSWI1.Pos.stVal	天东2101线智能终端/闸刀2位置		PI_MEAS/GOINXSWI2.Pos.stVal	DPOSin_双位置3
5	IL2101ARPIT/QG2XSWI1.Pos.t	天东2101线智能终端/闸刀2位置		PI_MEAS/GOINXSWI2.Pos.t	DPOSin_双位置3
6	IL2101ARPIT/QG3XSWI1.Pos.stVal	天东2101线智能终端/闸刀3位置		PI_MEAS/GOINXSWI3.Pos.stVal	DPOSin_双位置4
7	IL2101ARPIT/QG3XSWI1.Pos.t	天东2101线智能终端/闸刀3位置		PI_MEAS/GOINXSWI3.Pos.t	DPOSin_双位置4
8	IL2101ARPIT/QGD1XSWI1.Pos.stVal	天东2101线智能终端/接地闸刀1位置		PI_MEAS/GOINXSWI4.Pos.stVal	DPOSin_双位置5
9	IL2101ARPIT/QGD1XSWI1.Pos.t	天东2101线智能终端/接地闸刀1位置		PI_MEAS/GOINXSWI4.Pos.t	DPOSin_双位置5
10	IL2101ARPIT/QGD2XSWI1.Pos.stVal	天东2101线智能终端/接地闸刀2位置		PI_MEAS/GOINXSWI5.Pos.stVal	DPOSin_双位置6
11	IL2101ARPIT/QGD2XSWI1.Pos.t	天东2101线智能终端/接地闸刀2位置		PI_MEAS/GOINXSWI5.Pos.t	DPOSin_双位置6
12	IL2101ARPIT/QGD3XSWI1.Pos.stVal	天东2101线智能终端/接地闸刀3位置		PI_MEAS/GOINXSWI6.Pos.stVal	DPOSin_双位置7
13	IL2101ARPIT/QGD3XSWI1.Pos.t	天东2101线智能终端/接地闸刀3位置		PI_MEAS/GOINXSWI6.Pos.t	DPOSin_双位置7
14	IL2101ARPIT/Q0AXCBR1.Pos.stVal	天东2101线智能终端/A相断路器位置		PI_MEAS/GOINXSWI7.Pos.stVal	DPOSin_双位置8
15	IL2101ARPIT/Q0AXCBR1.Pos.t	天东2101线智能终端/A相断路器位置		PI_MEAS/GOINXSWI7.Pos.t	DPOSin_双位置8
16	IL2101ARPIT/Q0BXCBR1.Pos.stVal	天东2101线智能终端/B相断路器位置		PI_MEAS/GOINXSWI8.Pos.stVal	DPOSin_双位置9
17	IL2101ARPIT/Q0BXCBR1.Pos.t	天东2101线智能终端/B相断路器位置		PI_MEAS/GOINXSWI8.Pos.t	DPOSin_双位置9
18	IL2101ARPIT/Q0CXCBR1.Pos.stVal	天东2101线智能终端/C相断路器位置		PI_MEAS/GOINXSWI9.Pos.stVal	DPOSin_双位置10
19	IL2101ARPIT/Q0CXCBR1.Pos.t	天东2101线智能终端/C相断路器位置		PI_MEAS/GOINXSWI9.Pos.t	DPOSin_双位置10
20	IL2101ARPIT/GOAlmGGIO1.Alm1.stVal	天东2101线智能终端/BO1_GOCB1 GOOSE A…		PI_MEAS/GOINGGIO6.Ind1.stVal	IN_GOOSE_SOE_1

模型实例 | 数据集 | 报告控制 | 日志控制 | GSE控制 | SMV控制 | 虚端子连接 | 测点数据 | 描述同步 | 端口连接

SVLD_MEAS　LLN0　下移　上移　删除　设置端口　视图

	外部信号	外部信号描述	接收端	内部信号	内部信号描述
1	ML2101AMU/TCTR6.Amp	天东2101线合并单元/A相测量电流_9-2		SVLD_MEAS/SVINTCTR1.Amp	A相测量电流
2	ML2101AMU/TCTR7.Amp	天东2101线合并单元/B相测量电流_9-2		SVLD_MEAS/SVINTCTR3.Amp	B相测量电流
3	ML2101AMU/TCTR8.Amp	天东2101线合并单元/C相测量电流_9-2		SVLD_MEAS/SVINTCTR4.Amp	C相测量电流
4	ML2101AMU/TVTR2.Vol	天东2101线合并单元/A相测量电压1_9-2		SVLD_MEAS/SVINTVTR2.Vol	A相电压
5	ML2101AMU/TVTR3.Vol	天东2101线合并单元/B相测量电压1_9-2		SVLD_MEAS/SVINTVTR1.Vol	B相电压
6	ML2101AMU/TVTR4.Vol	天东2101线合并单元/C相测量电压1_9-2		SVLD_MEAS/SVINTVTR3.Vol	C相电压
7	ML2101AMU/TVTR5.Vol	天东2101线合并单元/同期电压_9-2		SVLD_MEAS/SVINTVTR5.Vol	同期电压

图 6-89　测控装置虚端子连线

PI_MEAS　LLN0　下移　上移　删除　设置端口　视图

	外部信号	外部信号描述	接收端	内部信号	内部信号描述
1	IL2101ARPIT/Q0XCBR3.Pos.stVal	天东2101线智能终端/断路器逻辑位置单跳…		PI_MEAS/GOINXCBR1.Pos.stVal	DPOSin_双位置1
2	IL2101ARPIT/QG1XSWI1.Pos.stVal	天东2101线智能终端/闸刀1位置		PI_MEAS/GOINXSWI1.Pos.stVal	DPOSin_双位置2
3	IL2101ARPIT/QG1XSWI1.Pos.t	天东2101线智能终端/闸刀1位置		PI_MEAS/GOINXSWI1.Pos.t	DPOSin_双位置2
4	IL2101ARPIT/QG2XSWI1.Pos.stVal	天东2101线智能终端/闸刀2位置		PI_MEAS/GOINXSWI2.Pos.stVal	DPOSin_双位置3
5	IL2101ARPIT/QG2XSWI1.Pos.t	天东2101线智能终端/闸刀2位置		PI_MEAS/GOINXSWI2.Pos.t	DPOSin_双位置3
6	IL2101ARPIT/QG3XSWI1.Pos.stVal	天东2101线智能终端/闸刀3位置		PI_MEAS/GOINXSWI3.Pos.stVal	DPOSin_双位置4
7	IL2101ARPIT/QG3XSWI1.Pos.t	天东2101线智能终端/闸刀3位置		PI_MEAS/GOINXSWI3.Pos.t	DPOSin_双位置4
8	IL2101ARPIT/QGD1XSWI1.Pos.stVal	天东2101线智能终端/接地闸刀1位置		PI_MEAS/GOINXSWI4.Pos.stVal	DPOSin_双位置5
9	IL2101ARPIT/QGD1XSWI1.Pos.t	天东2101线智能终端/接地闸刀1位置		PI_MEAS/GOINXSWI4.Pos.t	DPOSin_双位置5
10	IL2101ARPIT/QGD2XSWI1.Pos.stVal	天东2101线智能终端/接地闸刀2位置		PI_MEAS/GOINXSWI5.Pos.stVal	DPOSin_双位置6
11	IL2101ARPIT/QGD2XSWI1.Pos.t	天东2101线智能终端/接地闸刀2位置		PI_MEAS/GOINXSWI5.Pos.t	DPOSin_双位置6
12	IL2101ARPIT/QGD3XSWI1.Pos.stVal	天东2101线智能终端/接地闸刀3位置		PI_MEAS/GOINXSWI6.Pos.stVal	DPOSin_双位置7
13	IL2101ARPIT/QGD3XSWI1.Pos.t	天东2101线智能终端/接地闸刀3位置		PI_MEAS/GOINXSWI6.Pos.t	DPOSin_双位置7
14	IL2101ARPIT/Q0AXCBR1.Pos.stVal	天东2101线智能终端/A相断路器位置		PI_MEAS/GOINXSWI7.Pos.stVal	DPOSin_双位置8
15	IL2101ARPIT/Q0AXCBR1.Pos.t	天东2101线智能终端/A相断路器位置		PI_MEAS/GOINXSWI7.Pos.t	DPOSin_双位置8
16	IL2101ARPIT/Q0BXCBR1.Pos.stVal	天东2101线智能终端/B相断路器位置		PI_MEAS/GOINXSWI8.Pos.stVal	DPOSin_双位置9
17	IL2101ARPIT/Q0BXCBR1.Pos.t	天东2101线智能终端/B相断路器位置		PI_MEAS/GOINXSWI8.Pos.t	DPOSin_双位置9
18	IL2101ARPIT/Q0CXCBR1.Pos.stVal	天东2101线智能终端/C相断路器位置		PI_MEAS/GOINXSWI9.Pos.stVal	DPOSin_双位置10
19	IL2101ARPIT/Q0CXCBR1.Pos.t	天东2101线智能终端/C相断路器位置		PI_MEAS/GOINXSWI9.Pos.t	DPOSin_双位置10
20	IL2101ARPIT/GOAlmGGIO1.Alm1.stVal	天东2101线智能终端/BO1_GOCB1 GOOSE A…		PI_MEAS/GOINGGIO6.Ind1.stVal	IN_GOOSE_SOE_1

模型实例 | 数据集 | 报告控制 | 日志控制 | GSE控制 | SMV控制 | 虚端子连接 | 测点数据 | 描述同步 | 端口连接

图 6-90　智能终端的连线

	外部信号	外部信号描述	接收端	内部信号	内部信号描述
1	IL2101ARPIT/QG1XSWI1.Pos.stVal	天东2101线智能终端/闸刀1位置		PI/GOINCSWI1.Pos.stVal	母线1隔刀位置
2	IL2101ARPIT/QG2XSWI1.Pos.stVal	天东2101线智能终端/闸刀2位置		PI/GOINCSWI2.Pos.stVal	母线2隔刀位置

图 6-91　合并单元虚端子连线

（7）插件配置。由于同时存在点对点与组网传输两种方式，为避免数据的无序发送及冗余接收，降低过程层 DSP 插件的负载，继保设备引入了“插件配置”功能；对过程层光口插件进行数据与光口的关联配置，数据按需发送，具体如图 6-92 所示。选择插件配置，单击相应设备，把右侧需配置的插件拖入中间配置栏，根据实际配置每个控制块的发送和接收端口。

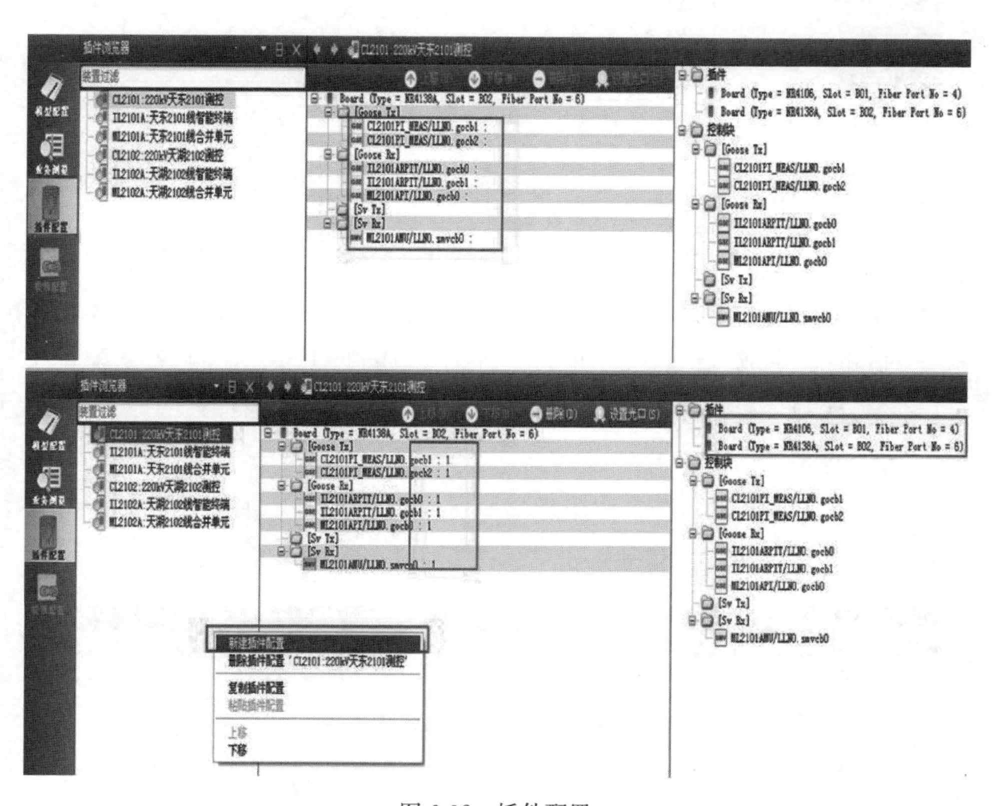

图 6-92　插件配置

（8）文件的导出。配置完成后，选 SCL 导出，批量导出 CID 和 Uapc-Goose 文件，选择相应设备，软件会自动导出配置文件，包括 CID 文

件和 **_goose. txt 文件，如图 6-93 所示。测控保护须下装 CID 文件和 **_goose. txt 文件，智能终端和合并单元只能下装 **_goose. txt 文件。

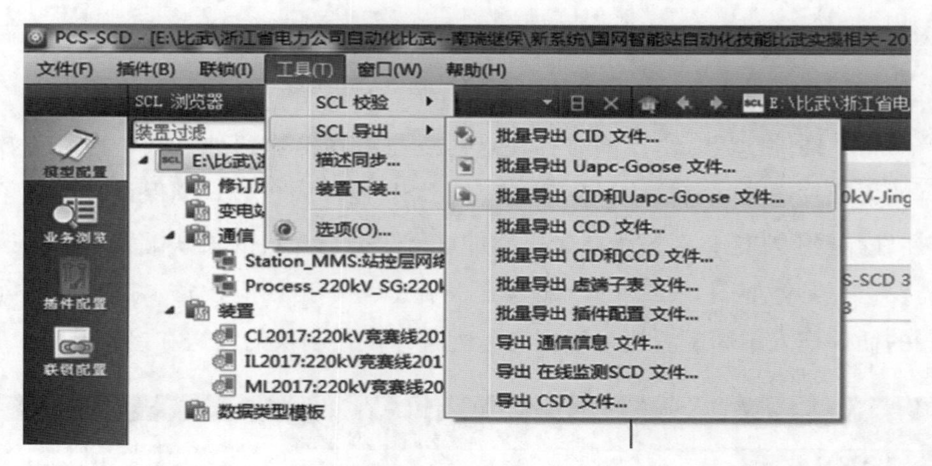

图 6-93 导出配置文件

二、北京四方 SCD 文件配置及下装

对于 IEC 61850 规约装置，V2 监控提供了“实时库组态工具”（“开始→数据库管理→配置工具独立版”）实现对监控数据库的维护工作，在制作 SCD 的同时，生成 V2 监控实时库。也可以通过四方独立的 SCD 配置工具，生成 SCD 文件，再导入到系统中，生成 V2 监控实时库。

（一）模型文件

将获取好的模型文件放在服务器一固定文件夹中，加间隔装置时需要用到，如图 6-94 所示。

名称	修改日期	类型	大小
388_前24个非冗余_6U6I_2组断路器(24路硬开入)[CRC=D80E].icd	2017/3/28 23:06	ICD 文件	1,074 KB
CSC-103A-DA-G-V1.0[CRC=D1E2].ICD	2017/3/28 23:01	ICD 文件	511 KB
CSD-601A_61850_V3.03_150525_6654.ICD	2017/3/28 23:02	ICD 文件	320 KB
CSD-601B_61850_V3.03_150525_AB69.ICD	2017/3/30 8:10	ICD 文件	278 KB
线路【H2D1_H6D5】141226_M1.icd	2017/3/28 23:03	ICD 文件	93 KB

图 6-94 模型文件

（二）打开配置工具

打开 CSC2000（V2）监控系统。选择并单击启动“开始→数据库管理→配置工具独立版”或者桌面快捷方式，随后系统会启动配置工具，在系统登录账户默认 sifang，输入密码后登录并启动配置工具，如图 6-95 所示。

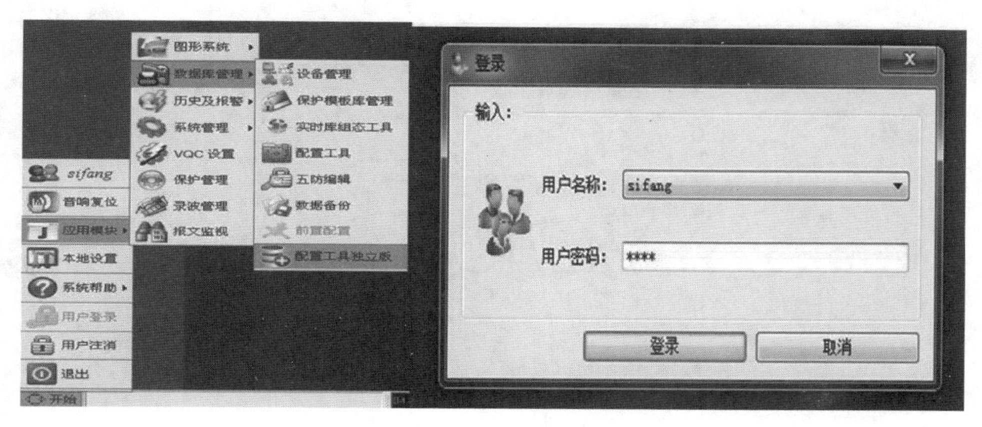

图 6-95 SCD 配置启动

（三）新建工程

1. 打开配置器

打开系统配置器，登录成功后，单击新建菜单中的新建工程按钮，如图 6-96 所示。

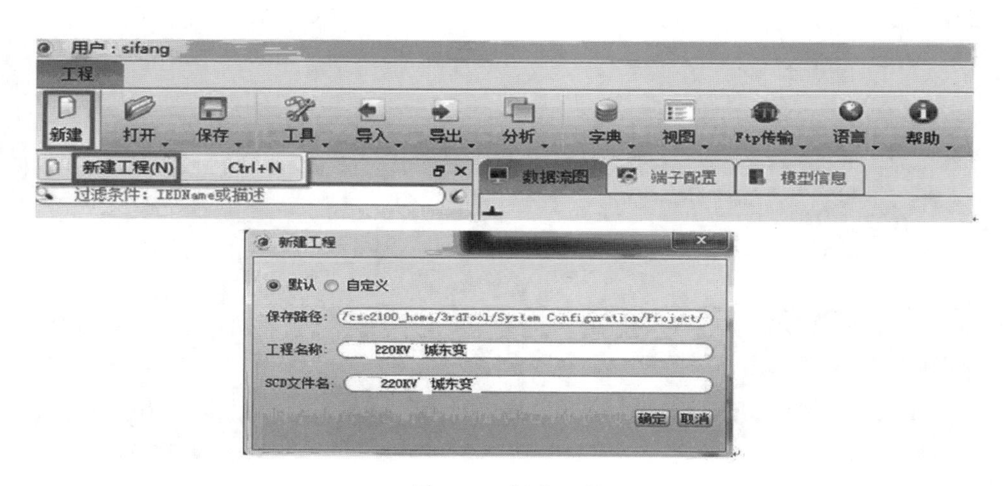

图 6-96 新建工程

2. 启动实时库

通过“工具→监控 V2→启动 V2 实时库”建立起配置工具与 V2 监控系统的实时库的连接关系，如图 6-97 所示。

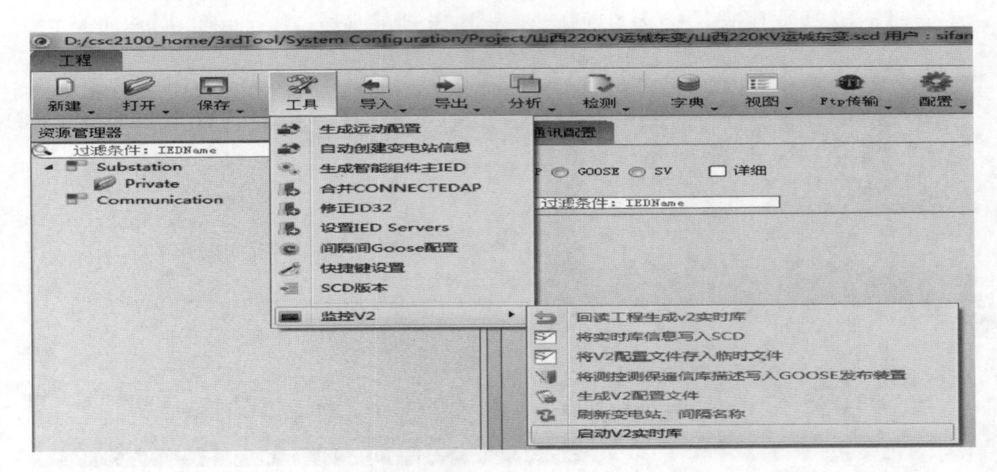

图 6-97　启动 V2 实时库

3. 修改变电站名

将资源管理器从“装置”切到“变电站”界面，在“属性编辑器”界面下将变电站的描述 desc 修改为实际变电站名称，保存模型，如弹出的修改人描述窗口，直接点确认即可保存。变电站名称中的“newSubstation”是系统自动生成，可以修改该名称，但不要使用中文字符，描述可以使用中文字符，如图 6-98 所示。

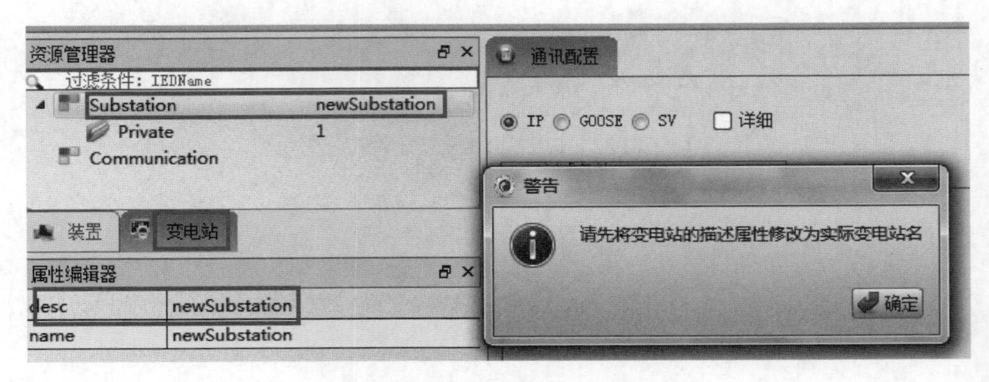

图 6-98　新建变电站名称

4. 添加电压等级

在变电站层单击鼠标右键，在弹出的右键菜单中选择“添加电压等级”，弹出电压等级选择框，可根据工程情况选择电压等级。

（1）单击变电站“Substation”，右键，选择“添加电压等级”选项。

（2）勾选需要的220kV、110kV、10kV三个电压等级，如图6-99所示。

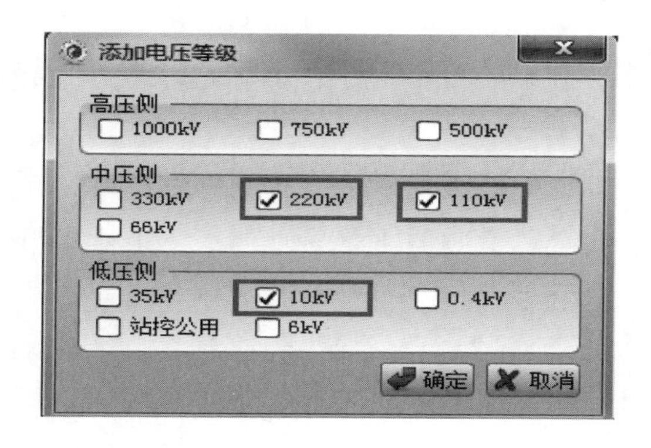

图6-99 勾选电压等级

（3）电压等级添加成功后，在资源管理器中会出现电压等级的信息，如图6-100所示。

图6-100 完成电压等级添加

5. 添加间隔

单击相应的电压等级，右键选择“添加间隔”，出现间隔向导对话框，根据提示信息填写新增间隔名和新增间隔描述。

（1）选择220kV电压等级，右键选择“添加间隔”按钮，如图6-101所示。

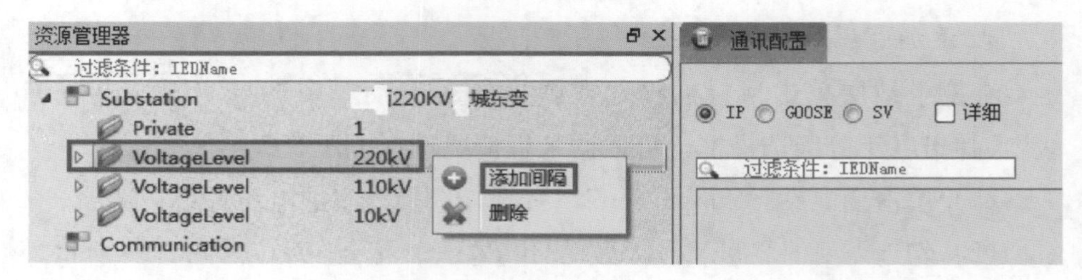

图 6-101　添加间隔

（2）在弹出来的“添加间隔”向导对话框中填写间隔名称和间隔描述，如图 6-102 所示。

间隔名称：只能使用数字和字母，不允许有空格。间隔名称尽量使用电压等级+间隔描述简称。测控建立单独间隔，包含本间隔测控装置。

资源管理器
过滤条件：IEDName
Substation　220KV 城东变
Private　1
VoltageLevel　220kV
Voltage　220
Bay　220kV桐金II线2802保护A
Bay　220kV桐金II线2802保护B
Bay　220kV桐金II线2802测控
VoltageLevel　110kV
VoltageLevel　10kV
Communication

图 6-102　填写间隔名称

6. 添加测控装置

在“220kV 桐金Ⅱ线 2802 测控”间隔下，右键单击“添加装置”按钮，如图 6-103 所示。

浏览选择 ICD 模型文件，再单击 ICD 校验（无明显错误可忽略）。然后点下一步，如图 6-104 所示。

选择 CSI200E 的 ICD 模型文件，可以看到在装置设置界面读出来的装置型号是 MeasClt，需要修改成和实际一致的 CSI200EA，如图 6-105 所示。

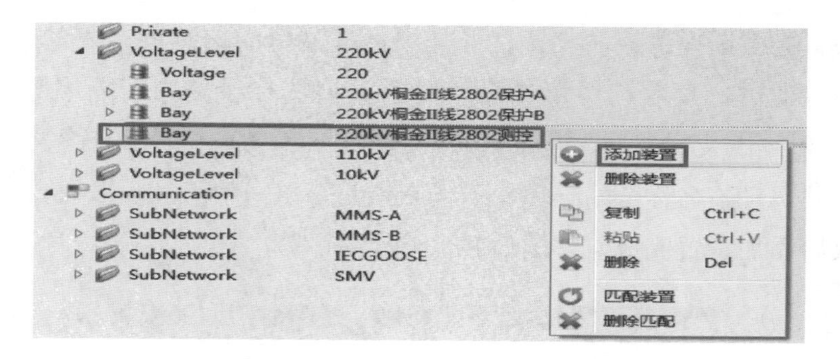

图 6-103　添加测控装置

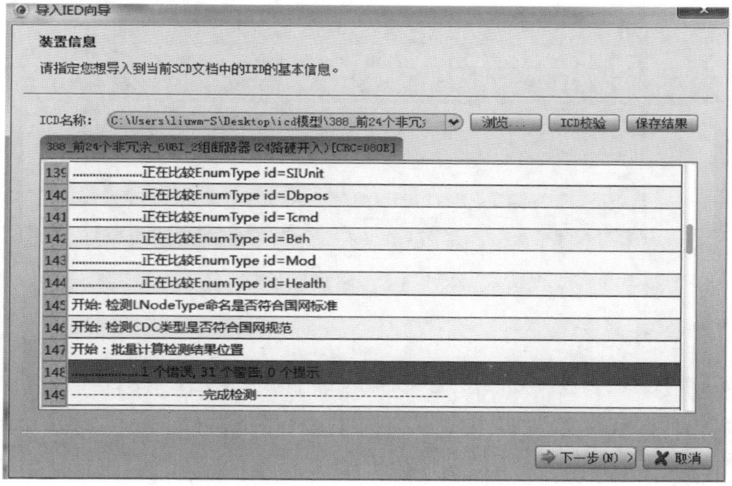

导入IED向导
装置信息
请指定您想导入到当前SCD文档中的IED的基本信息。
ICD名称：C:\Users\liuwm-S\Desktop\icd模型\388_前24个非冗
浏览...　ICD校验　保存结果
388_前24个非冗余_6UBI_2组断路器(24路硬开入)[CRC=D80E]
139 ......正在比较EnumType id=SIUnit
140 ......正在比较EnumType id=Dbpos
141 ......正在比较EnumType id=Tcmd
142 ......正在比较EnumType id=Beh
143 ......正在比较EnumType id=Mod
144 ......正在比较EnumType id=Health
145 开始：检测LNodeType命名是否符合国网标准
146 开始：检测CDC类型是否符合国网规范
147 开始：批量计算检测结果位置
148 ......1 个错误, 31 个警告, 0 个提示
149 ----------完成检测----------
下一步(N) >　取消

图 6-104　ICD 校验

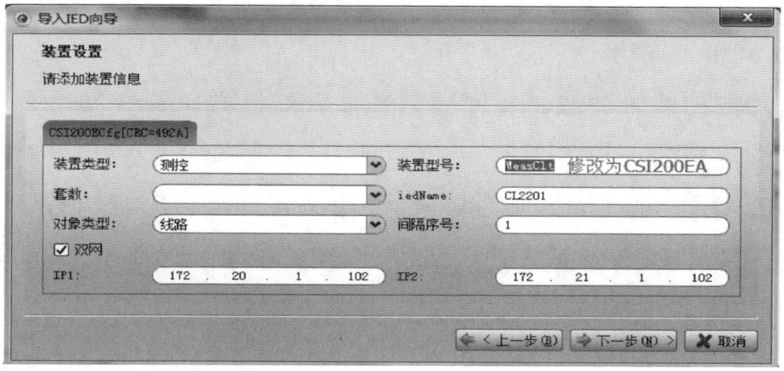

导入IED向导
装置设置
请添加装置信息
CSI200ECfg[CRC=492A]
装置类型：测控　装置型号：MeasCtl 修改为CSI200EA
套数：　iedName：CL2201
对象类型：线路　间隔序号：1
☑ 双网
IP1：172 . 20 . 1 . 102　IP2：172 . 21 . 1 . 102
< 上一步(B)　下一步(N) >　取消

图 6-105　修改装置型号

装置类型选择测控，装置型号是根据模型里的信息读出来的，与实际保持一致即可，套数选择第二套，对象类型选择线路，间隔序号填写 1，IEDName 是由装置类型、装置信号、套数、对象类型和间隔序号组合而自动生成的，且该名称全站唯一，不能有重复，单击“下一步”，检查子网分配一致后添加装置完成。如图 6-106 所示。

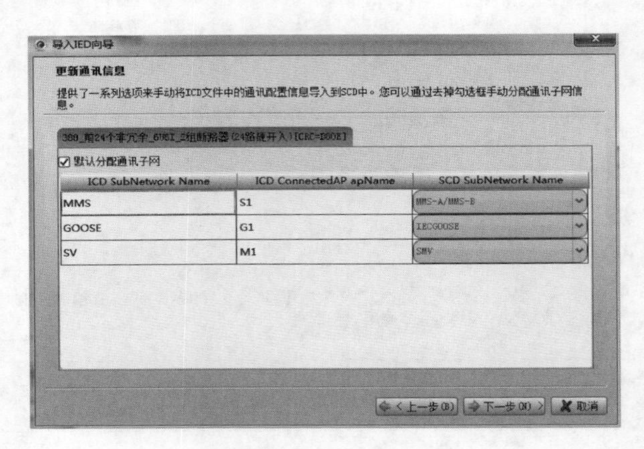

图 6-106　添加子网

7. 添加合并单元

与添加测控装置类似，装置类型选择合并单元，装置型号是根据模型里的信息读出来的，与实际保持一致即可，套数选择第一套，对象类型选择线路，间隔序号填写 1，IEDName 是由装置类型、装置信号、套数、对象类型和间隔序号组合而自动生成的，且该名称全站唯一，不能有重复。单击“下一步”，完成该装置的添加如图 6-107 所示。

8. 添加智能终端

与添加测控装置类似，装置类型选择智能终端，装置型号是根据模型里的信息读出来的，与实际保持一致即可，套数选择第一套，对象类型选择线路，间隔序号填写 1，IEDName 是由装置类型、装置信号、套数、对象类型和间隔序号组合而自动生成的，且该名称全站唯一，不能有重复。单击“下一步”，完成该装置的添加，如图 6-108 所示。

9. IP 通信配置

将资源管理器切换到“变电站”界面，单击搜索按钮，将该工程中需要

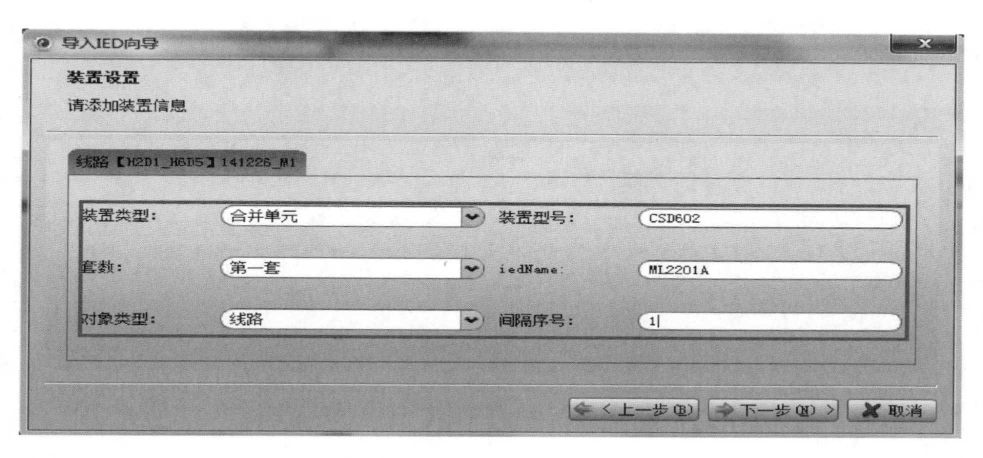

图 6-107　添加合并单元

图 6-108　添加智能终端

和站控层设备进行通信的装置全部显示出来，如图 6-109 所示。

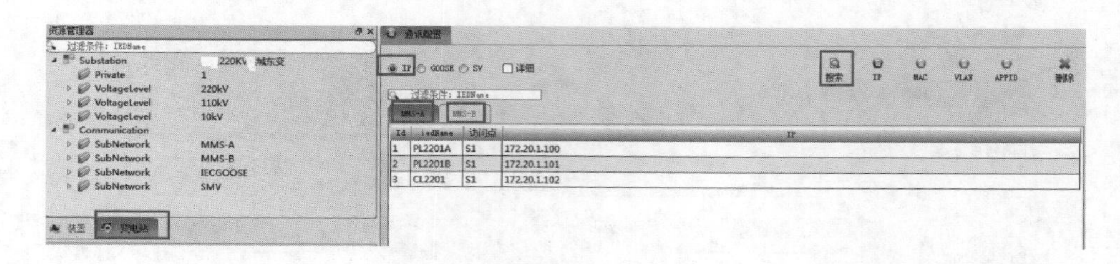

图 6-109　IP 通信配置

然后单击 IP 按钮，默认分配的是 C 类 IP，按照要求，切换到“IP 类 B”注意：该 IP 地址也可以在添加装置的时候按照全站地址表信息进行分配，如已分配，此处无需再次设置。单击“确定”即可自动分配 IP 地址，如图 6-110 所示。

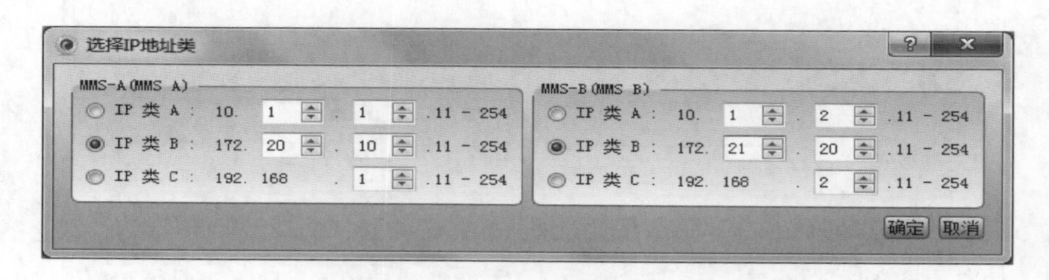

图 6-110　分配 IP 地址

10. GOOSE 通信配置

将资源管理器切换到“变电站”界面，单击“搜索”按钮，将该工程中 GOOSE 通信的信息全部显示出来，MAC 地址、APPID、VLAN 信息有重复的则工具会有感叹号“！”的提示，如图 6-111 所示。

此时，单击“MAC”“VLAN”“APPID”按钮，则工具会自动分配这些地址信息，也可以手动配置 MAC、VLAN、APPID。由于 GOOSE 组网数据流较小，一般按照所有 GOOSE 数据划分同一个 VLAN 来处理；工具里显示的 VLAN 信息是十六进制的，交换机上的是十进制的，注意区分和换算。

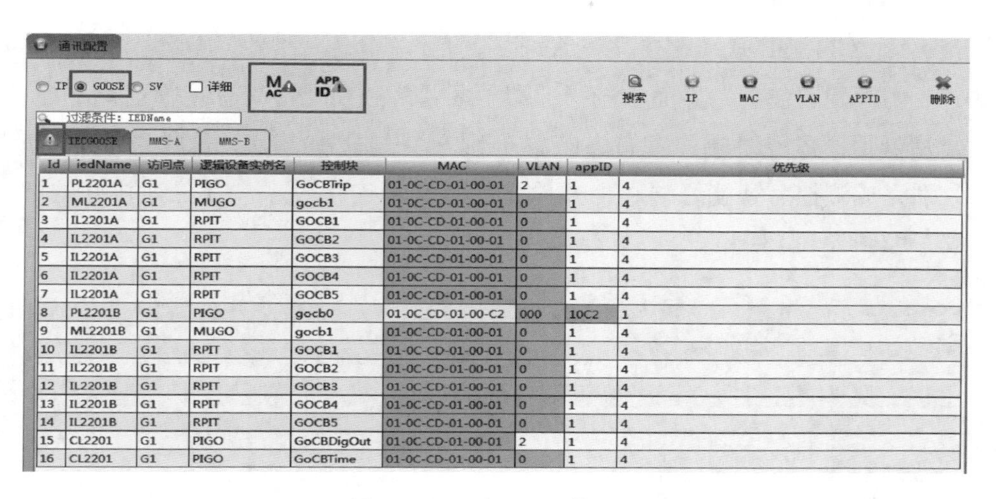

Id	iedName	访问点	逻辑设备实例名	控制块	MAC	VLAN	appID	优先级
1	PL2201A	G1	PIGO	GoCBTrip	01-0C-CD-01-00-01	2	1	4
2	ML2201A	G1	MUGO	gocb1	01-0C-CD-01-00-01	0	1	4
3	IL2201A	G1	RPIT	GOCB1	01-0C-CD-01-00-01	0	1	4
4	IL2201A	G1	RPIT	GOCB2	01-0C-CD-01-00-01	0	1	4
5	IL2201A	G1	RPIT	GOCB3	01-0C-CD-01-00-01	0	1	4
6	IL2201A	G1	RPIT	GOCB4	01-0C-CD-01-00-01	0	1	4
7	IL2201A	G1	RPIT	GOCB5	01-0C-CD-01-00-01	0	1	4
8	PL2201B	G1	PIGO	gocb0	01-0C-CD-01-00-C2	000	10C2	1
9	ML2201B	G1	MUGO	gocb1	01-0C-CD-01-00-01	0	1	4
10	IL2201B	G1	RPIT	GOCB1	01-0C-CD-01-00-01	0	1	4
11	IL2201B	G1	RPIT	GOCB2	01-0C-CD-01-00-01	0	1	4
12	IL2201B	G1	RPIT	GOCB3	01-0C-CD-01-00-01	0	1	4
13	IL2201B	G1	RPIT	GOCB4	01-0C-CD-01-00-01	0	1	4
14	IL2201B	G1	RPIT	GOCB5	01-0C-CD-01-00-01	0	1	4
15	CL2201	G1	PIGO	GoCBDigOut	01-0C-CD-01-00-01	2	1	4
16	CL2201	G1	PIGO	GoCBTime	01-0C-CD-01-00-01	0	1	4

图 6-111　GOOSE 通信配置

11. SV 通信配置

与 GOOSE 配置类似，此时，单击“MAC”“VLAN”“APPID”按钮，则工具会自动分配这些地址信息。如图 6-112 所示。

Id	iedName	访问点	逻辑设备实例名	控制块	MAC	VLAN	appID	优先级
1	ML2201A	M1	MUSV	MSVCB01	01-0C-CD-01-00-01	0	1	4
2	ML2201B	M1	MUSV	MSVCB01	01-0C-CD-01-00-01	0	1	4

图 6-112　SV 通信配置

由于 SV 数据流较大，如果组网，一般按照一个合并单元划分一个 VLAN 来处理；工具里显示的 VLAN 信息是十六进制的，交换机上的是十进制的，注意区分和换算，如图 6-113 所示。

Id	iedName	访问点	逻辑设备实例名	控制块	MAC	VLAN	appID	优先级
1	ML2201A	M1	MUSV	MSVCB01	01-0C-CD-04-00-00	030	4000	4
2	ML2201B	M1	MUSV	MSVCB01	01-0C-CD-04-00-01	031	4001	4

图 6-113　VLAN 划分

12. GOOSE 虚端子连接关系

切换到“装置”界面，选择“端子配置”选项，订阅方装置选择测控、合并单元、智能终端，发布方装置分别选择与之有 GOOSE 联系的装置，分别完成测控、智能终端和合并单元的虚端子连接关系。部分连接好的虚端子如图 6-114 所示。

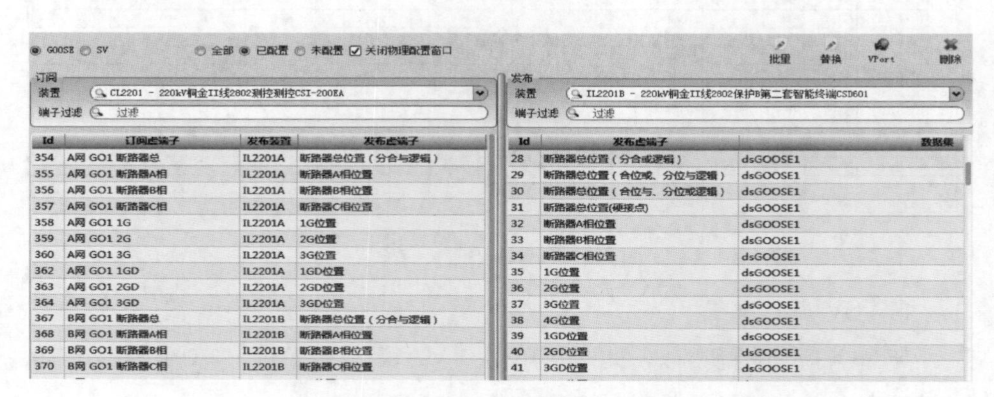

图 6-114 GOOSE 虚端子连接

13. SV 虚端子连接关系

与 GOOSE 虚端子连接类似，完成 SV 的虚端子连接，如图 6-115 所示。

图 6-115 SV 虚端子连接

14. 配置文件下装

（1）配置文件的导出。SCD 导出装置配置的时候，需要参考装置的硬件信息，以常用的 388 平台为例，388 平台下的装置，又分为 GOOSE、SV 合一的装置和 GOOSE、SV 非合一的装置。测控装置导出配置的时候，要特别注意的“SV 接入模式”选项，是否“网络”或“点对点”须和装置内的跳线一致，合并单元和智能终端装置，导出配置文件时需要选择默认的“点对点”接入模式，如图 6-116 所示。

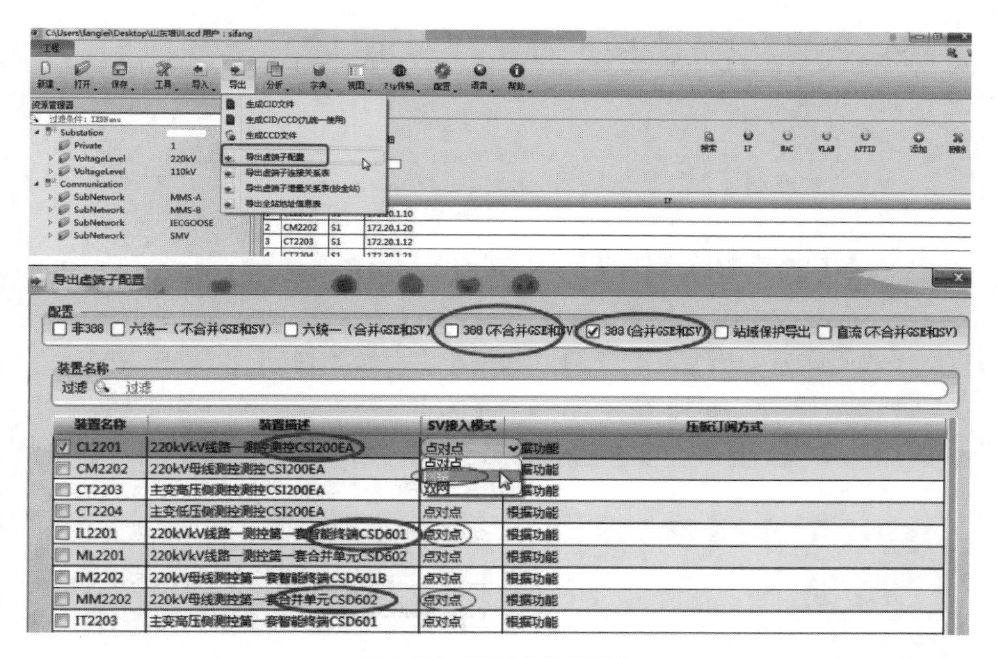

图 6-116　配置文件的导出

（2）测控装置配置文件的下装。须用 FTP 工具，以太网线连接装置前面板，设置好 FTP 的 IP 地址和用户名、密码，连接上装置，如图 6-117 所示。

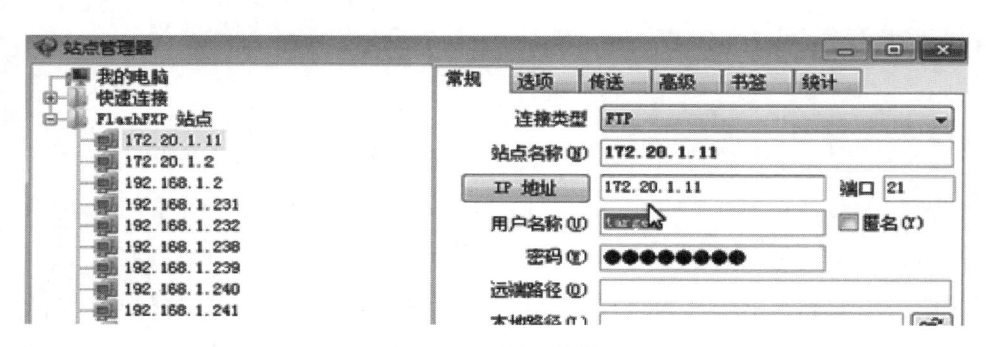

图 6-117　FTP 连接

测控装置下装 **_M1、**_S1. cid、sys_go_**.cfg 三个文件，如

图 6-118 所示。

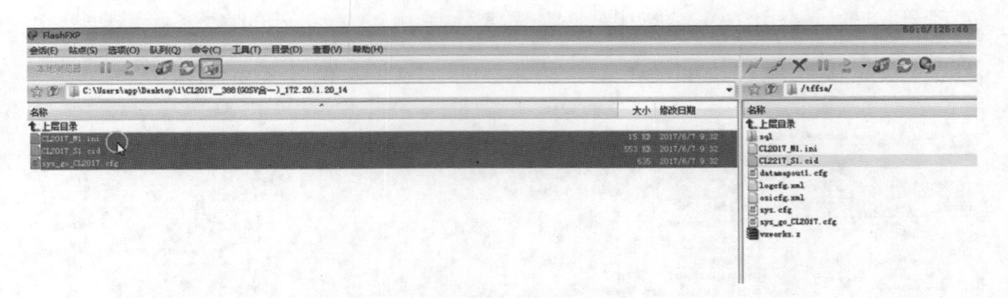

图 6-118　测控装置配置文件下装

（3）智能终端配置文件的下装。智能终端需下装配置文件 ***_G1. ini，通过系统配置器导出，导出时选择 388（不合并 GSE 和 SV），通过装置面板前面的调试口，用 CSD600 调试软件下装，逐次单击图 6-119 中 1、2，在 3 处选择“GO. ini 下发”，选择要下发的 ***_G1. ini，界面会提示文件下传成功，装置配置文件下装完成后，装置需断电重启。如图 6-119 所示。

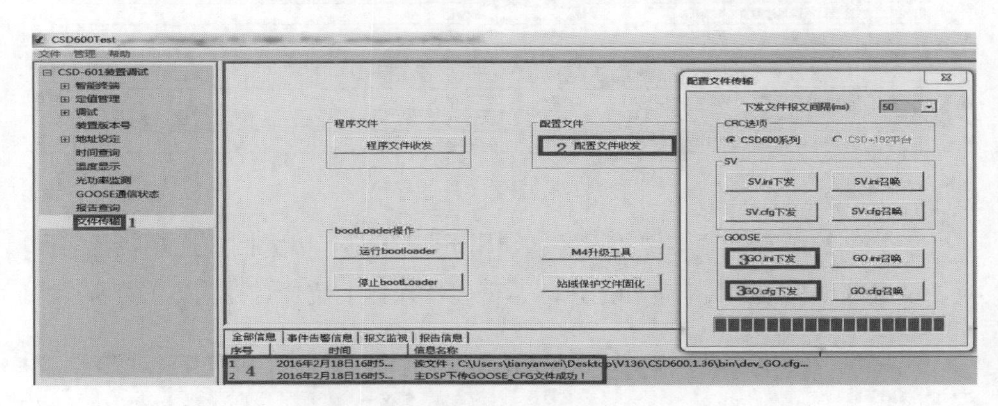

图 6-119　智能终端配置文件下装

（4）合并单元配置文件的下装。与智能终端类似，合并单元需下装配置 ***_M1. ini、***_G1. ini 文件，该文件由系统配置器导出，导出时选择 388（不合并 GSE 和 SV）。连接装置前面板电口，打开 CSD600Test，逐次单击图 6-119 中的 1、2，在 3 处选择“SV. ini 下发”，选择要下发的 ***_M1. ini，界面会提示文件下传成功。成功后，选择“GO. ini 下发”选择要下发的 ***_G1. ini，界面会提示文件下传成功。装置配置文件下装完成后，装置需断电重启。

三、南瑞科技 SCD 文件配置及下装

（一）新建工程

使用 NariConfigTool 工具，新建工程，导入模型，新建间隔，输入项目名，一直下一步，到最后完成，如图 6-120 所示。

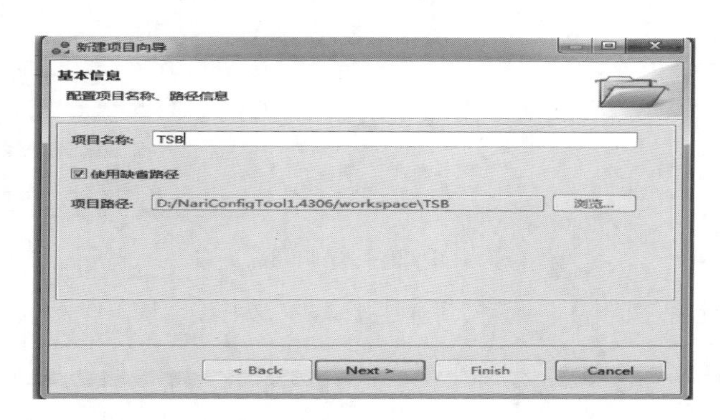

图 6-120 新建工程

（二）添加电压等级，新建 IED

（1）在工程文件夹下新建 ICD Management 文件夹，模型文件按厂家-装置型号和装置类型放在 ICD Management 文件夹下，右击 IEDS 选择添加电压等级，如图 6-121 所示。

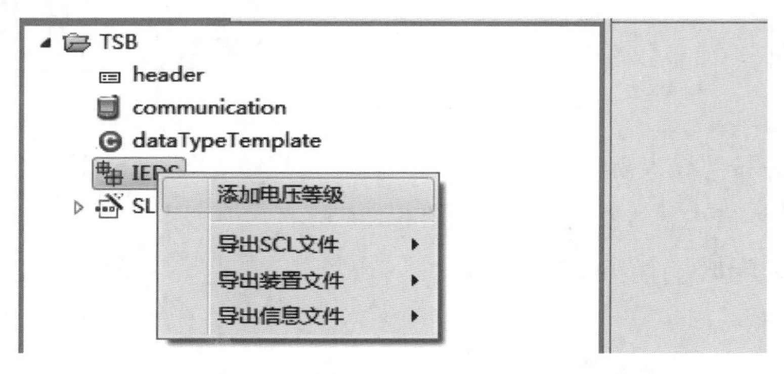

图 6-121 添加电压等级，新建 IED

（2）右击电压等级选择添加间隔，填写间隔名，选择间隔属性，间隔

编号暂无需填写，如图 6-122 所示。

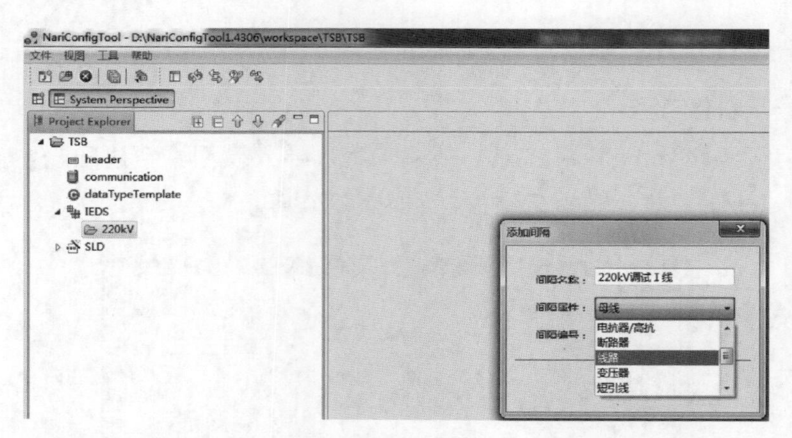

图 6-122 添加间隔

（3）右击新建间隔，选择“新建 IED”，如图 6-123 所示。

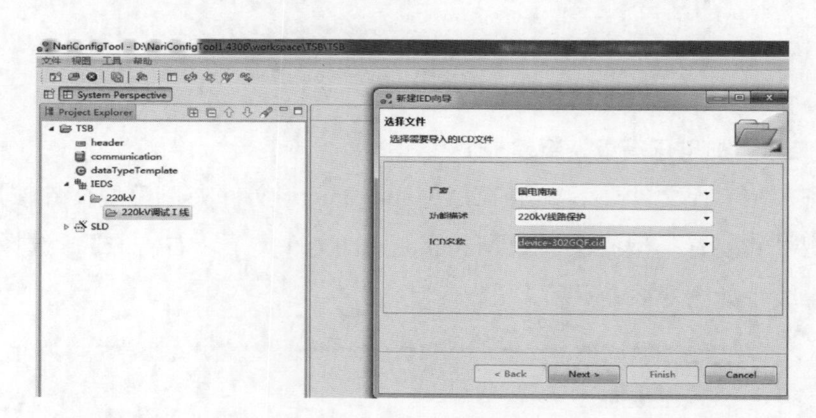

图 6-123 新建间隔

（4）按照导入模型的类型进行“装置类型”“A/B”和“IED 名称”填写，“IED 描述”尽量规范好，如图 6-124 所示。

（5）完成一个间隔的模型导入，“刷新”“同步”“保存”。如图 6-125 所示。

（三）通信参数配置

单击“视图”→“通信参数配置”，配置 MMS、GOOSE、SV 通信参数，如图 6-126 所示。

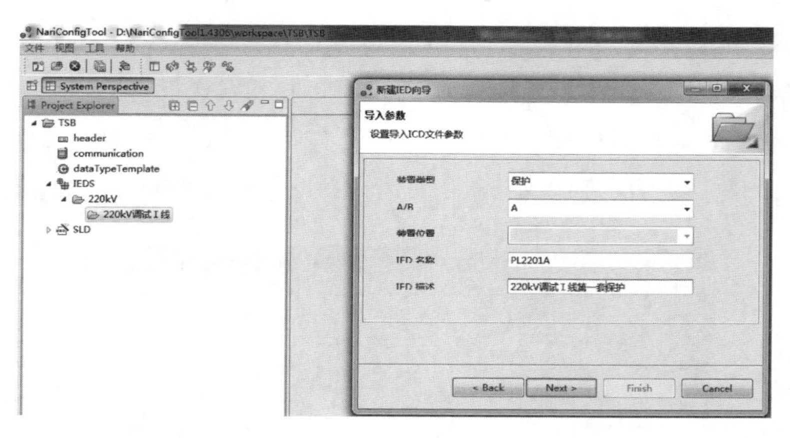

图 6-124 填写 IED 描述

图 6-125 防止数据丢失

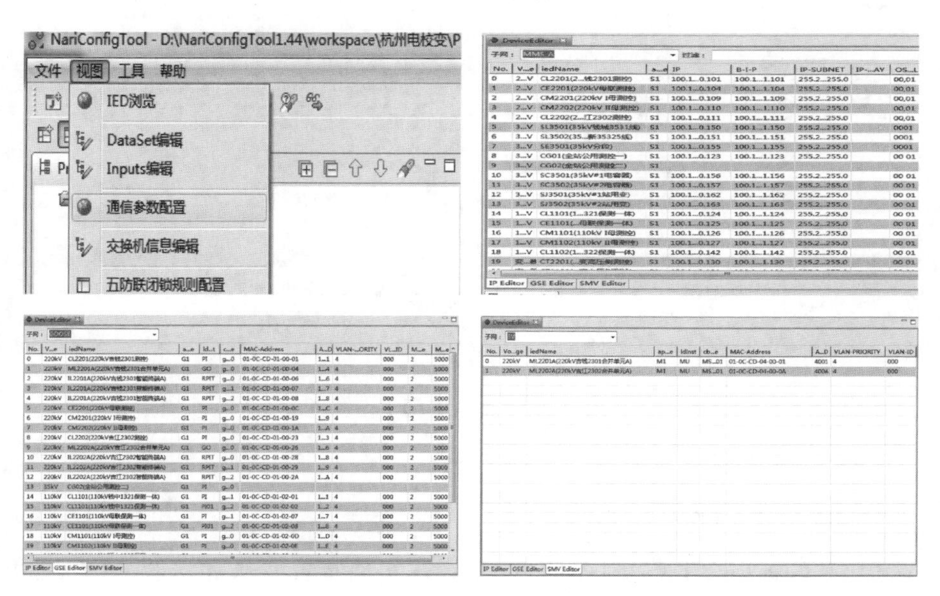

图 6-126 通信参数配置

（四）配置虚端子线路

单击“视图”→“Inputs 编辑”，选择接收和发送设备的控制块，先根据虚端子表，一次点中接收端信息，再依次点中发送端信息，无误后，单击红色连接，虚端子连接成功后，单击刷新同步保存。如图 6-127 所示。

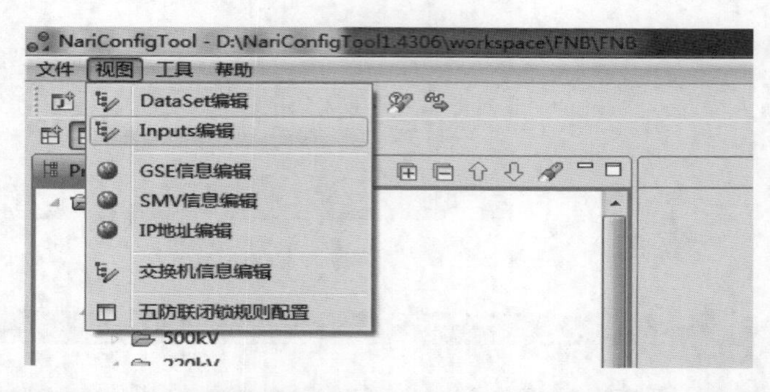

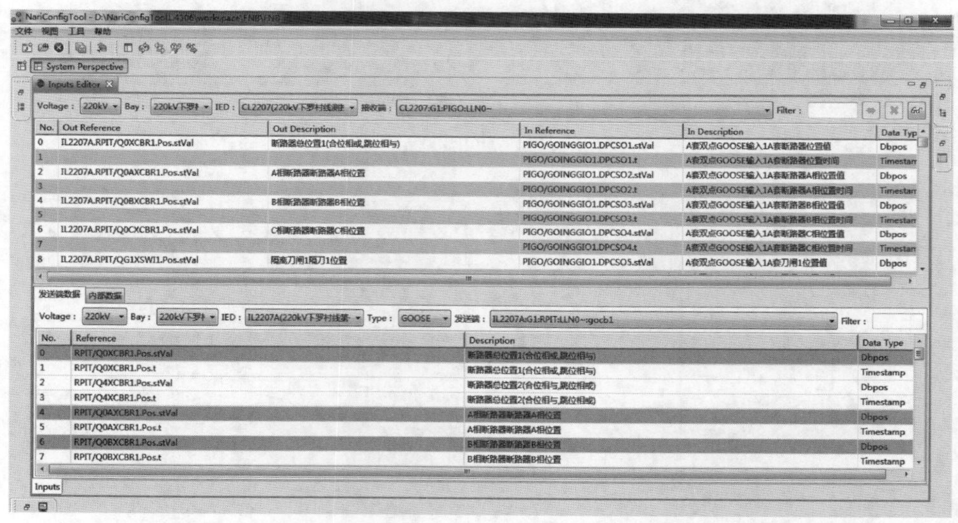

图 6-127 配置虚端子连线

（五）装置私有信息配置

1. GOOSE 私有信息编辑

（1）“GOOSE. TXT 附属信息编辑”，实现装置发送和接收 GOOSE 控制块端口配置，如图 6-128 所示。

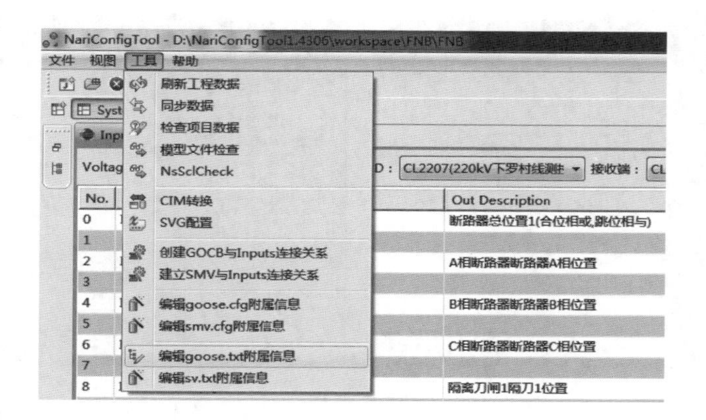

图 6-128　GOOSE 私有信息编辑

（2）配置“编辑发送”端口测控中 S1 节点有一个控制块，G1 节点有三个控制块，初始默认“Value”域为空。测控装置原则上所有端口均向外发送 GOOSE 数据，板卡号和端口号根据实际的装置板件进行配置，0 为 1 号口，依次类推，如图 6-129 所示。

图 6-129　发送板卡号和端口号配置

（3）配置“编辑接收端口”，所有有虚端子连接的设备都需配置接收口，需要根据设计图纸的光纤回路图进行配置，如图 6-130 所示。

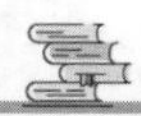

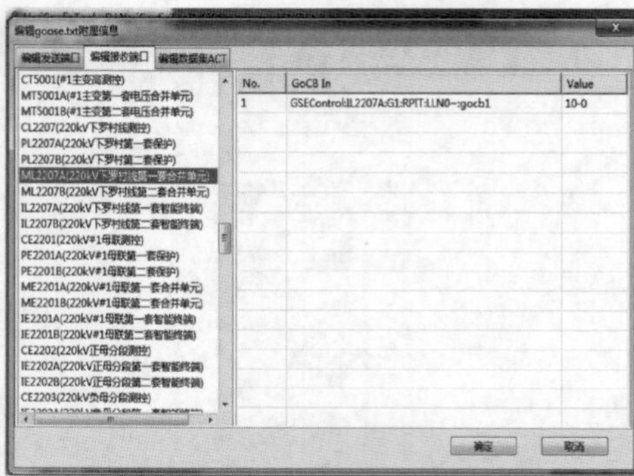

图 6-130 接收板卡号和端口号配置

2. SV 私有信息编辑

（1）导入 SV 配置文本。选择该合并单元对应的型号配置文件，刷新同步保存（如存在接收 SV 虚端子的合并单元则完成虚端子连接后，再进行导入 SV 配置文件），如图 6-131 所示。

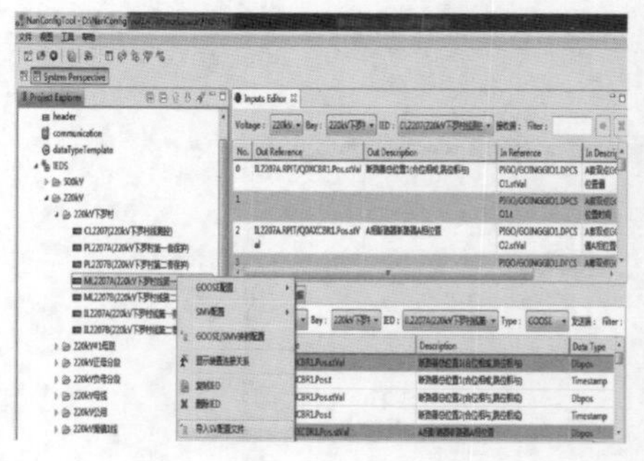

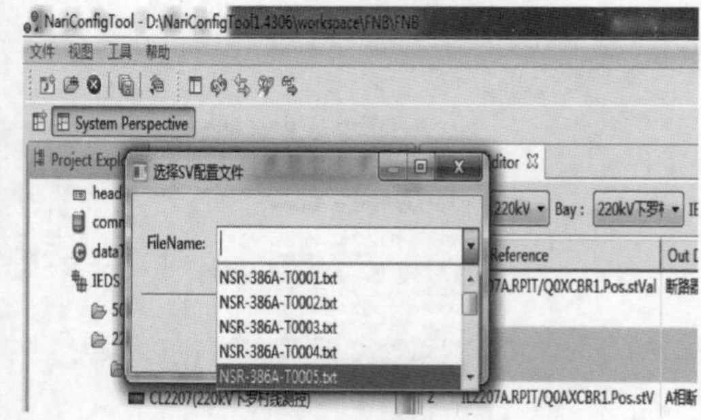

图 6-131 导入 SV 私有配置文本

（2）编辑 SV. TXT 附属信息。选择编辑 SV. TXT 附属信息，常规情况下“导入 SV 配置文件”前三项 ADC 办卡类型、编辑工程配置信息、编辑 AD 通道属性无需配置，如图 6-132 所示。

（3）第四项和第五项配置同 GOOSE 部分配置。选择正确的板块和组网方式，如图 6-133 所示。

（六）文件导出及配置下装

配置完成后，选择导出 ARP 文件，软件自动导出装置所需的配置文件。通过 ARPTOOL 软件，把文件下装到装置。

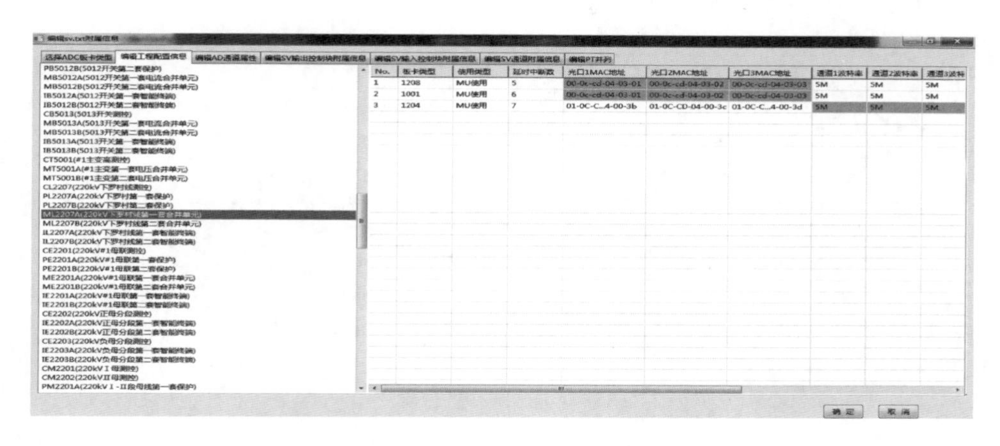

图 6-132 SV 私有配置选项

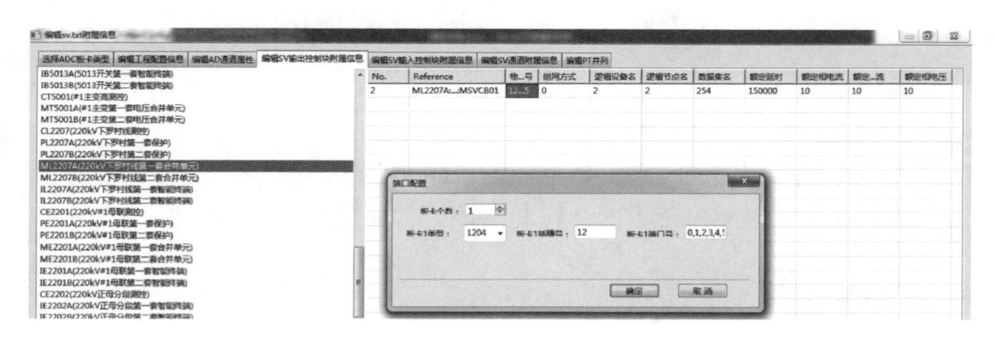

图 6-133 SV 输入输出控制块附属信息配置

（1）打开 ARPTOOLS 中 debug。单击加号快捷键，输入该装置 IP 地址，单击“OK”，装置连上图标会变蓝色，如图 6-134 所示。

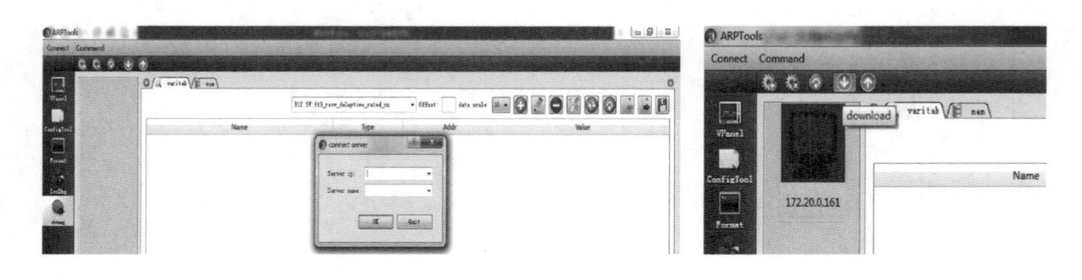

图 6-134 连接装置

（2）选择导出的配置文件，填好对应的板件号，单击“add”后，按 down 键进行下装。下装完毕后，断电重启。如图 6-135 所示。

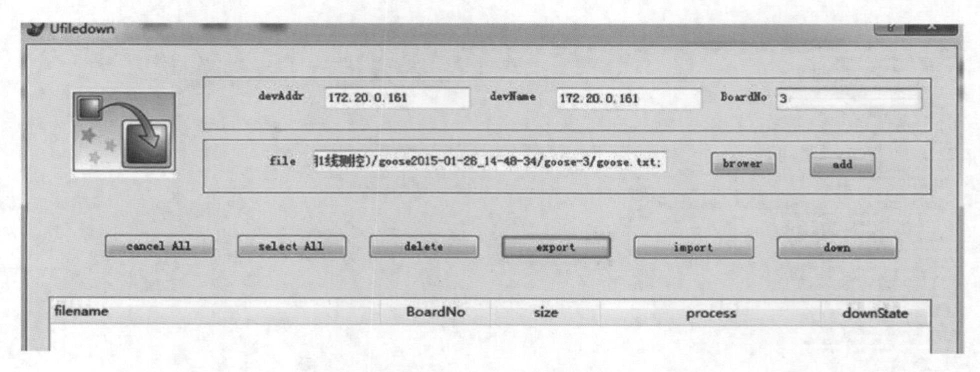

图 6-135 下装配置文件

任务九 智能站测控装置调试

【任务描述】

熟悉各个厂家测控装置的结构和参数；掌握各个厂家测控装置的调试。

【知识要点】

MMS 通信：智能变电站站控层网络，采用 MMS 报文模式，实现客户端与服务器之间的通信功能。

遥测死区：包括变化量死区和零值死区。变化量死区指遥测量变化幅度小于变化量死区，遥测值不变。零值死区指遥测量小于死区值，强制归零。

同期功能：测控装置具备在合开关之前先检测开关两端是否满足同期条件（即电压和相位都在一定范围内）的能力。

【技能要领】

一、南瑞继保 PCS9705 测控装置调试

（一）MMS 通信设置

测控装置要实现与监控、远动等客户端的 MMS 正常通信，需要进行

如下两步设置。

1. 设置 IP

在液晶菜单：“通信参数”→“公用通信参数”中，根据集成商 SCD 文件中分配的 IP 地址，分别设置 A、B 网 IP，必要时还需设置 C、D 网 IP（A 网固定投入，B、C、D 网可选是否投入）。如图 6-136 所示。

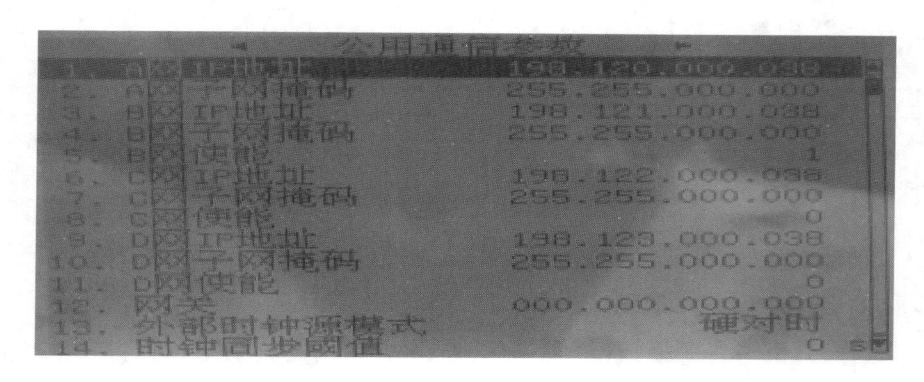

图 6-136　设置 IP

2. 设置 IED 名称

如图 6-137 所示，要实现最基本的 MMS 通信，装置在设完 IP 之后，还需设置 IED 名称，在装置液晶菜单“通信参数”→“61850 通信参数”中，直接修改 IEDName 值（改完装置会延时自动重启），与后台、远动保持一致，就能实现正常的 MMS 通信。

序号	定值	定值范围	步长	单位	默认值
1.	IED 名称				TEMPLATE
2.	IEC61850 双网模式	0 - 2	2		1
3.	测试模式使能	0 - 1	1		0
4.	遥控关联遥信	0 - 1	1		0
5.	缓存报告使能	0 - 1	1		0
6.	品质变化上送使能	0 - 1	1		0

图 6-137　测控装置 MMS 通信设置

（二）定值设置

根据定值单和现场实际，设置定值。测控的定值主要包括遥测、遥信、遥控、软压板、同期等。

（1）电压电流的变比设置。同期电压设置错误，将会影响到同期功能，须安装实际变比设置，如图 6-138 所示。

序号	定值	定值范围	步长	单位	默认值
1.	测量侧 CT 额定一次值	1-50000	1	A	1000
2.	测量侧 CT 额定二次值	1-5	1	A	5
3.	零序 CT 额定一次值	1-50000	1	A	1000
4.	零序 CT 额定二次值	1-5	1	A	5
5.	测量侧 PT 额定一次值	1-1000	0.01	kV	220
6.	测量侧 PT 额定二次值	1-120	0.001	V	100
7.	同期侧 PT 额定一次值	1-1000	0.01	kV	127
8.	同期侧 PT 额定二次值	1-120	0.001	V	57.73

图 6-138 电压电流的变比设置

（2）遥测的死区定值需设置。遥测量变化量超过遥测死区后，则主动变化上送；变化量小于死区，不主动变化上送。

（3）外部时钟源模式根据实际设置。0：硬对时；1：软对时；2：扩展板对时；3：无对时，设置错误，会导致装置对时报异常，如图 6-139 所示。

13.	外部时钟源模式	0－3	1		0
14.	时钟同步阈值	0-FFFFFFFF	1	S	0
15.	SNTP 服务器地址	000.000.000.000 -255.255.255.255			0
16.	遥测死区定值	0.00~100.00	0.01	%	0.2

图 6-139 时钟设置

（4）零漂抑制门槛设置。遥测量超过零漂后，才会上送，否则为零，如图 6-140 所示。

序号	参数名称	定值范围	步长	单位	默认值
1.	零漂抑制门槛	[0:100]	0.01	%	0.2%

图 6-140 零漂抑制门槛设置

（5）同期定值设置。根据要求，设置相应合理的参数。

（6）遥控定值设置。遥控脉冲时间不能太短，否则遥控会不成功。

（7）联锁定值设置。根据现场实际，通过装置联闭锁功能。

（8）软压板定值设置。出口使能软压板必须投入，否则遥控不成功，如图 6-141 所示。

序号	定值	定值范围	步长	单位	默认值
1.	外间隔退出软压板	0－1	1		0
2.	出口使能软压板	0－1	1		1
3.	检同期软压板	0－1	1		0

图 6-141 软压板设置

（9）SV 接受软压板设置。若不投入相应的软压板，测控显示正常，但同期合闸不会成功，会报采样数据异常，如图 6-142 所示。

序号	定值	含义	定值范围	步长	单位	默认值
1.	SV_接收软压板 1	链路 1SV 接收	0－1	1		1
2.	SV_接收软压板 2	链路 1SV 接收	0－1	1		1
3.	...					

图 6-142 SV 接受软压板设置

（三）测控配置下装

（1）通过 PCS-SCD 工具，从 SCD 文件导出过程层配置文件 B0X_X_goose. txt、goose_ process. bin、goose_ process. txt 等文件。B0X_X_goose. txt 文件是每个板卡的独立 goose 应用配置。goose_process. bin 文件是对所有 goose 配置文件的一个打包。goose_process. txt 文件记录了 goose_process. bin 中每个 goose 配置与板卡号的对应关系。添加 goose_process. bin 文件进行下载的优势是：goose 配置板卡槽号已自动填好，无需再手动输入；而添加 B0X_X_goose. txt 文件进行下载，需手动输入所下载的板卡号，存在输错并误下载的风险。

（2）打开 PCS-PC，单击新建装置，输入装置正确 IP 地址，待与装置连接成功后，单击调试工具快捷方式，进入调试区，单击左侧下载程序，导入相应的文件，单击下载所选择的文件（装置检修压板投上），下装成功后，装置自动重启。

（四）四遥测试

四遥测试开始前的准备工作有：将测控、智能终端、MU 的 GOOSE 文本配置好并下载；投入所有 GOOSE、SV 的发送、接收软压板；修改装置 GOOSE、SV 相关定值，以满足现场测试需求；搭建好 GOOSE 网络并消除 GOOSE 断链。

（1）测控就地遥控。将测控装置的“投远控”硬压板退出，直接在液晶菜单“本地命令”→“手控操作”中，选择控制对象，进行遥控分、合操作（主要测试 GOOSE 连线中配置好的），输入密码，此时在智能终端面板上查看“遥控分闸”或“遥控合闸”灯是否闪烁一次，同时断路器应正常分或合一次。

（2）客户端遥控。将测控装置的“投远控”硬压板投入，在监控后台画面上对该测控进行遥控操作，测控装置菜单“报告显示”→“控制报告”中会记录后台发来的操作命令，同时需查看智能终端的“遥控分闸”或“遥控合闸”灯是否闪烁一次，断路器同时应正常分或合一次。

（3）遥信测试。在智能终端上模拟位置、遥信变位，在测控菜单“状态量”→“输入量”→“GOOSE 输入”中，查看接收到的 GOOSE 单点开入状态变化；在测控菜单“状态量”→“输入量”→“位置输入”中，查看接收到的 GOOSE 双点位置状态变化。在“报告显示”→“变位报告”中，查看收到的 GOOSE 开入的 SOE 时间记录。当 GOOSE 虚端子有 T 连线时，此 SOE 时间与发送端的 SOE 时间一致；当无 T 连线时，此 SOE 时间为测控接收到变位时的 SOE 时间。

（4）遥测测试。在装置模拟量-遥测量里面查看一次值、二次值、角度、同期状态等。判断电压、电流、有功功率、无功功率、功率因数是否正确，精度是否合格，零值死区、变化量死区是否满足规范要求。这里特别要注意的是保护和计量的 TA 极性方向是不一样的，同时对于主变压器和线路潮流的正方向也是定义不一样的，有时可能需要至反处理。还须测试检修逻辑，验证装置对遥测品质处理是否正确。

（5）同期测试。设置好同期各项参数，三相母线电压端子输入额定电压，同期电压端子输入额定电压，相位与母线 U_a 同相位，远方就地把手打就地，扭动手合同期把手，并观察“同期状态”菜单中的参数，当满足同期定值时，断路器合闸。

二、北京四方CSI200EA测控装置调试

（一）MMS通信设置

（1）IP地址设置。在面板上同时按QUIT+SET，进入厂家调试菜单，如图6-143所示。

扩展主菜单

网络地址　　设置CPU

IP1地址　　通道校正

整定比例系数　　通道全调

参数设置　　SV Config

GO Config　　SVGO Config

图6-143　IP地址设置

在网络地址栏中设置以太网中地址。一般IP1地址为192.168.001.*，IP2为192.168.002.*，其中*取本装置的网络地址，需要注意的是必须是十进制数。

（2）规约设置。在参数设置-规约设置里面选择IEC 61850规约。

（3）定值设置。选择定值，进入后提示定值区号选择，默认定值区为00区，进入定值选项。浏览定值用上下键，修改定值用左右键，输入密码检验，按SET键，用上下键修改定值，按SET键，固化定值。如图6-144所示。

\定值

常规定值　　调压定值

同期定值　　开入定值

3U0越限

图6-144　定值设置

（二）四遥测试

1. 遥控测试

按键操作分为两部分，显示屏右侧的四方键盘区，用于完成普通情况下用户和装置的交互工作，显示屏下方的一排就地操作功能按键，是为应

付紧急情况下的就地控制而专门设置的。当操作人员正确进入就地状态后，就能在面板上完成原来需要通过远方进行遥控的开关分合功能。

2. 遥信测试

分为GOOSE信号开入和开入板开入。GOOSE信号开入通过GOOSE板接收智能操作箱或其他装置发送来的GOOSE开入信号。开入板每组开入可以定义成多种输入类型，如状态输入（重要信号可双位置输入）、告警输入、事件顺序记录（SOE）、脉冲累积输入、主变压器分接头输入（BCD或HEX）等，具有防抖动功能，具体值可在开入定值中设置。遥信测试一般关注以下几点：

（1）测控装置转发GOOSE报文的有效、检修品质正确性。

（2）接收GOOSE报文传输的状态量信息时，采用GOOSE报文内状态量的时标。

（3）在GOOSE报文中断时，装置应保持相应状态量值不变，并置相应状态量值的无效品质位。

（4）装置正常运行状态下，转发GOOSE报文中的检修品质；装置检修状态下，上送状态量置检修品质，装置自身的检修信号及转发智能终端或合并单元的检修信号不置检修品质。

3. 遥测测试

须在扩展菜单栏里面的出厂调试菜单-CPU设置，按照装置实际配置，投入管理板、SV、GO、开入、开出等CPU。确保SV链路正常若不正常，查看运行值/通信状态/SV菜单中通信状态是否正常，查看具体导致原因。合并单元侧加入正常电压、电流，查看装置显示是否正常。

4. 同期测试

（1）和同期功能相关的任何一个电压MU检修，检修位将闭锁同期功能，报“检修不一致闭锁同期”，只有电压MU和测控装置检修压板都一致情况下，可以在就地操作完成同期功能。

（2）和同期功能相关的任何一个电压数据品质无效，数据无效闭锁同期功能，报“SV无效闭锁同期”。

（3）SV 组网方式下，和同期功能相关的任何一个电压 MU 对时异常，闭锁同期功能，报“其他条件不合格”。

（4）同期功能软压板和控制逻辑软压板投入，同期功能才能实现。

（5）根据实际设置好同期功能和同期定值，然后进行同期试验，正常情况下装置执行成功，开关动作正确。若开关执行不成功，需先看装置主动弹出的同期合闸条件是否满足，如果不满足，检查同期条件（检修不一致、SV 品质无效、TV 断线、MU 失步）；如果满足，检查智能终端外回路。

三、南瑞科技

（一）MMS 通信设置

在参数设置里面设置正确的 IP 地址和掩码，同时启用该网口。

（二）定值设置

（1）采样值一、二次切换设置。当整定为“1”时，输出模拟量采用一次值显示，当整定为“2”时，输出模拟量采用二次值显示。智能站应设置为 1，否则后台遥测显示将不正确

（2）时钟源设置。根据现场实际设置相应值。“1”表示 PPM 对时；“2”表示 PPS 对时；“3”表示 IRIG-B 对时；“4”表示 IEEE1588 对时。智能站一般设置为 3。

（3）同期参数设置。根据定值设置相应的参数，特别注意，相角补偿时钟数的设置。该定值是这样确定的，当开关合上后，此时开关两侧输入电压向量角度即是需要补偿的角度。以待并侧电压向量为时钟的长针，其指向十二点；以系统侧电压向量为时钟的短针，其指向时钟几点，则设置该定值为几。装置根据输入的钟点数，即能进行同期相角补偿。例如待并侧电压输入为 A 相电压，系统侧电压输入为 AB 线电压，则应设定 Clock 为 11，装置将自动将电压向量系统侧电压顺时针补偿 30°。

（4）遥测量死区设置。包括频率变化死区，电压电流变化死区，功率变化死区，功率因数变化死区。

（5）零漂值设置。包括频率零漂、电压电流零漂、功率零漂、功率因数零漂。

（三）四遥测试

1. 遥控测试

在本地命令→遥控操作栏中可进行出口对象的测试，通过上下键选择控制对象，按确认键进行控制调试，对于普通开关，弹出“分、合”选项，对于同期断路器对象，操作分为“普通遥控、检同期、检无压、强合、合环合”“分”几种控制方式。后台及调度遥控时，强合、同期合、无压合需完全独立。智能站内的保护、测控功能软压板，GOOSE 出口软压板，GOOSE 接受软压板，SV 接收软压板功能和命名是否正确，是软压板遥控的重点。

2. 遥信测试

在信息查看栏中，可以看到信号的状态。具体做法和北京四方测控的调试类似。

3. 遥测测试

遥测的变化量死区和零值死区在 SCD 中需设置，合并单元中的 TA、TV 变比须按实际设置正确。通过加量来判断遥测是否正确。

4. 同期测试

根据同期定值，测试同期方式的正确性。

5. 检修机制测试

智能设备检修状态一致、不一致情况下，各类信息是否处理正确，对于保护而言，所有的检修机制必须一一模拟。例如，在检修状态不一致的情况下，测控应报检修状态不一致，信息打上检修态上送，后台应接受并处理检修报文，画面应响应，设备显示状态与实际相符，告警内容仅在检修报警栏中显示，无声光报警。

6. 间隔层联闭锁测试

各种五防逻辑下，间隔层联闭锁的正确性。

任务十　智能站自动化后台调试

【任务描述】

了解智能变电站监控系统的主要使用方法；熟悉各个厂家后台软件的使用；掌握各个厂家后台系统的数据库组态和图形。

【知识要点】

数据库组态：对后台系统数据采集和过程控制的专用软件的配置。

图形组态：对变电站主画面和分画面的配置，用以满足变电站监控要求。

【技能要领】

一、南瑞继保 PCS9700 后台调试

以扩建一条 220kV 线路间隔为例，主要分为图形组态和数据库组态两方面。

（一）图形组态

（1）运行指令 drawgraph 或者通过如图 6-145 所示菜单进入，找到主接线图，此图具有填库功能。

（2）复制已有间隔并粘贴，移动至相应位置，如图 6-146 所示。

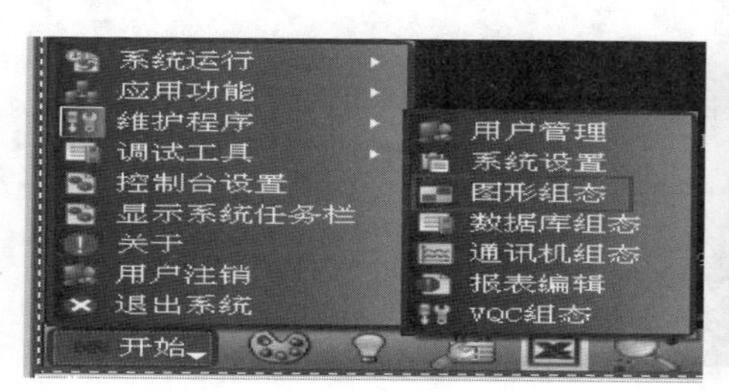

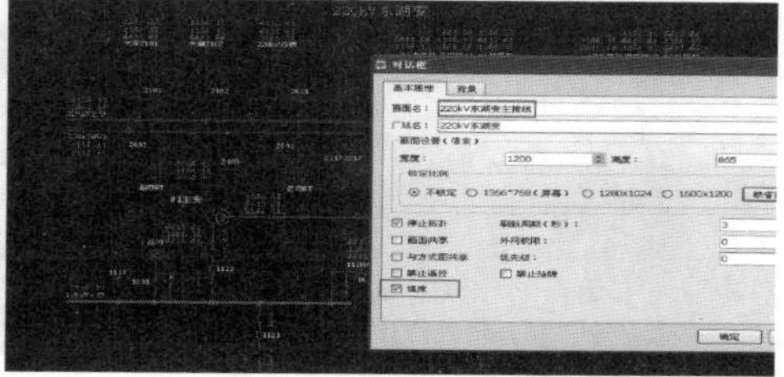

图 6-145　图形组态界面

（3）右键属性，从原有间隔移除，如图 6-147 所示。

（4）查看原间隔名称，字符串替换或者单个修改一次设备名称，如图 6-148 所示。

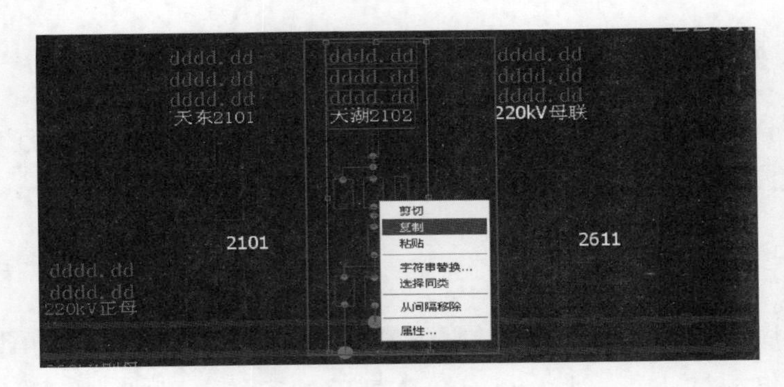

图 6-146 复制已有间隔

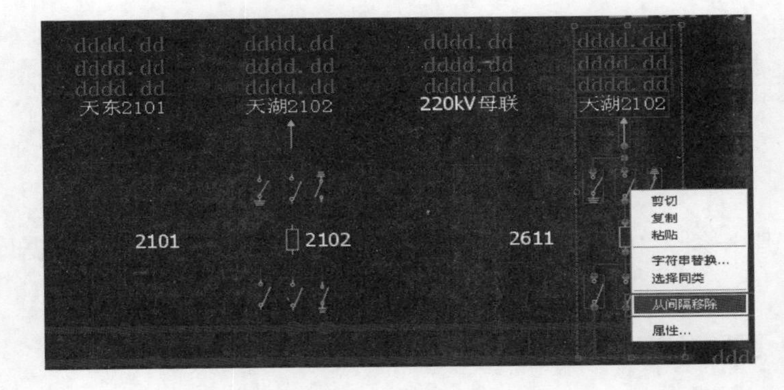

图 6-147 原有间隔移除

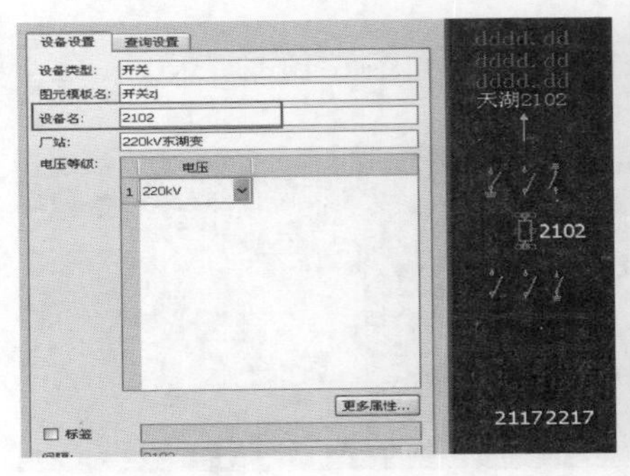

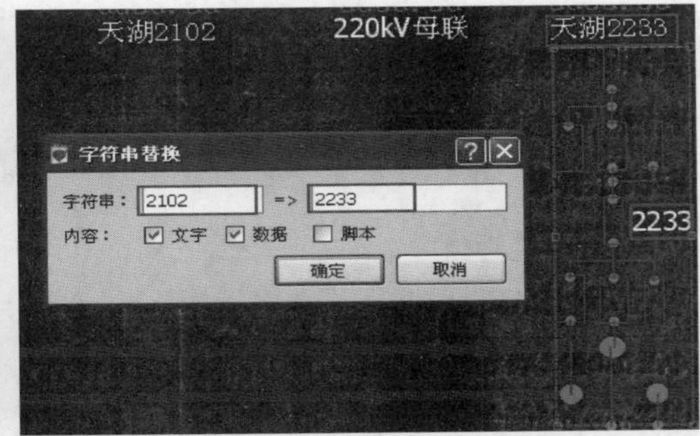

图 6-148 间隔替换

（5）加入新间隔，如图 6-149 所示。

（6）保存并发布新画面，如图 6-150 所示。

（7）填库。将画面开挂刀闸等一次设备，反填到数据库中一次设备间隔下，如图 6-151 所示。

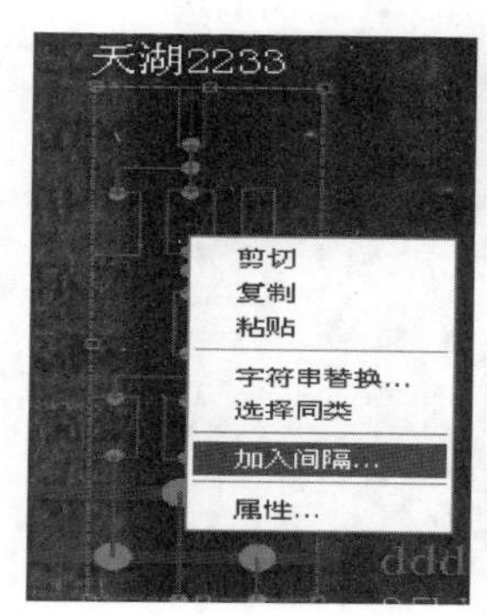

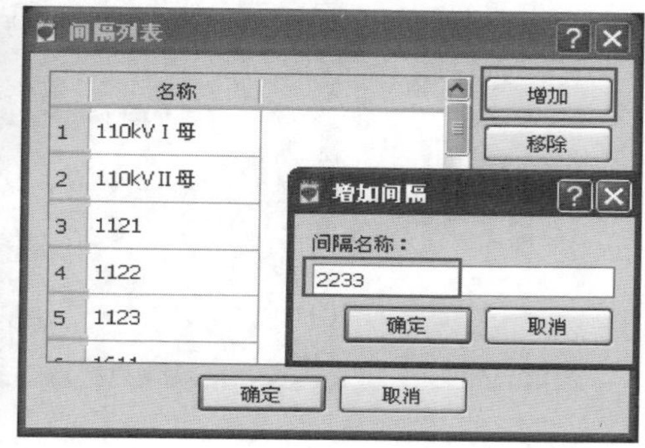

图 6-149 加入新间隔

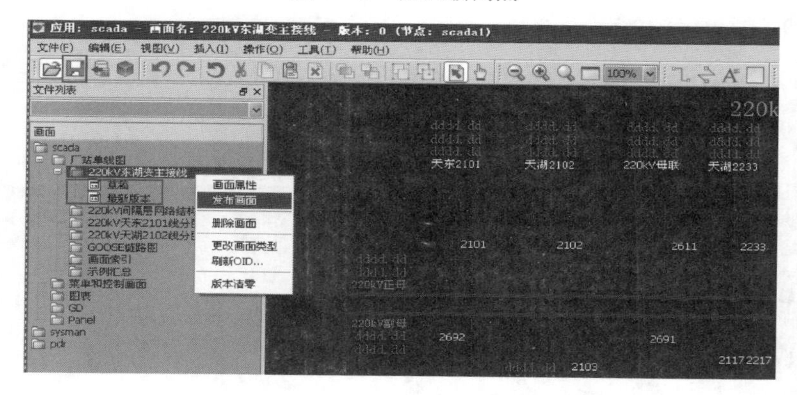

图 6-150 保存并发布新画面

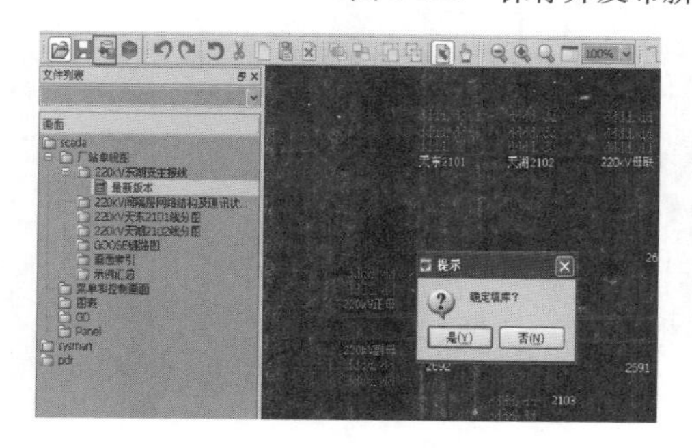

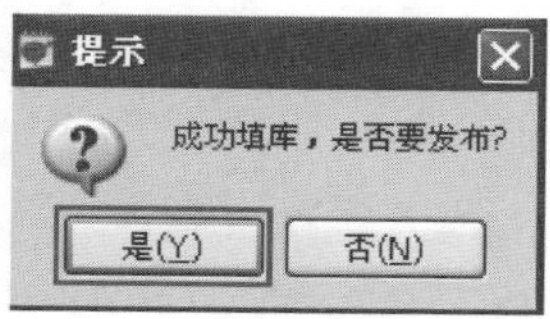

图 6-151 填库

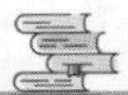

（8）间隔分图制作。选择厂站单线图，右键另存当前画面，输入新名称 Ctrl＋A 全选后，右键—字符串替换，替换新的间隔名称，保存并发布新画面，如图 6-152 所示。

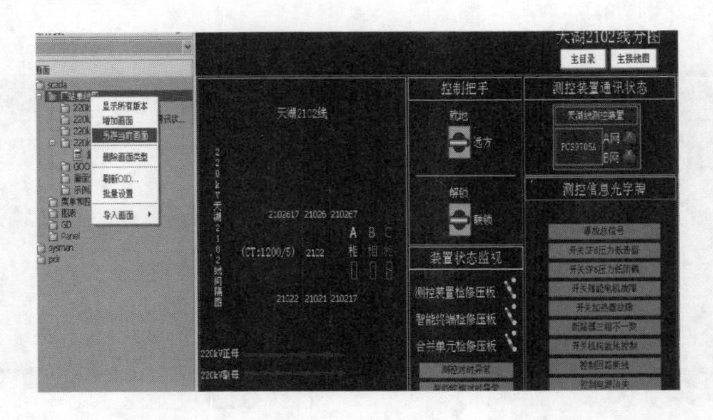

图 6-152 另存新画面

（二）数据库组态

（1）数据库可以通过指令 pcsdbdef 或菜单进入，单击解锁按钮，如图 6-153 所示。

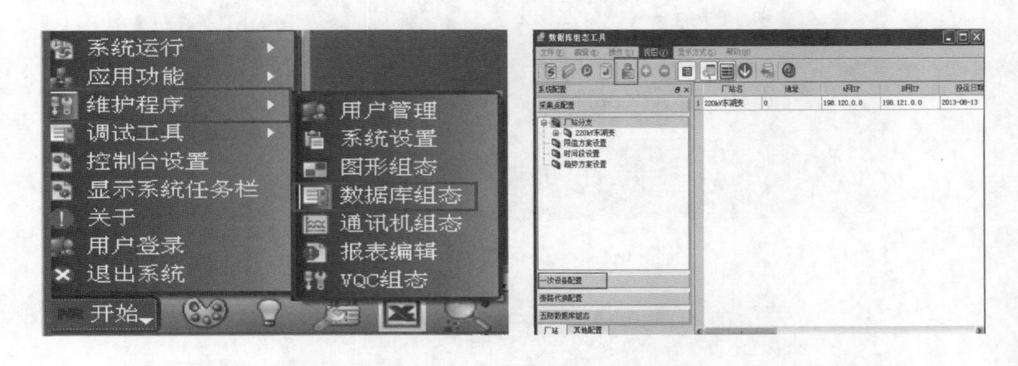

图 6-153 数据库组态解锁

（2）在左侧采集点配置栏中，找到厂站分支，右击变电站名称，选择导入 SCD，在 SCD 中选中新建的间隔，按提示一直默认执行，如图 6-154 所示。

（3）在一次设备配置中，找到该间隔及其一次设备，右击一次设备，关联测点，选择 SCD 中该一次设备的双位置遥信，并作为跳闸判别点，如图 6-155 所示。

图 6-154 导入 SCD

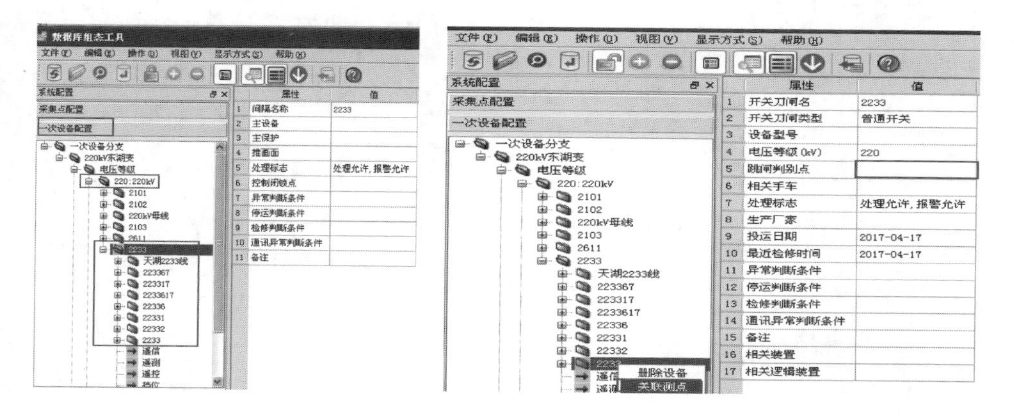

图 6-155 关联测点

（4）在采集点配置-厂站分支中找到该间隔的遥信表，找到一次设备对应的遥信，关联正确的遥信子类型和相关控制点。断路器遥信子类型就选择断路器，闸刀、接地闸刀子类型选择隔离刀闸。断路器相关控制点选择一般遥控，闸刀、接地闸刀选择相应一次设备遥信合位，如图 6-156 所示。

（5）在采集点配置-厂站分支中找到该间隔的遥控表，在开关一般遥控中，添加检无压、检同期、不检的控制点，同时填写一次设备编号。完成后单击数据发布按钮，如图 6-157 所示。

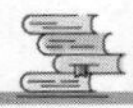

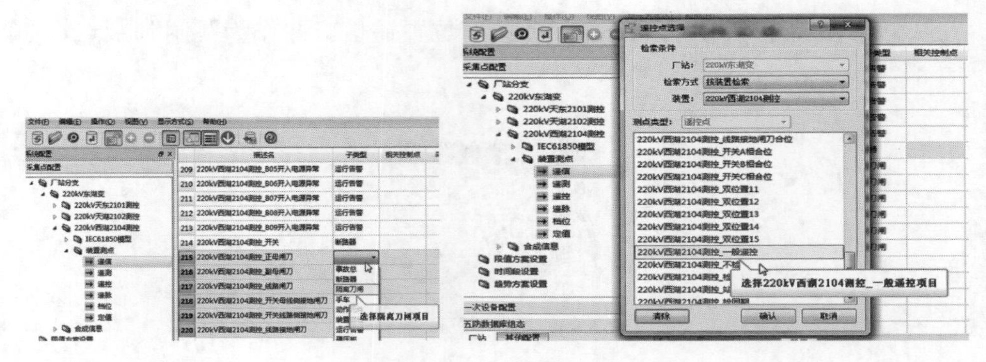

图 6-156 一次设备关联

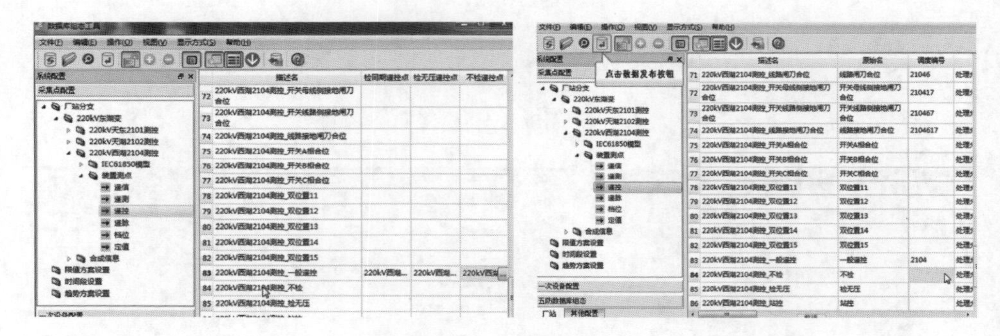

图 6-157 遥控关联

二、北京四方 CSC2000（V2）后台调试

（一）数据库组态

1. 站控层信息入库

SCD 配置文件配置好后，选择“工具→监控 V2→回读生成 V2 实时库”进行操作，如图 6-158 所示。

2. 导入 V2 监控库

系统会默认勾选“是否第一次生成实时库”，如果是第一次生成实时库，默认单击“开始”即可，SCD 成功导入 V2 监控库后，出现如图 6-159 所示提示信息。

如果现场工程不是第一次入库（已有本站 SCD 间隔入库），后续制作 SCD 添加的间隔及装置均会自动入 V2 实时库，无需再次回读 SCD，注意：由于选择第一次入库会导致清库，请确认后再操作。

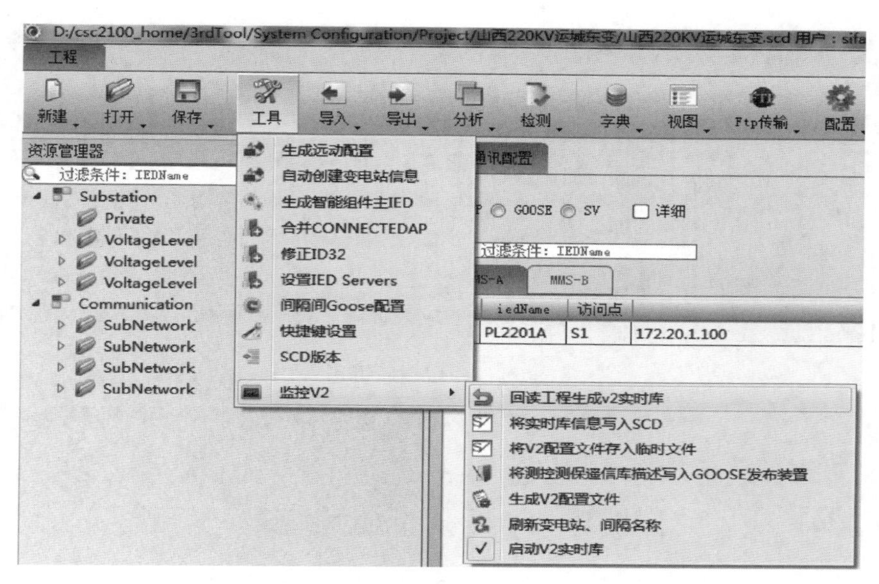

图 6-158　SCD 信息导入数据库

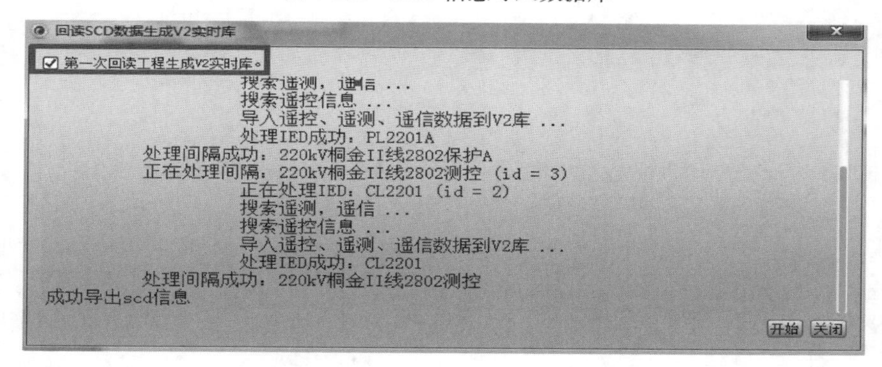

图 6-159　SCD 成功导入 V2 监控库

判断 SCD 是否成功入库，可以打开 V2 监控“开始→应用模块→数据库管理→实时库组态工具”进行查验，如图 6-160 所示。

3. 生成通信配置

V2 监控系统的 IEC 61850 通信是通过读取本地的通信子系统配置文件与装置通信，因此需单击“工具→监控 V2→生成 V2 配置文件”生成 V2 的通信配置文件，如图 6-161 所示。

单击开始生成 V2 配置文件后，选择默认路径生成即可，如图 6-162 所示。

图 6-160　数据库组态

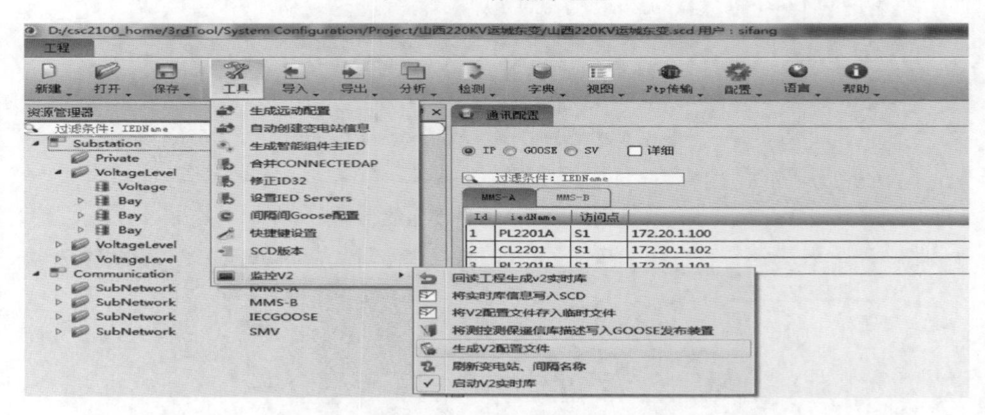

图 6-161　生成通信配置

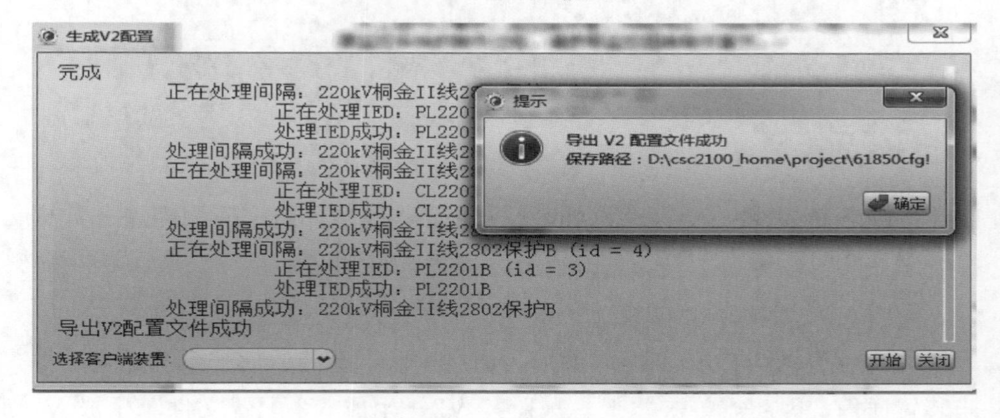

图 6-162　生成 V2 配置

至此，V2 监控就具备了和间隔层装置 IEC 61850 通信的能力。生成通信配置后，监控程序需重启一次方可生效。

4. 四遥属性修改

四遥属性修改包括：遥测信息修改，主要修改描述，系数，存储周期等；遥信信息修改，主要修改描述，遥信类型等；遥控信息修改，主要修改描述，遥控类型等。单击开始→维护程序→数据库组态，如图 6-163 所示。

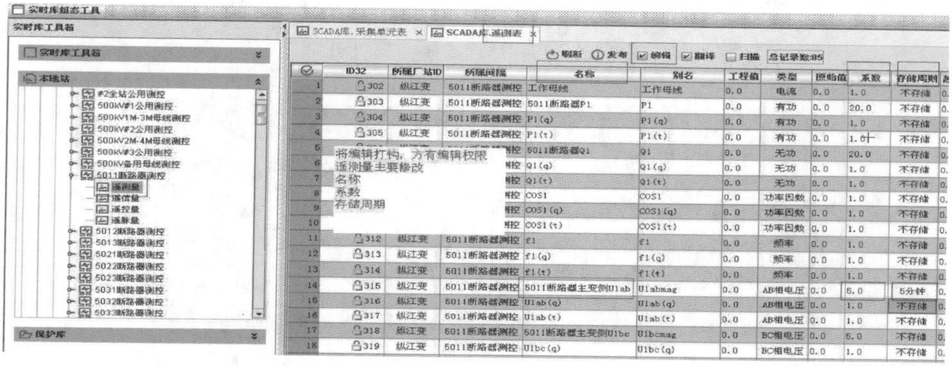

实时库组态工具

实时库工具箱

实时库工具箱

本地站

#2全站公用测控
500KV#1公用测控
500KV1M-3M母线测控
500KV#2公用测控
500KV2M-4M母线测控
500KV#3公用测控
500KV备用母线测控
5011断路器测控
遥测量
遥信量
遥控量
遥脉量
5012断路器测控
5013断路器测控
5021断路器测控
5022断路器测控
5023断路器测控
5031断路器测控
5032断路器测控
5033断路器测控

保护库

SCADA库.采集单元表　SCADA库.遥测表

刷新　发布　编辑　翻译　扫描　总记录数:85

	ID32	所属厂站ID	所属间隔	名称	别名	工程值	类型	原始值	系数	存储周期
1	302	纵江变	5011断路器测控	工作母线	工作母线	0.0	电流	0.0	1.0	不存储
2	303	纵江变	5011断路器测控	5011断路器P1	P1	0.0	有功	0.0	20.0	不存储
3	304	纵江变	5011断路器测控	P1(q)	P1(q)	0.0	有功	0.0	1.0	不存储
4	305	纵江变	5011断路器测控	P1(t)	P1(t)	0.0	有功	0.0	1.0	不存储
5	[illegible]	[illegible]	[illegible]	5011断路器Q1	Q1	0.0	无功	0.0	20.0	不存储
6	[illegible]	[illegible]	[illegible]	Q1(q)	Q1(q)	0.0	无功	0.0	1.0	不存储
7	[illegible]	[illegible]	[illegible]	Q1(t)	Q1(t)	0.0	无功	0.0	1.0	不存储
8	[illegible]	[illegible]	[illegible]	COS1	COS1	0.0	功率因数	0.0	1.0	不存储
9	[illegible]	[illegible]	[illegible]	COS1(q)	COS1(q)	0.0	功率因数	0.0	1.0	不存储
10	[illegible]	[illegible]	[illegible]	COS1(t)	COS1(t)	0.0	功率因数	0.0	1.0	不存储
11	312	纵江变	5011断路器测控	f1	f1	0.0	频率	0.0	1.0	不存储
12	313	纵江变	5011断路器测控	f1(q)	f1(q)	0.0	频率	0.0	1.0	不存储
13	314	纵江变	5011断路器测控	f1(t)	f1(t)	0.0	频率	0.0	1.0	不存储
14	315	纵江变	5011断路器测控	5011断路器主变侧U1ab	U1abmag	0.0	AB相电压	0.0	5.0	5分钟
15	316	纵江变	5011断路器测控	U1ab(q)	U1ab(q)	0.0	AB相电压	0.0	1.0	不存储
16	317	纵江变	5011断路器测控	U1ab(t)	U1ab(t)	0.0	AB相电压	0.0	1.0	不存储
17	318	纵江变	5011断路器测控	5011断路器主变侧U1bc	U1bcmag	0.0	BC相电压	0.0	5.0	不存储
18	319	纵江变	5011断路器测控	U1bc(q)	U1bc(q)	0.0	BC相电压	0.0	1.0	不存储

将编辑打钩，方有编辑权限
遥测量主要修改
名称
系数
存储周期

图 6-163　四遥属性修改

（1）遥测量。主要修改名称、系数、存储周期。电压的系数为 TV 变比的系数，比如现场 TV 变比为 220/100，那么后台实时库这面电压系数就是 2.2，单位 kV；电流系数为现场 TA 变比的系数，比如现场 TA 变化为 600/5，那么后台实时库这面电流就是 120，单位 A；相应 P 和 Q 的系数为 TV 变比乘 TA 变比除以 1000，比如按上述 TV 为 220/100，TA 为 600/5，那么 P 和 Q 的系数为 0.264，单位 MW 和 Mvar。

（2）遥信量。主要修改名称和类型：名称即为现场蓝图确定的描述；类型配置原则为将合位修改为对应一次设备的实际类型，即开关对应断路器，刀闸、接地刀闸对应刀闸，只修改合位对应的类型，分位为默认的通用遥信即可。如图 6-164 所示。

（3）遥控量。主要修改名称和遥信量中描述对应，有双编号要求的填写对应的双编号，类型注意对应正确，如图 6-165 所示。

5. 实时库的修改和保存

只要实时库修改过，都要进行刷新、发布、保存，实时库信息全部保存在 csc2100_home \ project \ support 下，如图 6-166 所示。

所属间隔	名称	别名	工程值	类型
5011断路器测控	中间继电器123	中间继电器123	0	通用遥信
5011断路器测控	中间继电器124	中间继电器124	0	通用遥信
5011断路器测控	中间继电器125	中间继电器125	0	通用遥信
5011断路器测控	中间继电器126	中间继电器126	0	通用遥信
5011断路器测控	中间继电器127	中间继电器127	0	通用遥信
5011断路器测控	2201断路器合位	(DI 1)	0	断路器
5011断路器测控	2201断路器分位	(DI 2)	0	通用遥信
5011断路器测控	22011刀闸合位	(DI 3)	0	刀闸
5011断路器测控	22011刀闸分位	(DI 4)	0	通用遥信
5011断路器测控	220117地刀合位	(DI 5)	0	刀闸
5011断路器测控	220117地刀分位	(DI 6)	0	通用遥信
5011断路器测控	(DI 7)	(DI 7)	0	通用遥信

图 6-164　一次设备遥信属性修改

	ID32	所属厂站ID	双编号	名称	别名	地址1	地址2	地址3	类型
9	273	纵江变		同期节点固定方式	同期节点固定方式	0x6	0x8	0x0	保护压板
10	274	纵江变		同期节点12方式	同期节点12方式	0x6	0x9	0x0	保护压板
11	275	纵江变		同期节点13方式	同期节点13方式	0x6	0xa	0x0	保护压板
12	276	纵江变		同期节点14方式	同期节点14方式	0x6	0xb	0x0	保护压板
13	277	纵江变		同期节点23方式	同期节点23方式	0x6	0xc	0x0	保护压板
14	278	纵江变		同期节点24方式	同期节点24方式	0x6	0xd	0x0	保护压板
15	279	纵江变		同期节点34方式	同期节点34方式	0x6	0xe	0x0	保护压板
16	280	纵江变		就地压板	就地压板	0x6	0xf	0x0	保护压板
17	281	纵江变		解锁压板	解锁压板	0x6	0x10	0x0	保护压板
18	282	纵江变		顺控态	顺控态	0x3	0x80	0x0	其它
19	283	纵江变		设点命令2	设点命令2	0x3	0xc0	0x0	其它
20	284	纵江变		设点命令3	设点命令3	0x3	0xc1	0x0	其它
21	285	纵江变		设点命令4	设点命令4	0x3	0xc2	0x0	其它
22	286	纵江变		设点命令5	设点命令5	0x3	0x81	0x0	其它
23	287	纵江变	2201	2201断路器	RC 4	0x3	0x4	0x0	断路器
24	288	纵江变	22011	22011刀闸	RC 5	0x3	0x5	0x0	刀闸
25	289	纵江变	22017	220117地刀	RC 6	0x3	0x6	0x0	刀闸

图 6-165　遥控设置

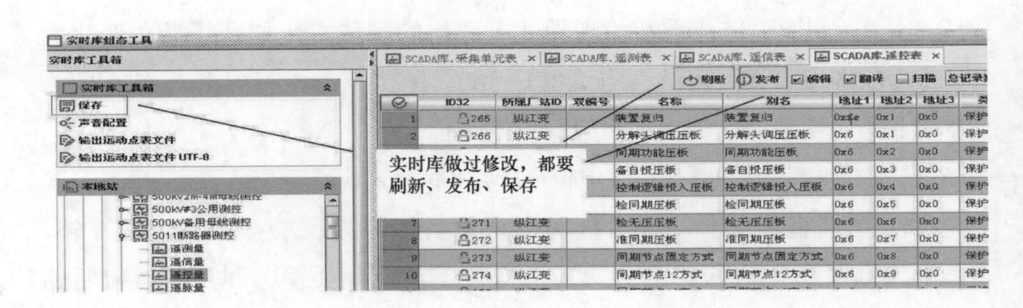

图 6-166　实时库信息保存

（二）图形组态

第一步：绘制主接线图并关联相应遥信、遥控。图类型为主接线图且全站唯一，只有此图可创建设备，形成拓扑。

第二步：主接线图画好后再绘制相应的间隔分图，图类型为间隔分图。

单击系统右下角“开始→维护程序→图形组态”，对监控图形进行维护。

1. 绘制主接线图

图形编辑状态下，新建图形，鼠标单击图形弹出图形属性定义界面，如图 6-167 所示。

图类型选择主接线图，关联公司和厂站为变电站名。注意全站只能有一张“主接线图”类型的图形，用于绘制变电站的一次主接线图，以下关于母线及开关、刀闸、主变压器的绘制都是在“主接线图”类型的图形上实现。

图 6-167 定义图形属性

主接线图有 3 大特点：新建设备；形成拓扑；系统设置。遥控属性里的主界面禁止遥控指的就是图类型为主接线图的图，而不是图名称为主界面的导航图；画主接线图时需用到的工具条如下：

功能按钮主要用于图形跳转、电铃测试、电笛测试、间隔清闪功能；

动态标记主要用于做遥测、光子牌。

主接线图绘制时主要用电力连接线，母线；有潮流要求时用线路，一般画在进线处，下面连接电力连接线；

(1) 母线绘制。

第一步：设置母线宽度。

第二步：单击母线编辑工具。

第三步：按住鼠标左键在图上画出一段母线，如图 6-168 所示。

第四步：选中母线然后双击鼠标左键，编辑母线电力属性，如图 6-169 所示。

第五～九步：编辑母线的数据属性，将母线与母线 TV 采集的电压值进行关联定义，如图 6-170 所示。

(2) 开关、刀闸绘制。

第一步：选择电力连接线工具。

第二步：在图形区域，单击鼠标左键然后松开画出电力连接线。

第三步：选择图元类型及样式，鼠标单击选中。

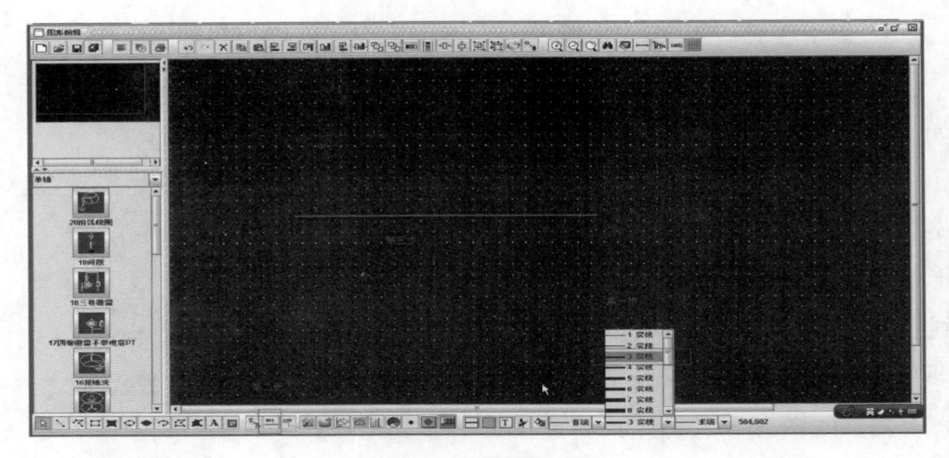

图 6-168　母线绘制

图 6-169　编辑母线电力属性

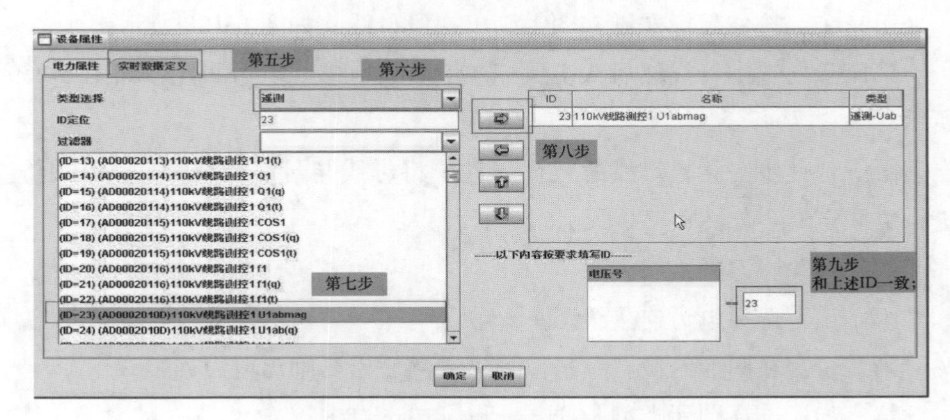

图 6-170　编辑母线的数据属性

第四步：单击连接线的相应位置摆放图元，图元会自动将连接线断开并与之连接，如图 6-171 所示。

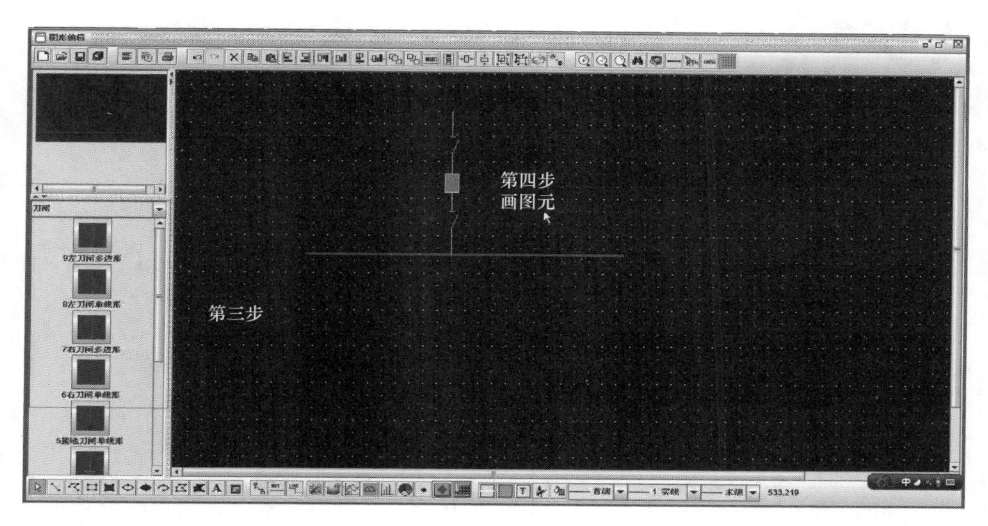

图 6-171　连接图元

第五步：选中图元并双击，定义电力属性，如图 6-172 所示。

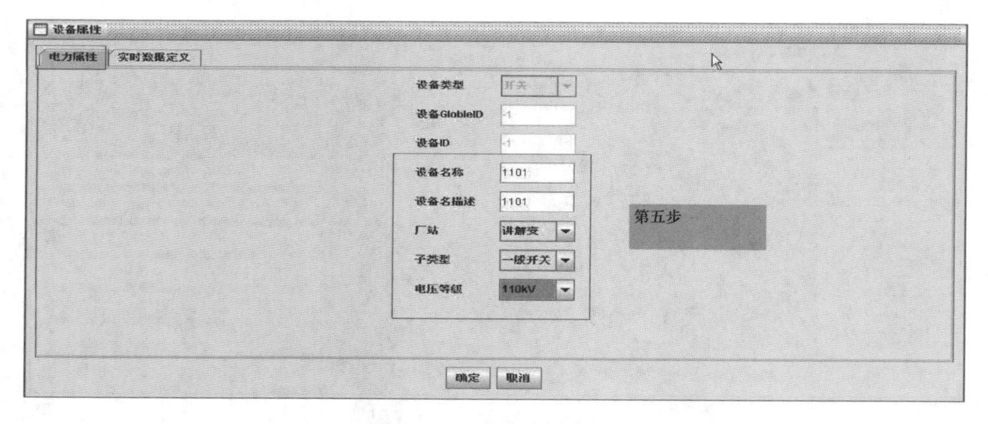

图 6-172　定义电力属性

第六步：选择需要与图元进行数据关联的数据类型，如遥信、遥控。

第七步：选择关联数据。

第八步：单击“⇨”按钮添加，双位置需要同时关联合分位，如图 6-173 所示。同时注意遥信合位和遥控类型对应是否正确，按此方法即可将主接线图绘制完毕。

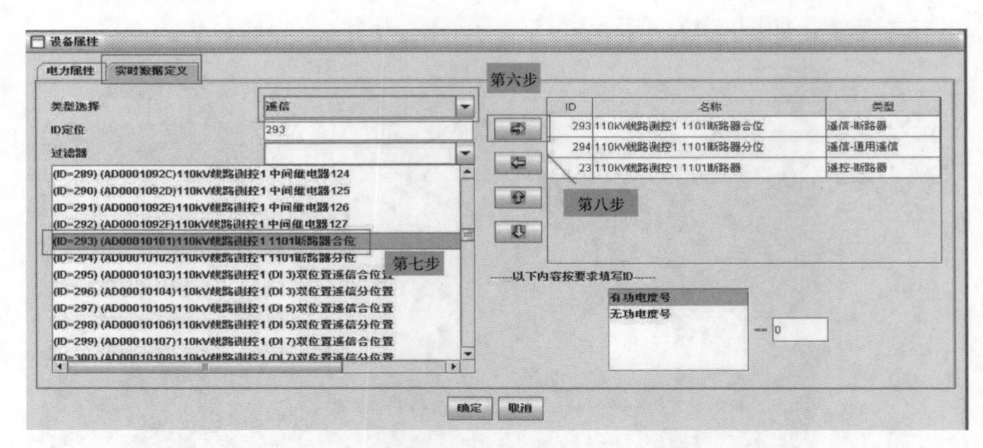

图 6-173　图元与数据关联

2. 绘制分图

间隔分图可仿照如图 6-174 所示的内容绘制，注意所有间隔分图图类型均选择为间隔分图，间隔分图中间接线图部分是从主接线图拷贝到分图的，遥测和光字牌画的是动态标记，压板、远方就地把手画的是虚设备。

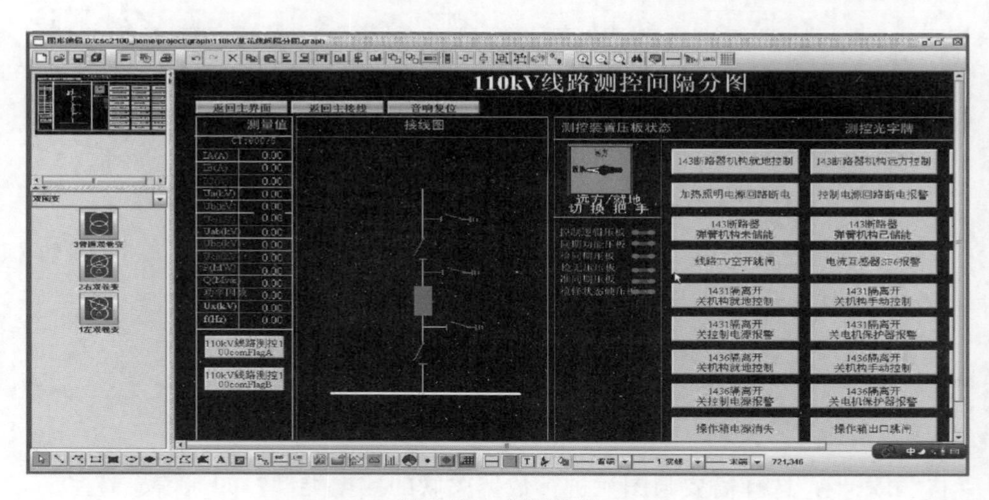

图 6-174　间隔分图

测量具体绘制过程如下：

第一步：选择动态标记。

第二步：在虚线范围内，按住鼠标左键，从左上角至右下角，松开左键，选定一个区域，如图 6-175 所示。

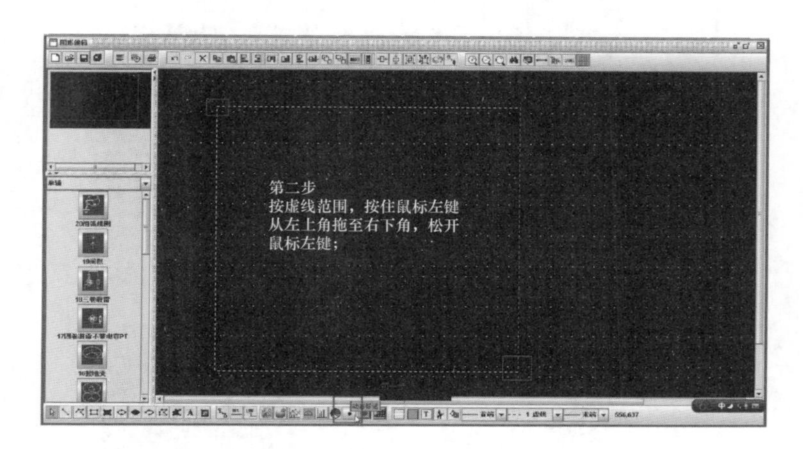

图 6-175　选定区域

第三步：弹出动态标记属性框，类型选择遥测，按住 Ctrl 健可多点进行选择，选择好后按确定，如图 6-176 所示。

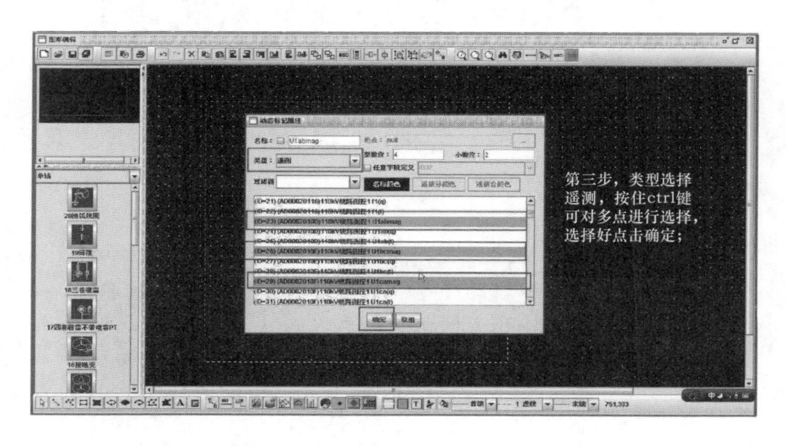

图 6-176　动态标记属性选择

第四步：设置列数，系统会按照设置的列数，在选择的区域将所选的点自动分配，如图 6-177 所示。

第五步：生成效果，如图 6-178 所示。

图 6-177　设置动态标记列数

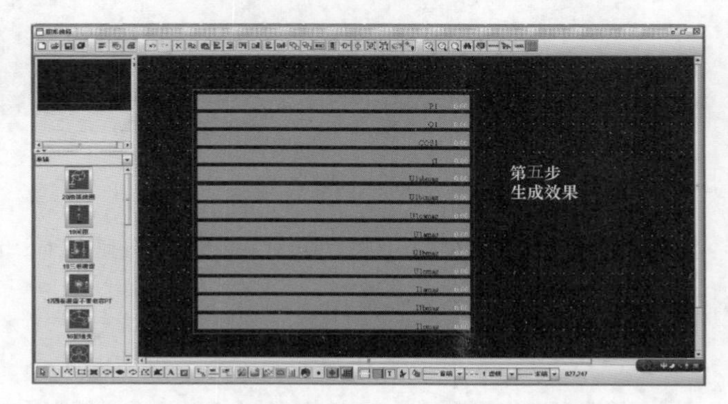

图 6-178　生成效果

第六步：将名称内容更改，如把 Q1 删除，将打勾去掉。名称颜色无需修改，默认即可，如图 6-179 所示。

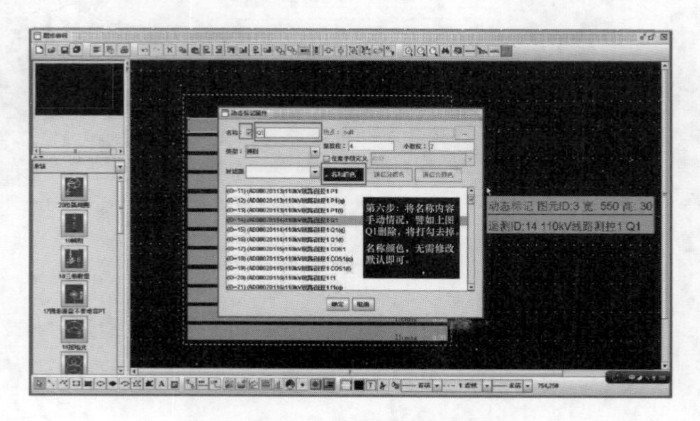

图 6-179　修改名称显示

第七步：定义填充颜色选择为黑色，即和背景颜色一致，如图 6-180 所示。

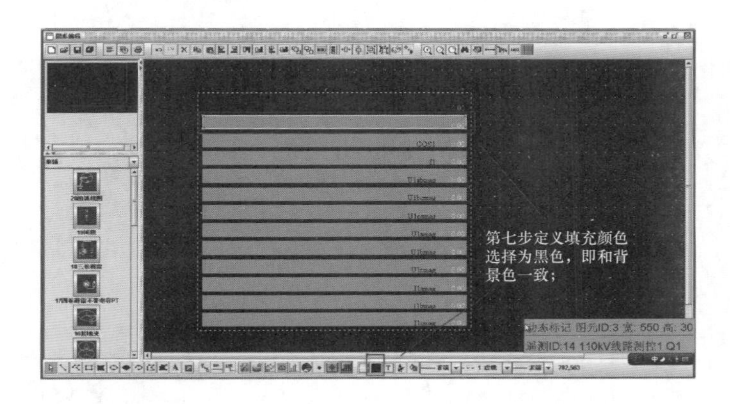

图 6-180　设置背景颜色

第八步：调整大小。比如将之前的扁长形调整成现在的大小，之后先选择修改后的大小，按住 Ctrl 键，鼠标左键再逐次选择其他需调整大小的点。最后单击相同高度和宽度和相应排列，如图 6-181 所示。

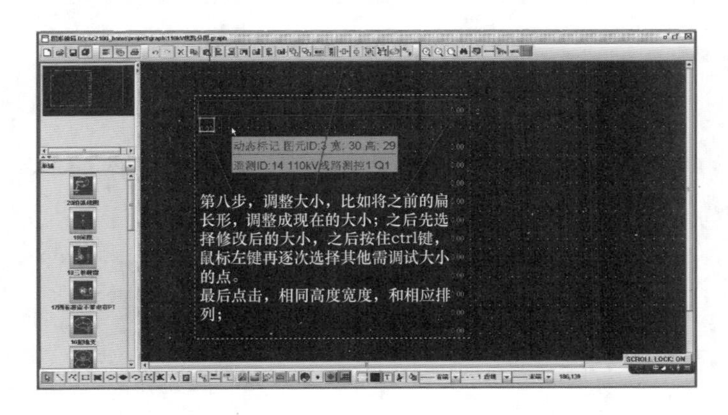

图 6-181　调整窗口大小

第九步：选择文字，鼠标左键拖动，输入内容，文字定义颜色，如图 6-182 所示。

第十步：绘制表格，用如图 6-183 所示的普通线，达成最后效果。

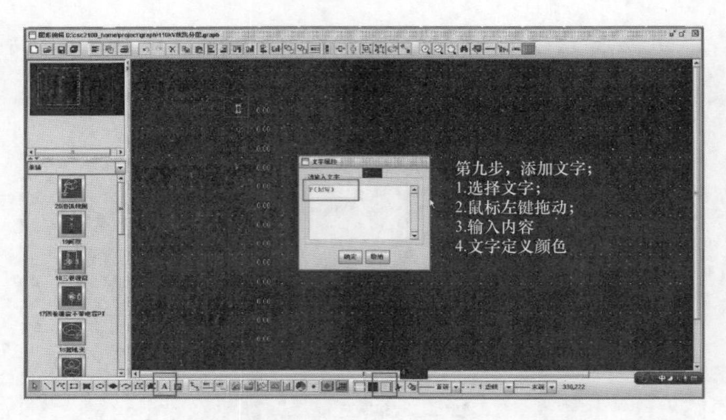

图 6-182　定义文字颜色

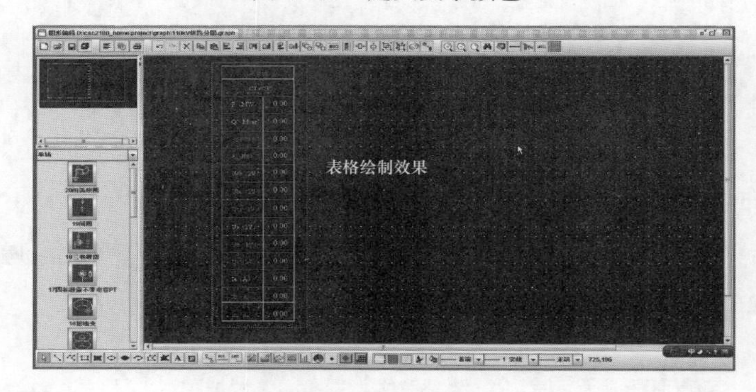

图 6-183　最终效果

3. 光字牌绘制

分图中光字牌绘制和遥测量绘制是相同的，都是动态标记按钮，只是类型选择为光字牌，名称项默认即可，如图 6-184 所示。

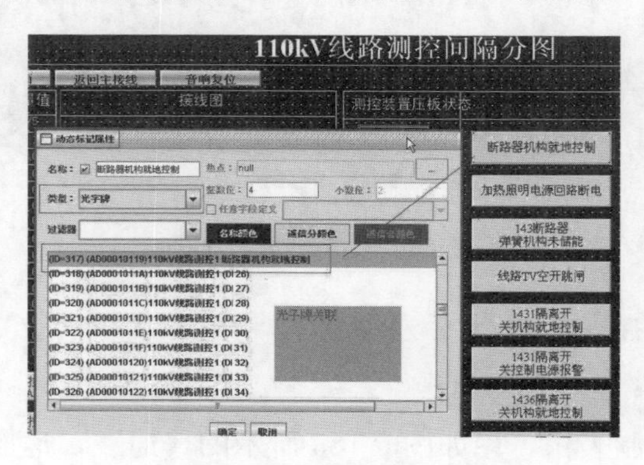

图 6-184　光字牌绘制

4. 压板绘制

压板图元从虚设备选择，关联遥信遥控点，如图 6-185 所示。

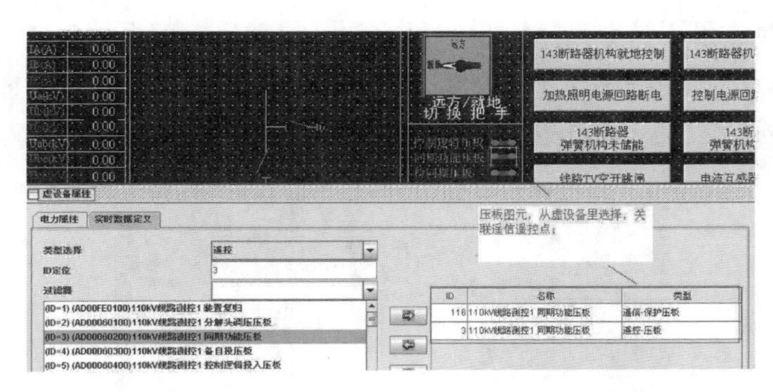

图 6-185 压板绘制

5. 闭锁远方把手绘制

闭锁远方把手为硬开入，只关联一个遥信点。

（三）间隔复制与匹配

为了提高调试效率，同类型（如现场有的 5 个配置一致的线路）间隔的图形可以通过间隔匹配的方式快速制作，包括源间隔或者整张间隔分图都可以快速复制，主要方法示例如下：

先确定需要复制的源间隔或部分分图，将其使用鼠标左键选中后，再单击鼠标右键选择复制；单击右键，选择“间隔匹配”，随后会弹出匹配选择窗口，如图 6-186 所示。

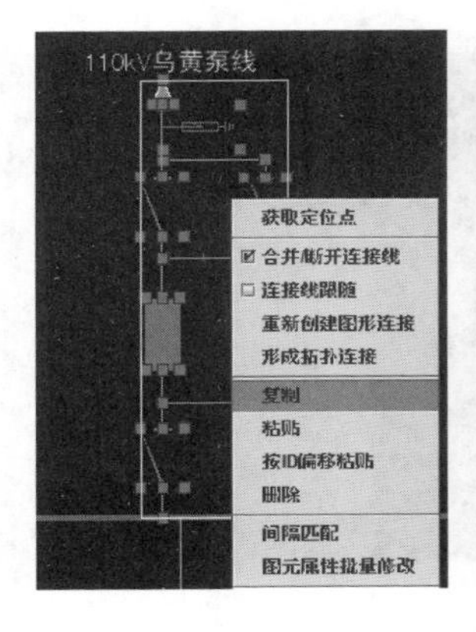

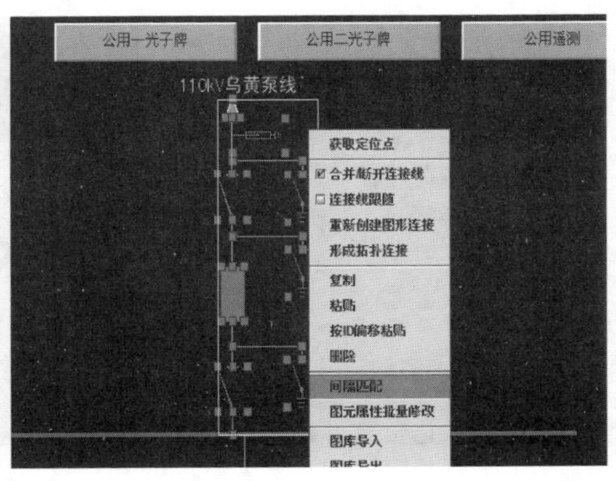

图 6-186 复制间隔

如图 6-187 所示的间隔匹配窗口中，可以看到源间隔为“♯1 主变高压测控”的目标间隔为可选项，比如现在需要快速制作“♯2 主变高压测控”间隔，这时就可以将其选中。单击确定执行成功后，就可以自动生成“♯2 主变高压测控”间隔一次图，此间隔所关联的遥测、遥信、遥控均变更为“♯2 主变测控”，如图 6-187 所示。

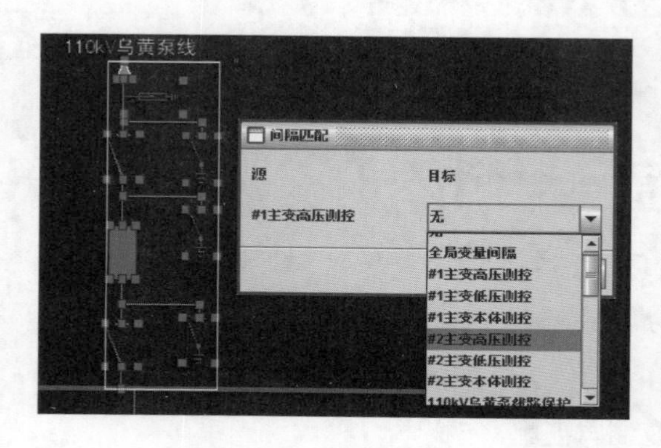

图 6-187　间隔匹配

由于“♯2 主变高压测控”间隔的间隔一次设备名称还没有变化，因此需要批量更改，在♯2 主变间隔分图上，单击鼠标右键，选择“图元属性批量更改”。在弹出的如图 6-188 所示对话框中选择电压等级，并批量修改一次设备编号“应用”即可。至此，一个典型间隔的图形复制匹配制作完毕。

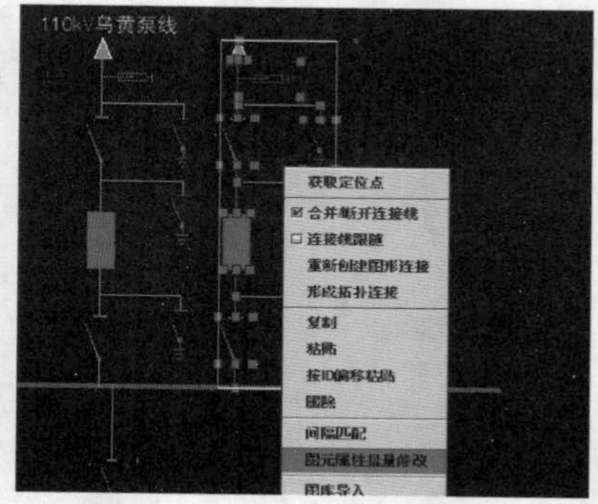

图 6-188　图元属性批量更改

三、南瑞科技 NS3000S 后台调试

（一）数据库组态

将 SCD 文件直接复制到 ns4000/config 目录下，进入“系统组态”，单击菜单栏“工具”，进行导库操作，分为 SCL 解析 scd→dat、61850 数据属性映射模板配置、LN 设备自动生成工具、保护规约导入与导出共四步完成。

1. 删除数据库数据

如原监控系统系统数据空存在数据则需要删除，打开系统组态，选择设备组表，单击左上角全选，删除，保存。选择逻辑节点定义表，单击左上角全选，删除，保存，如图 6-189 所示。

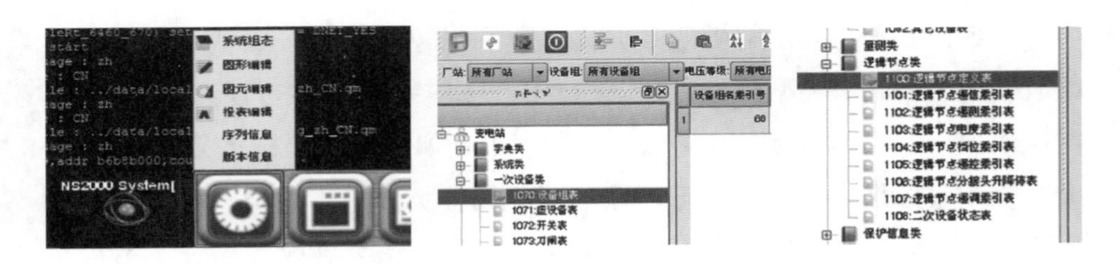

图 6-189　数据库数据清空

2. 导入 SCD

依次单击工具→SCL 解析→文件，打开需导入的 SCD 文件，如图 6-190 所示。

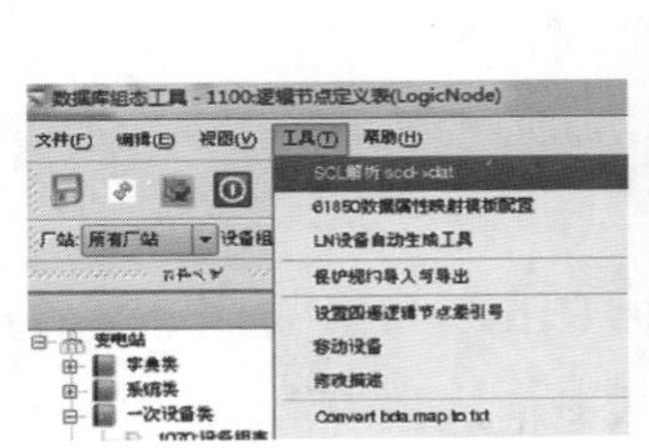

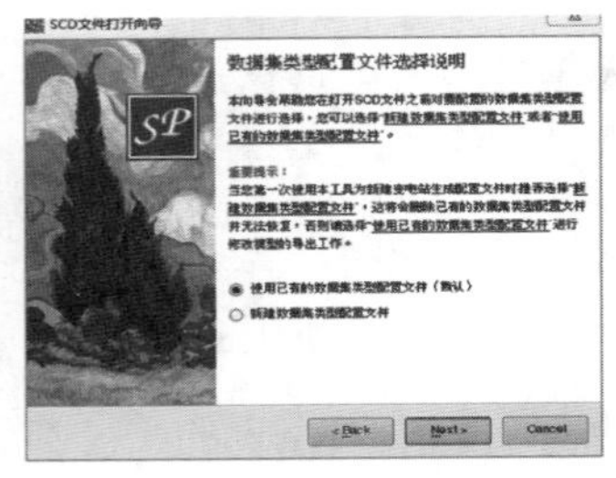

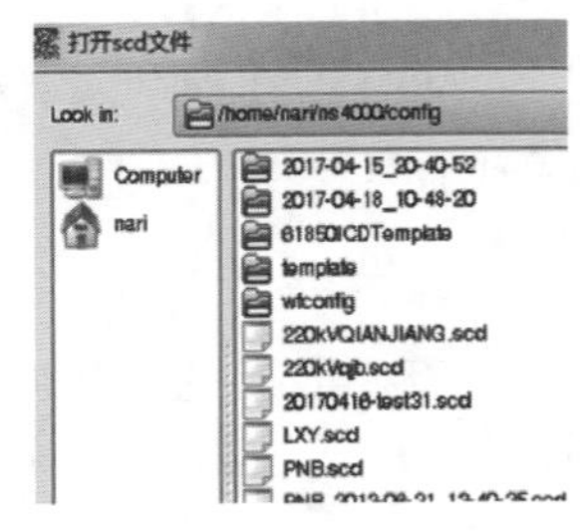

图 6-190　导入 SCD

3. 数据集类型设置

在文件解析后出现以下界面，单击左侧装置名，如图 6-191 所示。

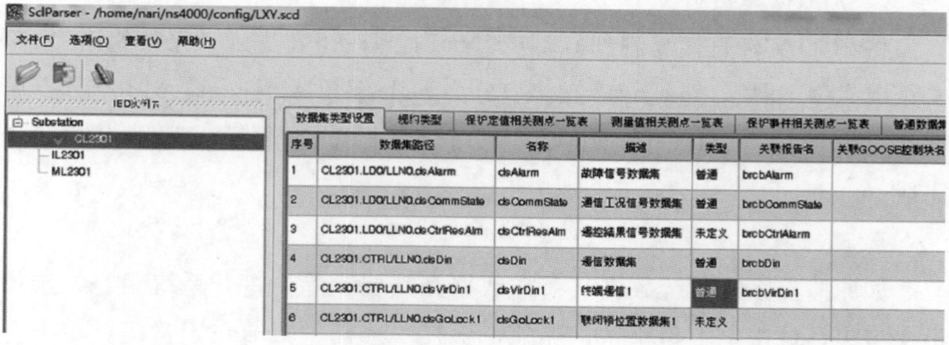

序号	数据集路径	名称	描述	类型	关联报告名	关联GOOSE控制块名
1	CL2301.LDO/LLN0.dsAlarm	dsAlarm	故障信号数据集	普通	brcbAlarm	
2	CL2301.LDO/LLN0.dsCommState	dsCommState	通信工况信号数据集	普通	brcbCommState	
3	CL2301.LDO/LLN0.dsCtrlResAlm	dsCtrlResAlm	遥控结果信号数据集	未定义	brcbCtrlAlarm	
4	CL2301.CTRL/LLN0.dsDin	dsDin	遥信数据集	普通	brcbDin	
5	CL2301.CTRL/LLN0.dsVirDin1	dsVirDin1	终端遥信1	普通	brcbVirDin1	
6	CL2301.CTRL/LLN0.dsGoLock1	dsGoLock1	联闭锁位置数据集1	未定义		

图 6-191 数据集类型设置

在界面右侧将列出解析的数据集名称和描述，及其按照默认文件配置的数据集类型。该类型是可以手动修改的，如果配置为“普通”，则将会把对应数据集配置的测点导入遥信、遥测表中；如果是“未定义”，后台将不会解析该数据集生成测点。可以在不同的标签页预览不同类型的测点。如果配置文件的内容是符合现场工程要求的，则不需要在这里修改。最后单击文件菜单下“导出数据文件”。

4. 61850 数据映射模板配置

依次单击工具 61850 数据映射模板配置，弹出数据属性模板配置窗口，单击“save”即可。

5. 导入 LN

单击“工具”，导入 LN，一路默认“OK”。至此，SCD 文件导入数据库成功。

6. 遥控属性完善

需要遥控的设备在开关表和刀闸表找到“控制 REF”域输入该开关刀闸的 LN 名如图 6-192 所示。控制 REF 的 LN 名从遥信表该开关刀闸位置遥信的“接线端子信息”域中查找。

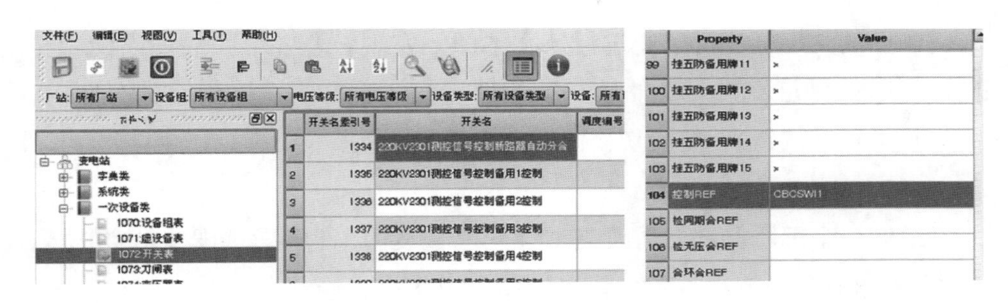

图 6-192　遥控属性设置

7. 遥信、遥测属性配置

对于 61850 通信，遥测表内参数不需要修改，遥信开入描述根据实际名称完善。

8. 配置完成

全部配置完成后，单击左上角保存，数据库配置生效。

（二）图形组态

1. 主接线图绘制

应根据实际情况绘制主接线图，先绘制母线，母线采用母线图元绘制，不要采用直线图元。之后绘制变压器和各间隔，并分别有其对应的开关、刀闸和变压器图元。图元之间的连接采用拓扑连接线。连接过程中，按住“shift”时，拓扑连接线将保持垂直或水平状态。当鼠标变为手形时，表示拓扑线捕获到了连接点，松开鼠标即可自动连接上图元。在图形编辑时，选中图元，打开系统组态，使用拖拽工具。如图 6-193 所示，拖拽工具为工具栏右边第三个图标。单击拖拽工具后，可以直接将系统组态中某个值（如遥信值或者遥测值）单击按住，拖动到标准数据框中再放开鼠标即可。如果是遥信、遥测值，也可以直接将其拖拽到变位图元和动态数据图元上，无需双击图元打开联接框。

图 6-193　拖拽法关联数据

画面的文字标注可以通过插入文本图元实现。若各个间隔如果配置相同，可以将图元及其关联批量复制并批量修改。需要连接到其他分图时，添加热敏点（按钮），然后切换画面到相关分图上。

2. 分图绘制

绘制一个间隔分图，需要展示该间隔接线图（包含了间隔拓扑和位置状态）、间隔遥测信息、光字牌告警和压板状态。绘制一个开关间隔分图，需要画该间隔的接线图和建立具体信息表格。

3. 光字牌

选择光字牌图元拖至编辑画面内，在光字牌的参数设置框内设置光字牌的相关参数，单击“选择测点定义”，弹出光字牌数据连接框，单击“选择测点”，如图 6-194 所示。

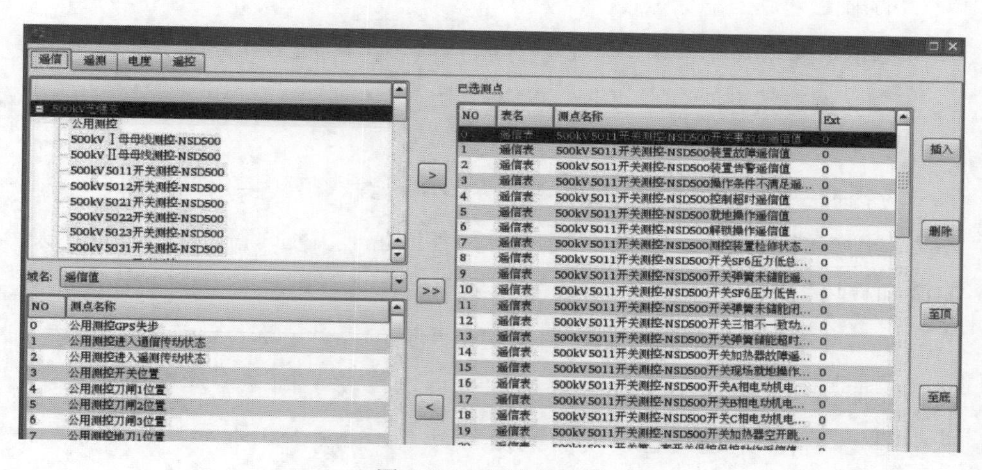

图 6-194 光字牌选择

4. 压板分图

单击压板图元，拖至图内，然后进行数据库连接。

任务十一 智能变电站数据网关机调试

【任务描述】

了解智能变电站数据网关机的主要使用方法；熟悉各个厂家数据网关

机软件的使用；掌握各个厂家数据网关机的配置方法。

【知识要点】

数据网关机：数据网关机可理解为一种通信装置，实现智能变电站与调度、生产等主站系统之间的通信，为主站提供一系列的服务。

规约设置：数据网关机需要配置站内的 IEC 61850 规约信息和对调度的 IEC 104 信息。

【技能要领】

一、南瑞继保 PCS9799 数据网关机调试

1. 打开软件

打开 PCS-COMM 软件，输入密码，如图 6-195 所示。

图 6-195　PCS-COMM 软件登入

2. 新建项目

选择文件→新建项目，根据工程向导填入工程名称和保存路径，如图 6-196 所示。

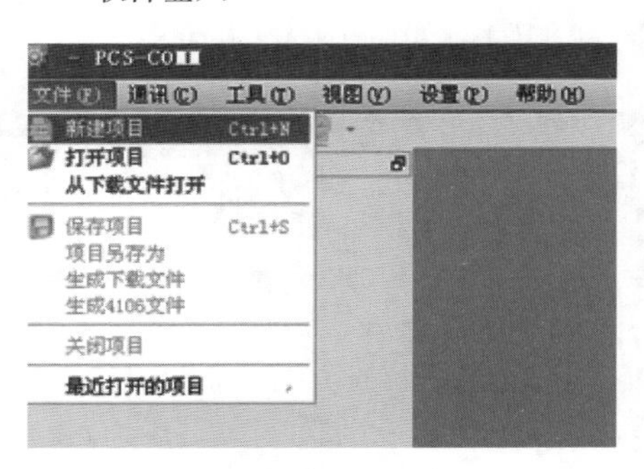

图 6-196　新建项目

3. 导入规约文本

根据工程向导，导入远动规约和站内规约，如图 6-197 所示。

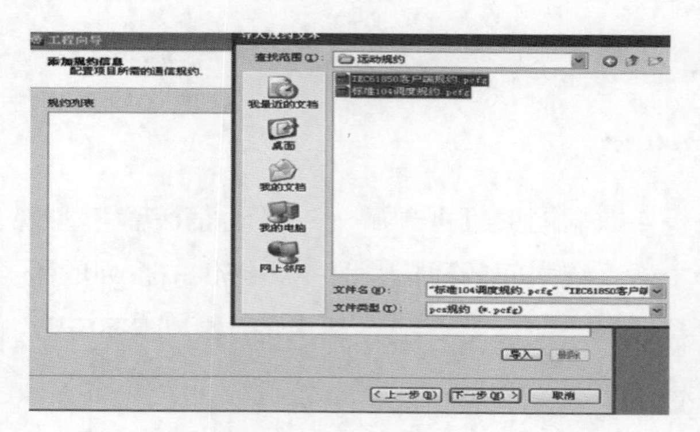

图 6-197 导入规约文本

4. 导入 SCD

导入 SCD 文件，完成工程建立，如图 6-198 所示。

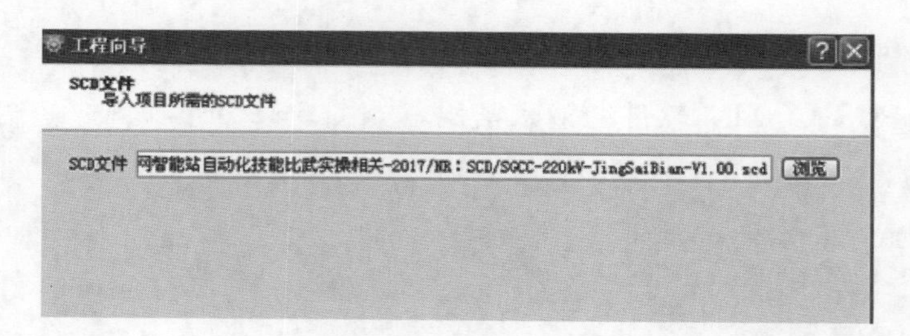

图 6-198 导入 SCD

5. 规约导入

依次单击左侧导航栏→规约配置→板卡 1→连接列表，在右侧空白栏中单击“新建”按钮，新建站内 61850 列表和远动 104 列表。选择规约名称，根据实际修改端口号和网口号。61850 端口号为 6000，远动 104 端口号为 2404，如图 6-199 所示。

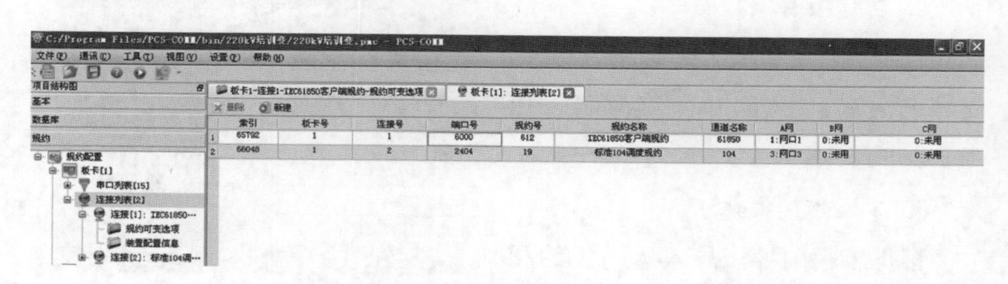

图 6-199 规约导入

6. 配置 61850 规约选项

依次单击左侧导航栏中的规约配置→板卡 1→连接-IEC 61850 客户端规约→规约可变选项，在右侧填写配置选项，主要填写 BRCB 和 URCB 的实例序号，不与后台及其他客户端重复，小于 16。其他值默认，如图 6-200 所示。

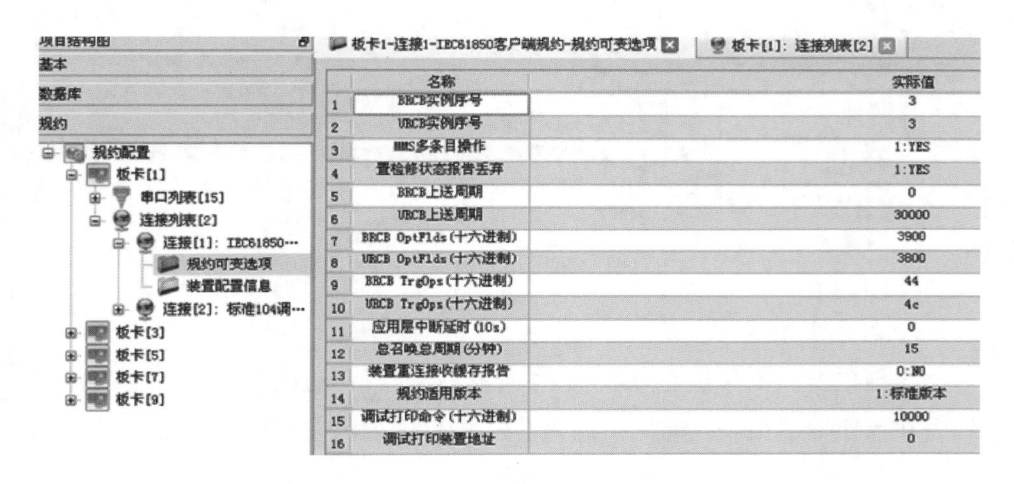

	名称	实际值
1	BRCB实例序号	3
2	URCB实例序号	3
3	MMS多条目操作	1:YES
4	置检修状态报告丢弃	1:YES
5	BRCB上送周期	0
6	URCB上送周期	30000
7	BRCB OptFlds(十六进制)	3900
8	URCB OptFlds(十六进制)	3800
9	BRCB TrgOps(十六进制)	44
10	URCB TrgOps(十六进制)	4c
11	应用层中断延时(10s)	0
12	总召唤总周期(分钟)	15
13	装置重连接收缓存报告	0:NO
14	规约适用版本	1:标准版本
15	调试打印命令(十六进制)	10000
16	调试打印装置地址	0

图 6-200　配置 61850 规约选项

7. 导入站内 IED 装置

依次单击左侧导航栏中的规约配置→板卡 1→连接-IEC 61850 客户端规约→装置配置信息。右侧选择所需导入的测控或者保护装置，智能终端和合并单元不需导入，单击右键，新增装置，如图 6-201 所示。

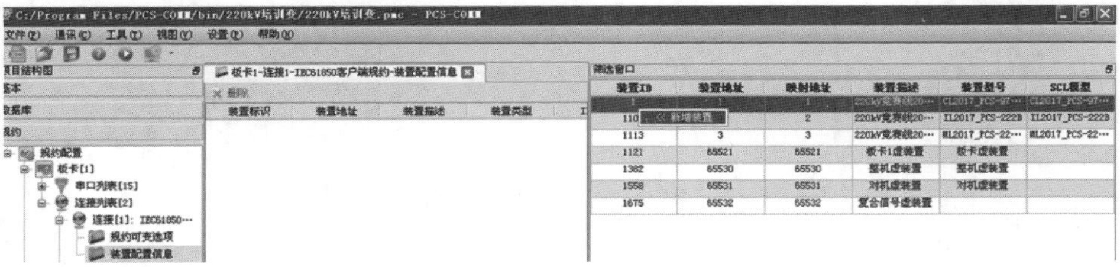

图 6-201　导入站内 IED 装置

8. 远动 104 规约配置

依次单击左侧导航栏中的规约配置→板卡 1→连接-变准 104 调度规

约→规约可变选项，在右侧选择各个模块，配置规约模块、主站 IP，实例号、四遥信息的信息体地址等参数，如图 6-202 所示。

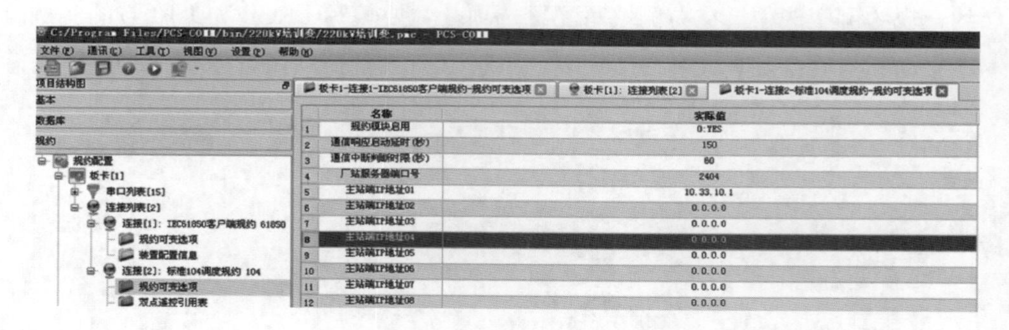

图 6-202　104 规约配置

9. 转发表配置

分别单击左侧导航栏中的规约配置→板卡 1→连接-变准 104 调度规约→双点遥控引用表、遥信引用表、遥测引用表，在右侧选择需要导入的信息，单击右键添加到引用表中，如图 6-203 所示。

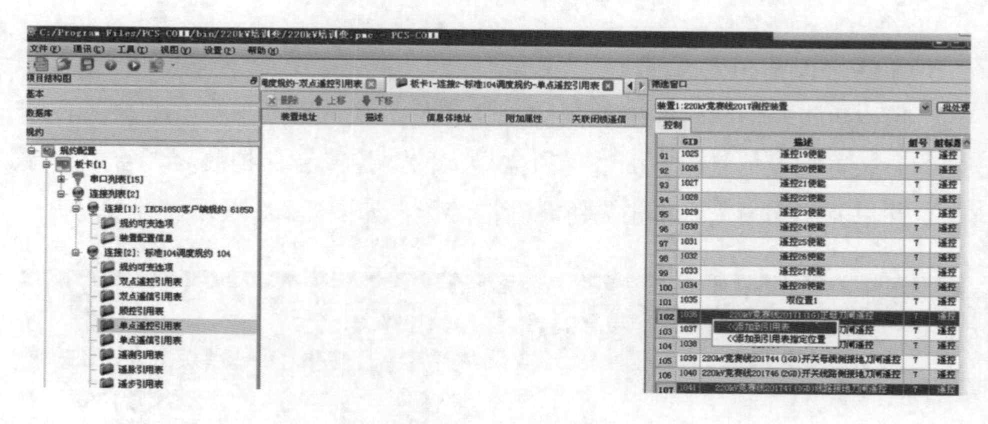

图 6-203　转发表配置

10. 下装配置

依次单击通讯→下载组态，根据提示填好数据网关机 IP，下装配置，根据程序提示，查看是否下装成功，成功后，单击重启管理机，重启数据网关机使配置生效，如图 6-204 所示。

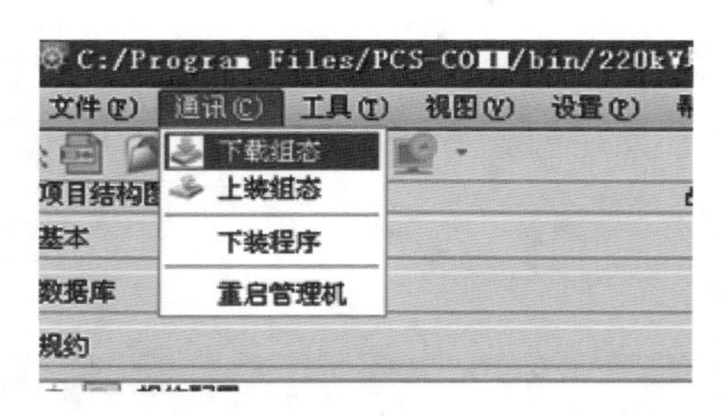

图 6-204　组态下装

二、北京四方 CSC1321 数据网关机调试

（一）生成远动配置信息

首先在 SCD 配置工具，选择工具→生成远动配置信息，在导出远动配置窗口中根据 SCD 中间隔层装置的数量，分配远动 61850 接入插件的数目，然后再生成远动配置。将 SCD 导出的远动配置文件夹中的 61850cfg 文件夹，用 FTP 工具传输到 CSC1321 远动的 61850 接入插件，然后用 telnet 工具登录到此接入插件，输入“C2，3”命令，生成 61850 通讯子系统文件，实例号为 3，如图 6-205 所示。

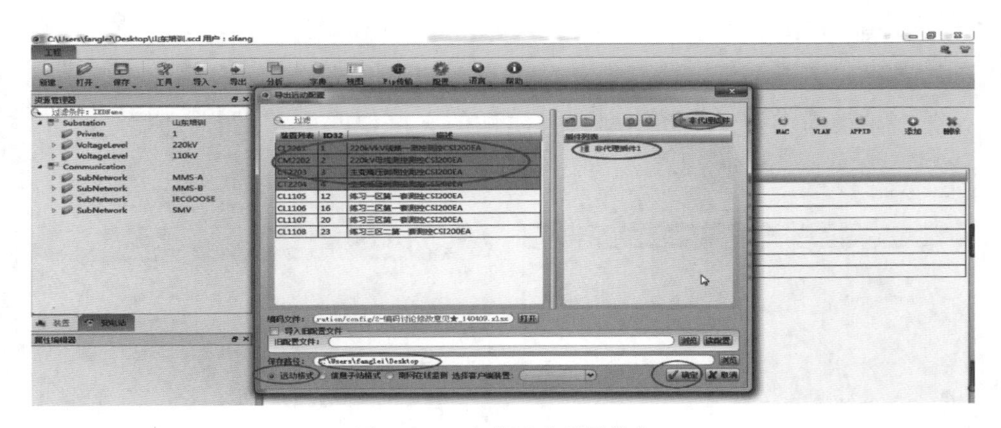

图 6-205　生成远动配置信息

（二）调试

CSC1320 维护工具软件免安装，将 CSC1320 维护工具软件目录复制到用户计算机任意目录下，就可以使用维护工具了。

1. 新工程配置

新工程配置采用“工程向导”的方式来进行，然后按照提示逐步配置进行。单击工程→新建工程向导，输入工程名称后选择“下一步”进行装置插件配置，如图 6-206 所示。

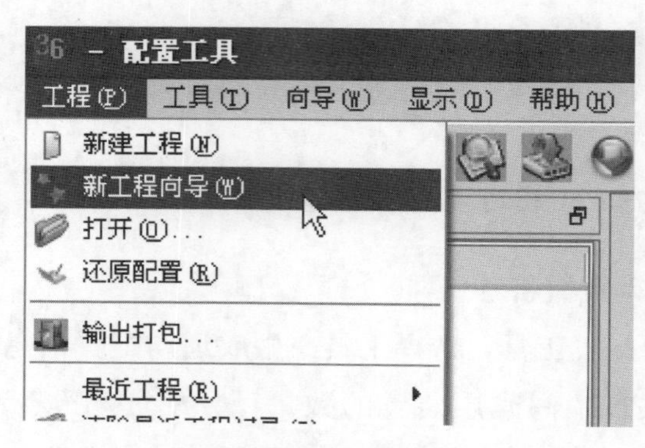

图 6-206 新工程配置

2. 插件分配

插件分配以现场装置实际的硬件配置为准进行设置。现场装置有几个插件就配置几个插件，没有的不用配。单击每个插件，进行插件属性设置：类型是指插件的类型，主要包括电以太、串口插件等，主 CPU 的插件类型固定为电以太网插件；镜像类型是指不同的插件类型由于存储介质的不同又分多种镜像类型；描述指对插件属性的文字说明，无要求，依个人习惯修改，如图 6-207 所示。

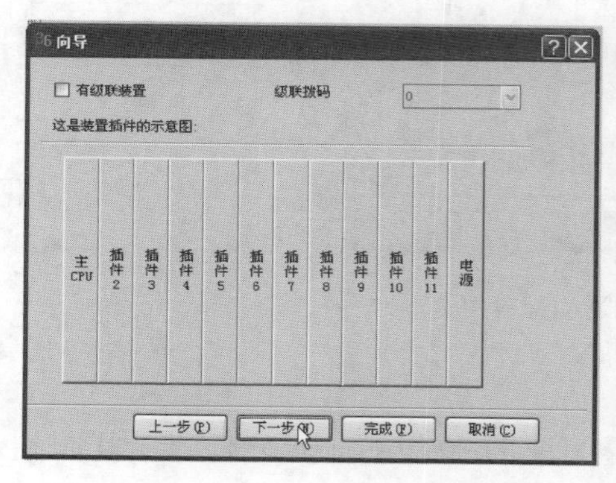

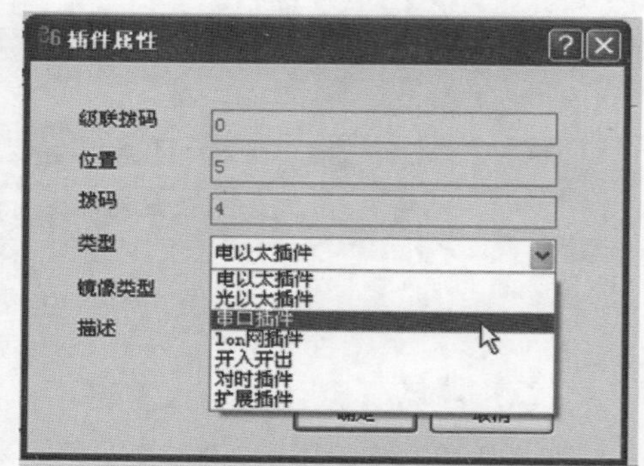

图 6-207 插件分配

3. 配置树状结构

插件分配完成后，单击“完成”，进入树状结构，对每个插件进行具体的功能设置，如图 6-208 所示。

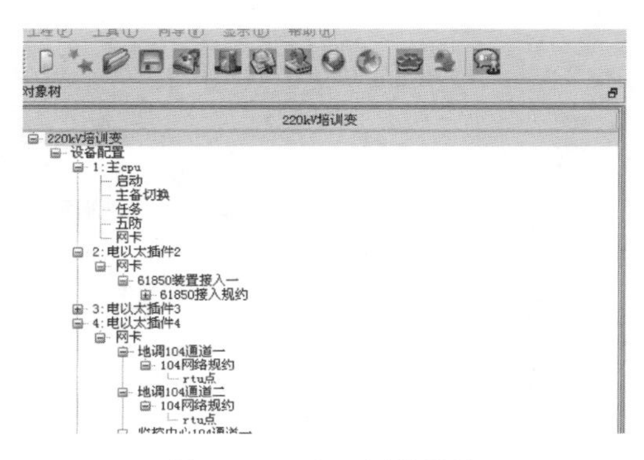

图 6-208 配置树状结构

4. 插件功能设置

(1) 因主 CPU 插件承担信息存储的作用，现场无特殊要求一般不做相关设置，采用默认设置即可。

(2) 61850 规约接入设置。左键单击相应“以太网插件”，可进行“IP 地址”“路由配置”“看门狗”“时区”“调试任务启动”等设置，IP 地址设置为站内统一分配的地址，子网掩码固定为 255.255.255.0，不需要路由设置，其他项采用默认设置即可。右键单击“以太网插件”下的“网卡”添加“通道”并给通道关联相应的规约，如图 6-209 所示。

图 6-209 61850 规约接入

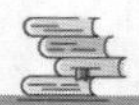

（3）导入变电站装置信息。再右击61850接入规约，选择从监控导入，导入SCD配置工具生成的远动配置信息，完成变电站装置信息导入，如图6-210所示。

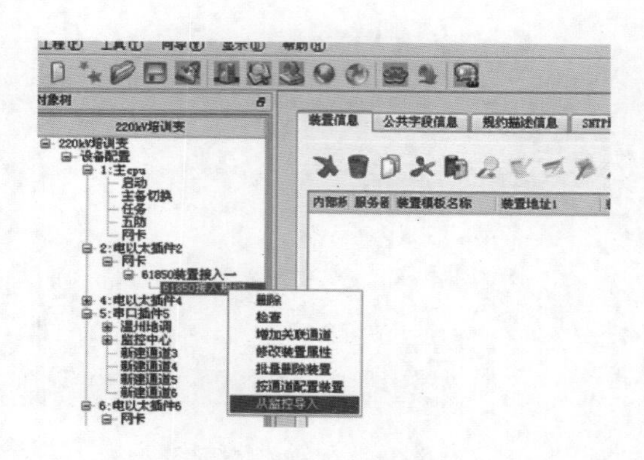

图6-210 变电站装置信息导入

（4）104规约设置。单击用作远动通讯的电以太网插件，在右边窗口对“IP地址配置信息”“路由配置信息”等项进行相关设置。右键单击下电以太网插件的“网卡”添加“通道”并给通道关联相应的规约，同时设置调度远端的IP地址和端口号2404，如图6-211所示。

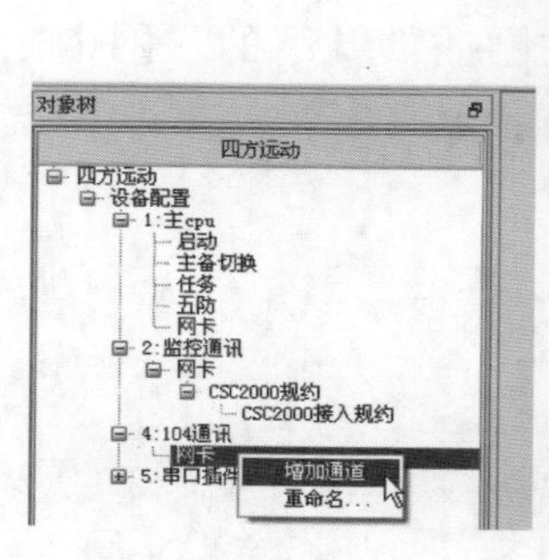

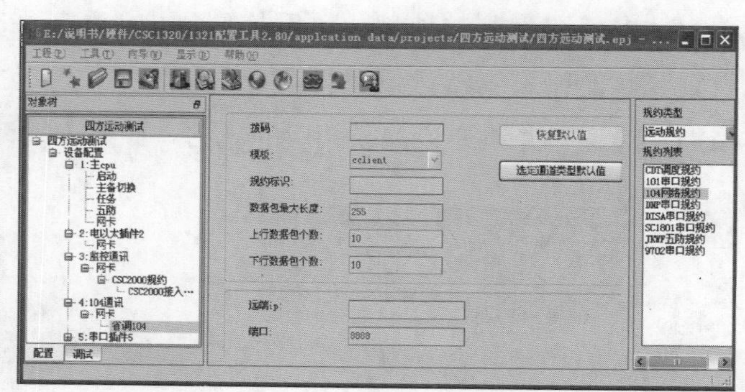

图6-211 104规约接入

通道添加后单击“104网络规约”，在右边窗口中的“公共字段信息”“规约字段信息” “TRU字段信息”处进行相关设置。其他项默认，如图6-212所示。

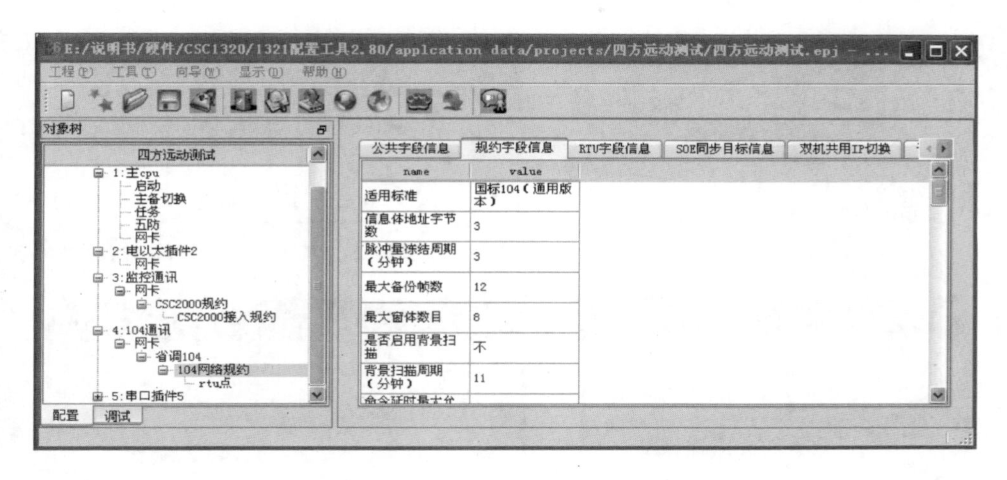

图 6-212　104 网络规约设置

(5) 四遥点表配置。单击“RTU”，选择右侧相应的遥信信息、遥测信息、遥控信息，同时选择设备列表内的装置，右击选中需加入转发表的信息。按照调度下发点表序号修改点号，点号为十六进制，如图 6-213 所示。

图 6-213　转发表配置

(6) 输出打包及配置下装。“输出打包”生成远动配置文件后，对装置下装配置，配置工具有权限管理，下装时会要求登录，输入用户名，密码，选择“超级用户”。登录完成后会提示 FTP 登录，即通过 FTP 方式下装配置，远方调试地址即主 CPU 的调试地址“192.188.234.1”，输入用户名密码，路径根据镜像类型不同自动生成，不需修改，下装成功后提示是否重启，选择重启，也可以关闭装置电源重启，工程配置完成，如图 6-214 所示。

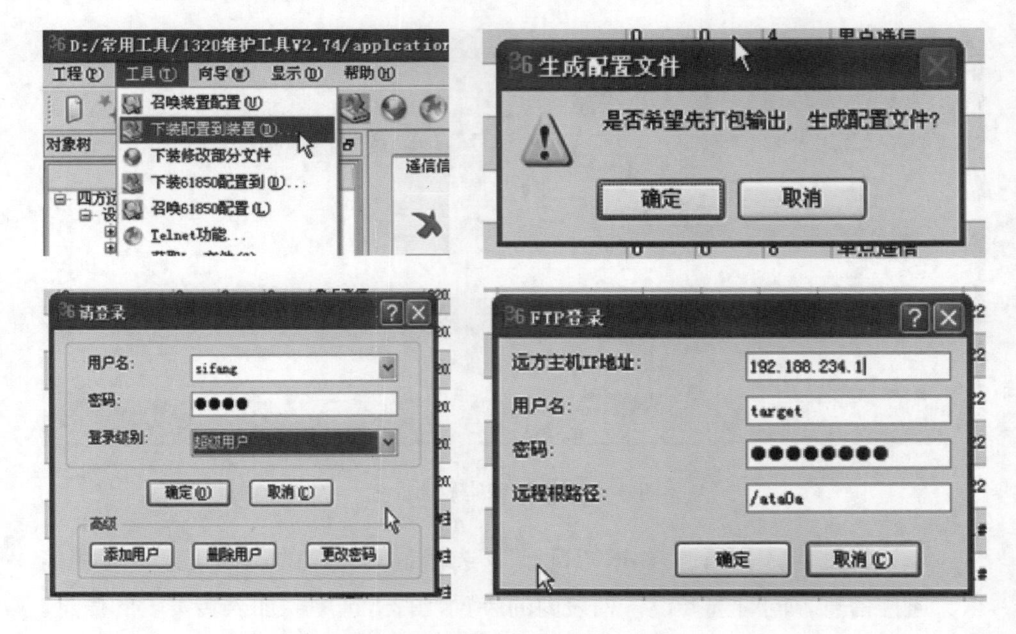

图 6-214 输出打包及配置下装

三、南瑞科技数据网关机调试

1. 数据网关机配置界面

把后台备份文件复制到数据网关机后，在远动机恢复备份，打开控制台，切换到 ns4000/bin 目录下，输入 frcfg，系统弹出界如图 6-215 所示。

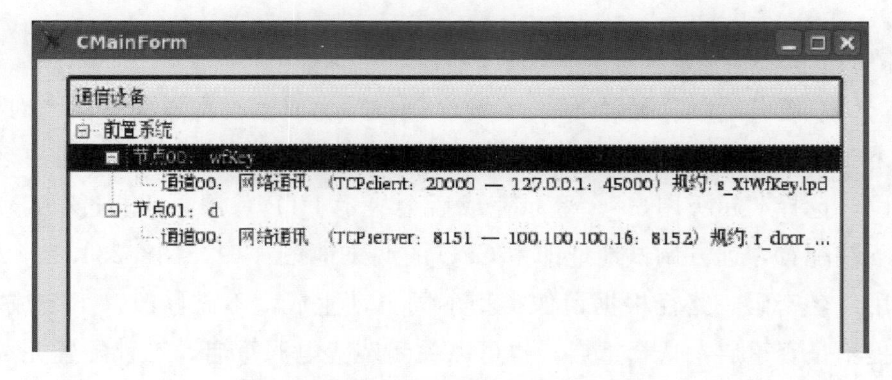

图 6-215 数据网关机配置界面

2. 配置节点和通道数

如图 6-216 所示界面为通道配置界面，鼠标右键单击前置系统，可以增加节点数，节点 02 为新添加节点，然后在节点 2 中添加节点名称和通道数。

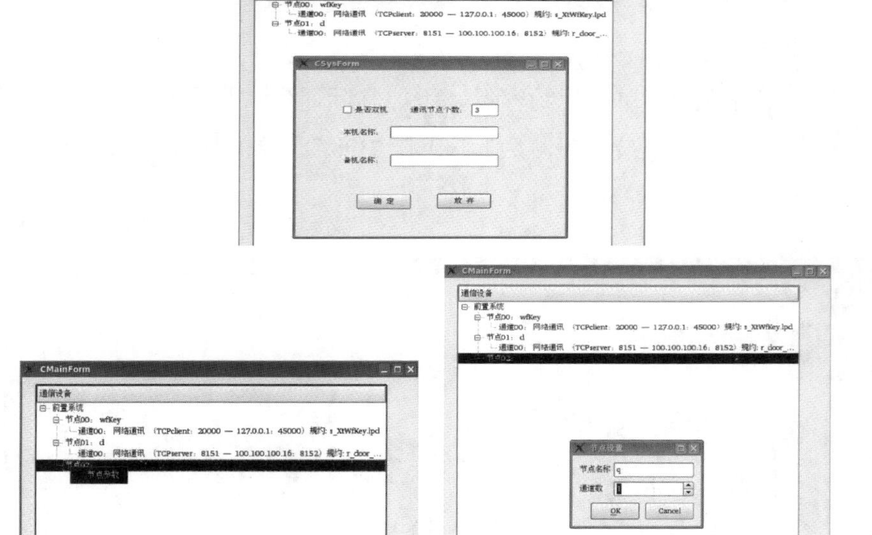

图 6-216　配置节点和通道数

3. 通道配置

鼠标右键单击新建立的通道，进行通道配置，在通道设置界面，进行网络通信配置，如图 6-217 所示。

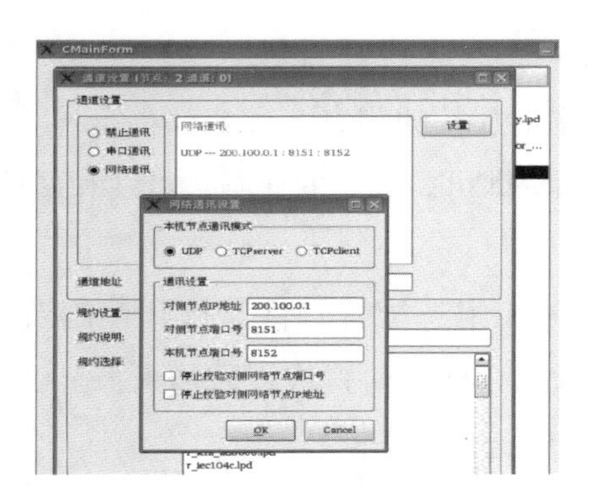

图 6-217　通道配置

其中，TCPserver为接收装置（IP设置为对侧节点IP地址）报文的模式，TCPclient为发送到装置（IP设置为对侧节点IP地址）报文模式，对侧节点IP地址填写连接服务器的装置的IP，对侧和本侧节点端口号按说明进行填写，一般本机为2404，对侧默认，勾上停止校验对侧网络节点端口号，单击“OK”。

4. 规约设置

选择正确规约，单击规约容量，添加实际遥信（规定小于最大遥信数）、实际遥测（规定小于最大遥测数），单击“OK”，单击规约组态，如图6-218所示。

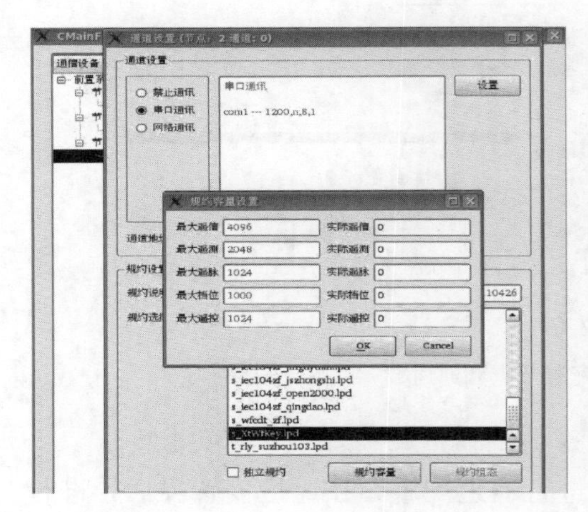

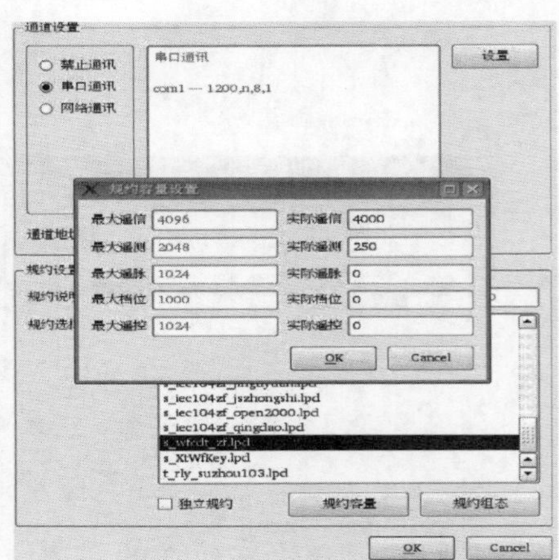

图6-218 规约设置

5. 转发表配置

以遥信为例，如果对遥信的测点名称全部进行导入，即可鼠标单击，如图6-219所示，单击确定即可。相应的遥测、电度和遥控的配置方法相同。

6. 配置结束

全部配置好后，关闭组态配置软件，打开控制台，切换到ns4000/bin目录下，输入pkill front，删掉前置进程后输入front& 重启进程。

遥信
遥测
电度
遥控
bdz
NS3670的61850模型
单相交流电流
域名:
遥信值
NO
测点名称
0 NS3670的61850模型差动速断软压板
1 NS3670的61850模型比率差动软压板
2 NS3670的61850模型过流1段软压板
3 NS3670的61850模型过流2段软压板
4 NS3670的61850模型过流3段软压板
5 NS3670的61850模型零流1段软压板
6 NS3670的61850模型零流2段软压板
7 NS3670的61850模型过负荷软压板
8 NS3670的61850模型零序过压软压板
9 NS3670的61850模型非电量1软压板
10 NS3670的61850模型非电量2软压板
11 NS3670的61850模型非电量3软压板
12 NS3670的61850模型非电量4软压板
13 NS3670的61850模型对象22
14 NS3670的61850模型对象23
15 NS3670的61850模型对象24
16 NS3670的61850模型GOOSE出口1软压板
17 NS3670的61850模型GOOSE出口2软压板
18 NS3670的61850模型GOOSE出口3软压板
>
>>
<
<<
已选测点
NO
表名
测点名称
Ext
312 遥信表 NS3670的61850模型遥控执行遥信值 0
313 遥信表 NS3670的61850模型遥控执行失败遥信值 0
314 遥信表 NS3670的61850模型遥控执行成功遥信值 0
315 遥信表 NS3670的61850模型出口模拟试验遥信值 0
316 遥信表 NS3670的61850模型实遥信模拟试验遥信值 0
317 遥信表 NS3670的61850模型虚遥信模拟试验遥信值 0
318 遥信表 NS3670的61850模型GOOSE发模拟试验遥信值 0
319 遥信表 NS3670的61850模型GOOSE收模拟试验遥信值 0
320 遥信表 NS3670的61850模型测量模拟试验遥信值 0
321 遥信表 NS3670的61850模型修改定值区号遥信值 0
322 遥信表 NS3670的61850模型修改定值遥信值 0
323 遥信表 NS3670的61850模型修改装置参数遥信值 0
324 遥信表 NS3670的61850模型修改测量校正系数遥信值 0
325 遥信表 NS3670的61850模型修改遥信配置遥信值 0
326 遥信表 NS3670的61850模型修改遥信去抖时间遥信值 0
327 遥信表 NS3670的61850模型修改虚遥控值遥信值 0
328 遥信表 NS3670的61850模型测控标准遥测线路X相瞬时... 0
329 遥信表 NS3670的61850模型测控标准遥测线路X相永久... 0
330 遥信表 NS3670的61850模型测控标准遥测线路相间或三... 0
331 遥信表 NS3670的61850模型测控标准遥测线路手合于故... 0
332 遥信表 NS3670的61850模型测控标准遥测线路接受远跳... 0
333 遥信表 NS3670的61850模型测控标准遥测线路重合闸时... 0
334 遥信表 NS3670的61850模型测控标准遥测重合闸整组复... 0
335 遥信表 NS3670的61850模型测控标准遥测线路X相瞬时... 0
336 遥信表 NS3670的61850模型测控标准遥测线路X相永久... 0
337 遥信表 NS3670的61850模型测控标准遥测线路相间或三... 0
338 遥信表 NS3670的61850模型测控标准遥测线路手合于故... 0
339 遥信表 NS3670的61850模型测控标准遥测线路接受远跳... 0
340 遥信表 NS3670的61850模型测控标准遥测线路重合闸时... 0
341 遥信表 NS3670的61850模型测控标准遥测重合闸整组复... 0
342
343
插入
删除
至顶
至底
上移
下移
确定
取消
导入
导出
导出为文本

图 6-219 转发表配置

项目七

常规变电站保护装置调试

【项目描述】

本项目包含常规变电站电流互感器极性识别、南瑞继保 RCS931 保护装置调试 、北京四方 CSC103 保护装置调试、南瑞继保 RCS978 保护装置调试、国电南自 PST1200 保护装置调试、南瑞继保 RCS915 保护装置调试、长园深瑞 BP2B 保护装置调试等内容。通过概念描述、原理分析、案例分析，了解保护装置结构，熟悉保护装置的原理，掌握保护装置的调试方法等内容。

任务一 常规变电站电流互感器

【任务描述】

本任务主要讲解变电站电流互感器的结构、作用及极性试验等内容。通过电流互感器原理分析、图解示意和案例分析等，了解电流互感器在继电保护系统的作用及重要性，熟悉电流互感器安装注意事项，掌握电流互感器极性试验等内容。

【知识要点】

主要包括电流互感器二次回路一点接地的原因及危害、电流互感器极性的定义及电流互感器二次极性的确定等。通过案例分析，证明电流互感器安装、接线在继电保护专业的重要性。

【技能要领】

一、电流互感器一点接地的原因

交流量的 N 端接地点只能有一处，TA 本体处一般不接地。要求一面屏上的所有交流电流量的 N 端接地点短接在一起，并在本盘接地排上接地，接地排再通过大于 $100mm^2$ 电缆线接入控制室接地网，然后控制室接地网要通过专用接地电缆与升压站设备本体处接地网连通，保证两网间压降小于一定数值。

电流互感器在二次侧必须有一点接地，目的是防止两侧绕组的绝缘击穿后一次高电压引入二次回路造成对设备与人身的伤害。同时，电流互感器也只能有一点接地，如果有两点接地，电网之间可能存在的潜电流会引起保护等设备的不正确动作。如图 7-1 所示，因为潜电流 I_X 的存在，所以流入保护装置的电流 $I_Y \neq I$，当取消多点接地后 $I_X=0$，则 $I_Y=I$。

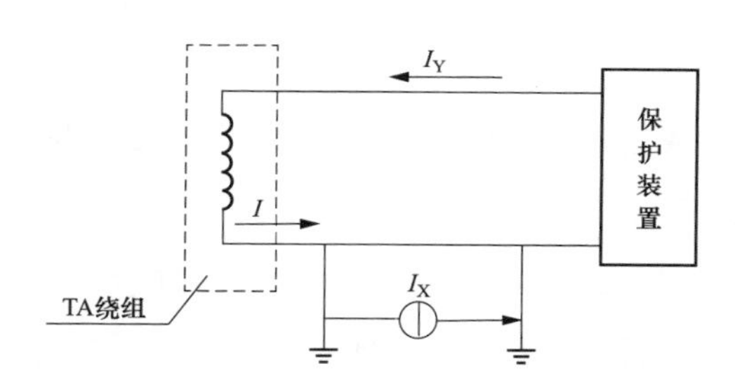

图 7-1 TA 两点接地示意图

二、电流互感器的极性

每个电流互感器（TA）有两到四组变比和精度不同的绕组分别用于不同保护装置及测量回路。0.5 级用于电度测量，B、D 级用于保护。TA 的一次大接线端子上有极性标称：L1、L2 或 P1、P2，而 TA 二次的接线端子上也有极性标称：K1、K2 或 S1、S2，它们的对应关系是：一次电流从 L1（P1）流进从 L2（P2）流出，二次感应电流就从 K1（S1）流出，称 L1（P1）、K1（S1）为同极性端或星端（*）。而每相的 K1（S1）极性端就应该接入保护的对应极性端（a、b、c），电流从非极性端（a′、b′、c′）流出串入其他保护或三相短接成 N 端接回 TA 的非极性端 K2，如图 7-2 和图 7-3 所示。

在线路保护中，一般电流的极性端是在母线侧。而在元件保护中，由于要构成差动保护，电流的极性端都在元件外侧，在发生内部短路故障时，各路电流之间是同相的。

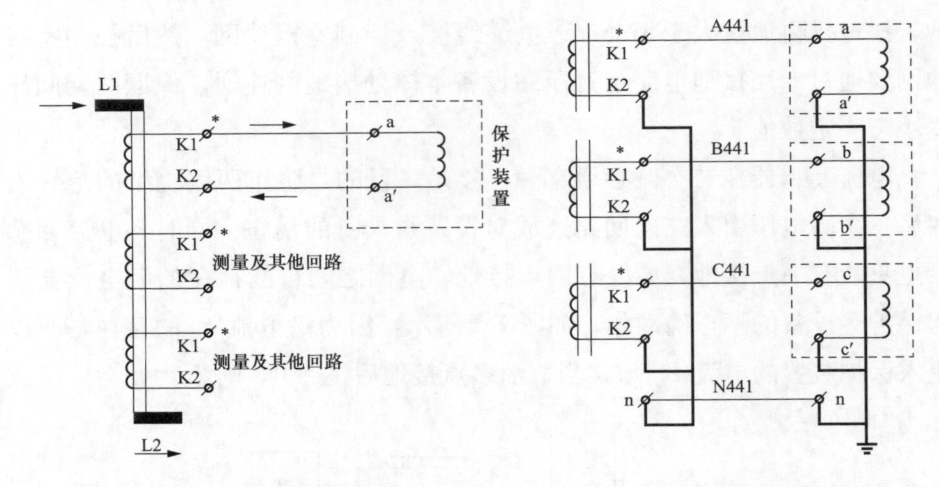

图 7-2 TA 接线示意图　　图 7-3 保护装置 TA 接线图

极性试验如下：

极性试验的目的是检查一、二次绕组之间的极性关系是否正确。电流互感器一、二次绕组规定为减极性。所谓减极性，就是当从一侧绕组的参考正极性端通入交流电流时，同时在另一侧绕组中产生感应电动势，如果另一侧绕组外部端子接有负载或短接，将有电流从另一侧绕组的参考极性端流出，由非极性端返回。两侧绕组电流所产生的磁动势相减。

极性试验一般采用直流法，试验接线如图 7-4 所示。

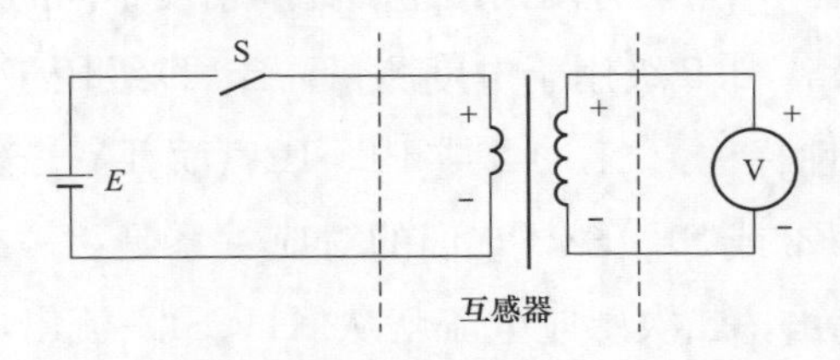

图 7-4 TA 极性试验接线原理图

图 7-4 中电源 E 一般使用 1.5～3V 干电池，试验时加在匝数少的绕组侧，匝数多的绕组侧接一个直流电压表，电压表的量程根据两侧绕组匝数比确定，匝数比越大，量程选的越大。

试验时，当开关 S 闭合时，如果电压表 V 指针正偏转，两侧绕组的极性关系为减极性，指针反偏转为加极性。

TA极性试验实际接线如图7-5所示。

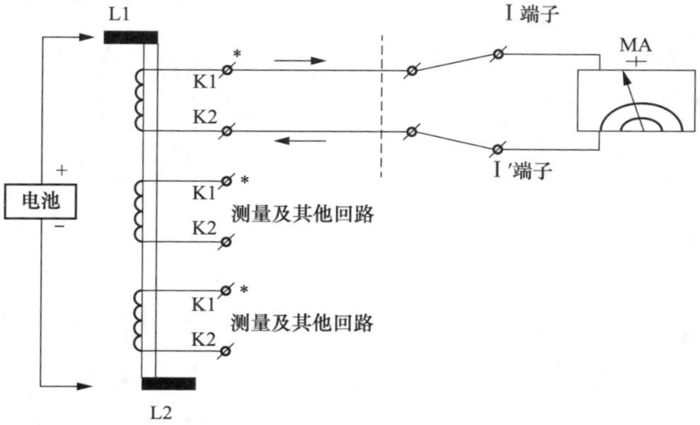

图7-5 TA极性试验实际接线图

试验时应注意：

(1) 在TA一次侧加电流时应注意TA的实际流向。对于某些GIS（组合电气）开关及某些10kV中置式开关柜，TA安装的位置很不利于观察，有时候试验者从外面加电流，会感觉电池负极夹在TA靠近主变压器侧，正极点在母线侧，施加的电流是从母线侧流向主变压器侧，实际上一次母线排在柜内打了个U形弯，实际方向和理解的方向恰好反了。

(2) 在保护侧观察指针偏转方向时，要注意电流表的夹子不要插错电流表的输出插孔。比如正极夹子一般是红色的，如果只注意到夹子的颜色认为是把正极夹子夹到保护屏电流输入端子上了，却没注意到这根正极测试线却插到电流表负端了，这样得到的结果也就全错了。另外要注意，如果一次施加的是正方向电流，电流表指针会先正偏，马上打回，因为TA电感线圈有个储能后反向放电的过程，指针会反偏。所以观察时一定要和一次加电流配合好，特别是电流较小时，一定要注意观察。

【典型案例】

2006年7月10日，220kV某变电站附近遭受强雷击，110kV线路1、线路2线LFP-941A保护同时跳闸，线路1故障为AB相接地故障（二次最大短路电流47.43A），零序Ⅰ段保护与相间距离保护动作跳开本线开关，线路 2 故障为 B 相接地故障（二次最大短路电流 14.73A），零序 I 段保护与相间距离保护动作跳开本线开关，与此同时，110kV 某变电站 1 号主变压器差动保护动作跳开了主变压器两侧开关。从 110kV 某变电站监控系统信息可以看出，1 号主变压器差动保护动作跳闸，同时保护启动的还有 10kV 某电厂线保护和 10kV 母分保护。

【原因分析】

从保护动作情况分析，线路 1 线、线路 2 线 LFP-941A 保护的动作行为是正确的。而从录波图看 110kV 某变电站 10kV 母线上没有故障，根据保护启动及波形分析，应是 10kV 某电厂电源通过 10kV 母分开关、1 号主变压器向线路 1 线、线路 2 线故障点提供短路电流，如图 7-6 所示。

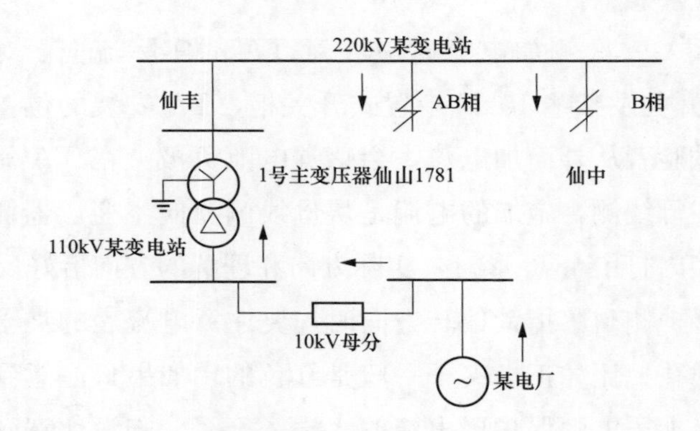

图 7-6　故障时潮流分布

注：箭头方向为短路电流流向。

分析 1 号主变压器差动保护录波图看出，1 号主变压器 110kV 侧电流与 10kV 侧电流方向相反，1 号主变压器差动保护存在区外故障误动的可能。

（1）二次接线检查。检查差动保护二次接线与图纸一致，接线正确，螺栓紧固未发现异常情况。

（2）二次通流试验。从 1 号主变压器 10kV 开关 TA 一次通大电流，及 110kV 套管 TA 二次侧通 5A 电流，对差动保护电流回路进行检查。

从检查情况看出 1 号主变压器 110kV 套管 B 相 TA 存在分流现象，进行绝缘试验发现B相套管TA二次接线端子内部存在接地情况，用1000V绝缘电阻表测其绝缘电阻值为0Ω。对主变压器本体进行放油，并拆开B相套管TA二次接线板，检查发现B相差动用TA端子内部3K1连线金属裸露部分和引线过长，触及变压器本体外壳，造成了接地，如图7-7所示。

图7-7　110kV套管TA故障时接线图

保护动作原因分析如下：

区外发生AB相接地故障后，根据差动保护的算法：

高压侧：$I_A=I_A-I_B$；$I_B=I_B-I_C$；$I_C=I_C-I_A$。

低压侧：$I_a=I_a$；$I_b=I_b$；$I_c=I_c$。

当高压侧B相电流分流后，区外故障时，因B相套管TA二次接线端子接地引起实际输入电流I_B的变小，使得高压侧I_A、I_B不能抵消主变压器低压侧的电流，从而产生A相、B相的差流，从主变压器差动保护录波图上也看出存在A相与B相的差流。尤其变压器在出厂时就存在着工艺不良的隐患，多次区外故障后套管TA二次引出线由于短路电流的电动力影响，形成了接地，这是造成本次主变压器差动保护在区外故障误动的主要原因。

【事故处理】

现场对1号主变压器B相差动，用TA端子内部3K1连线金属裸露部分进行包扎处理后恢复正常，如图7-8所示。

本次事故暴露出的主要问题是厂家产品工艺不过关，1997年4月28日安装投运，1997年9月29日曾经发生过轻、重瓦斯、主变压器差动保护动作跳闸的事故，当时主变压器内部就存在高能量放电故障，返厂大修后，工艺仍然不过关，这是造成本次事故的直接原因。

【防范措施】

（1）6年周期检修进行TA二次绝缘测试。

图 7-8 110kV 套管 TA 处理后接线图

（2）在主变压器吊罩大修和新上基建项目时，对一些比较隐蔽的缺陷要重点验收，把好质量关，比如套管 TA 二次引线的绝缘是否良好、气体继电器的绝缘是否良好、压力释放阀的绝缘是否良好等，以确保主变压器安全稳定运行。

任务二 南瑞继保 RCS931 装置调试

【任务描述】

本任务主要讲解南京南瑞继保电气股份有限公司生产的 RCS931 保护装置纵差保护的调试，主要包括稳态Ⅰ段相差动保护、稳态Ⅱ段相差动保护（差动电流低定值）、零序差动Ⅰ段保护、零序差动Ⅱ段保护等内容。

【知识要点】

主要包括 RCS931 线路两侧 TA 变比不一致计算、调试前的准备、调试方法及通道联调等内容及 RCS931 保护装置的运行注意事项。

【技能要领】

一、线路两侧 TA 变比不一致计算

假设 M 侧 TA 变比为 1500/1，N 侧 TA 变比为 1200/5，则 M 侧的 TA

二次额定值为 $I_M=1$，N 侧的 TA 二次额定值为 $I_N=5$。M 侧 "TA 变比系数" 为 1，N 侧 "TA 变比系数" 整定为 "1200/1500=0.8"。电流差动保护构成示意如图 7-9 所示。

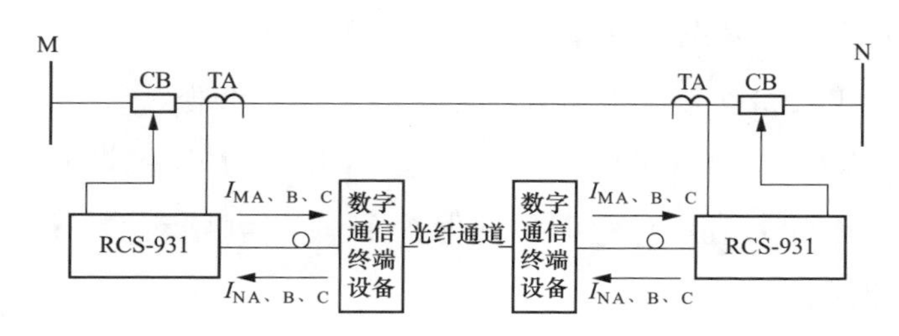

图 7-9 电流差动保护构成示意图

在 M 侧 A 相加入 $I_a=1A$ 电流，N 侧显示的对侧电流 $I_{ar}=1\times(5/1)/0.8=6.25A$；在 N 侧 A 相加入 $I_a=1A$ 电流，M 侧显示的对侧电流 $I_{ar}=1\times(1/5)\times0.8=0.16A$。

二、调试前准备

(1) 将光端机（在 CPU 插件上）的接收 "RX" 和发送 "TX" 用尾纤短接，构成自发自收方式，"通道自环实验" 置 1。

(2) 仅投主保护连接片，重合把手切在 "单重方式"（实际系统中一般都为单重方式）。

(3) 整定保护定值控制字中 "投纵联差动保护" 置 1、"通道自环实验" 置 1 、"投重合闸" 置 1。

(4) 开关在合位，用测试仪给本装置加入正序的额定电压（加入方法同交流回路校验），电流可不加，等保护充电，直至 "充电" 灯亮（注意，RCS-931A 装置没有电压，只要没有放电条件，也是可以充电的）。

三、纵差保护检验

（一）仅投主保护连接片

分别模拟 A 相、B 相、C 相单相瞬时故障。

1. 稳态 I 段相差动保护（差动电流高定值）检验

(1) 故障电流为 $1.05\times0.5\times I_{max1}$（$I_{max1}$ 为 "差动电流高定值"、4 倍实

测电容电流 $4U_N/X_{c1}$ 两者的大值）时稳态差动保护应可靠动作。用 1.2 倍动作值测得动作时间为 10～25ms。

（2）故障电流为 $0.95\times0.5\times I_{max1}$（$I_{max1}$ 为“差动电流高定值”、$4U_N/X_{c1}$ 两者的大值）时稳态差动保护 I 段应可靠不动作。

2. 稳态 II 段相差动保护（差动电流低定值）检验

（1）故障电流为 $1.05\times0.5\times I_{max2}$（$I_{max2}$ 为“差动电流低定值”、$1.5U_N/X_{c1}$ 两者的大值）时稳态差动保护 II 段应可靠动作，用 1.2 倍动作值测得动作时间为 40～60ms。

（2）故障电流为 $0.95\times0.5\times I_{max2}$，稳态差动保护 II 段应可靠不动。

3. 零序差动 I 段保护检验

试验条件如下：

（1）整定 X_{c1}，使得 $U/X_{c1}>0.1I_n$。

（2）加正序三相电压 U，$I=U/2X_{c1}\angle90^\circ$，满足补偿条件。

（3）当零序启动电流整定值大于差动电流低值整定值时，抬高差动电流高定值、差动电流低定值，使得差动电流启动值大于零序启动电流值。

（4）把某相电流反相，并改变该相电流数值，使得零序电流大于零序启动电流，故障时间不大于 150ms。

正确动作信号：差动动作，动作时间为 120ms 左右。

4. 零序差动 II 段保护检验

（1）试验条件：同零序差动 I 段保护检验中相同，故障时间为 300ms。

正确动作信号：差动动作，动作时间为 250ms 左右。

若是 A 相差动动作则 TA 灯亮（重合方式决定三跳还是单跳），屏幕显示“电流差动保护”，以此类推。屏幕显示和打印输出跳闸报告均应一致。在 2 倍定值时测量差动保护动作时间。

（2）试验方法：加故障相电流 $I>1.05\times0.5\times I_{max}\left(I_{max}\right.$ 为差动电流高定值、$\left.4\times\frac{57.7}{X_{c1}}\right)$，模拟单相区内接地瞬时故障，故障状态时间设置为 50ms，保护单跳并重合，装置面板上相应跳闸灯亮，重合闸灯亮，液晶上

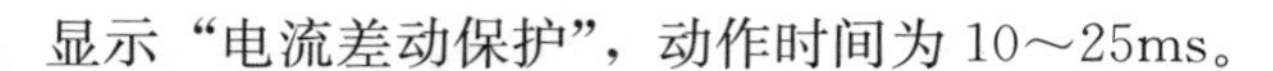

显示“电流差动保护”，动作时间为 10～25ms。

（3）RCS-931A 定值清单见表 7-1。

表 7-1　　RCS-931A 定值清单

220kV××变电站	设备名称：××××线路保护	额定电压：220kV	通知日期：×年×月×日
参数定值			
序 号	定 值 名 称	定值	
1	定值区号	1	
2	被保护设备	现场定	
3	TV 一次值	220kV	
4	TA 一次值	1600A	
5	TA 二次值	1A	
6	通道一类型	0	0：专业光纤
7	通道二类型	0	0：专业光纤
保护定值			
1	变化量启动电流定值	0.2A	
2	零序启动电流定值	0.16A	
3	差动动作电流定值	10A	
4	本侧识别码	27581	
5	对侧识别码	27582	
6	线路正序容抗定值	5000Ω	
7	线路零序容抗定值	6000Ω	
8	本侧电抗器阻抗定值	9000Ω	

（4）RCS-931A 保护试验接线如图 7-10 所示。

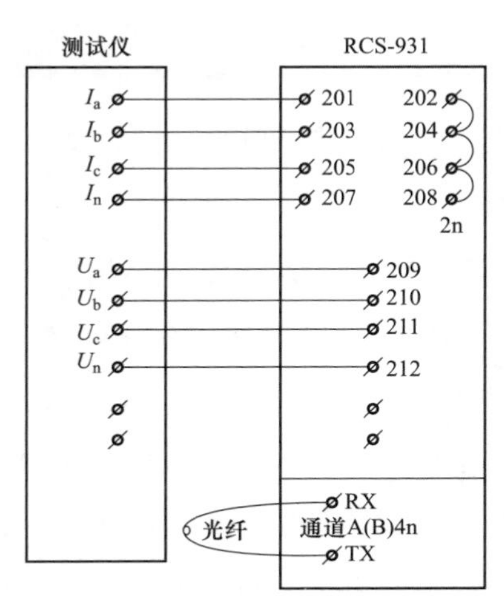

图 7-10　RCS-931A 保护试验接线图

（5）计算过程：差动电流高定值为 10A，$4\times\dfrac{57.7}{X_{c1}}=4\times57.7/5000=$ 0.046（A）。

加故障相电流 $I=1.05\times0.5\times I_{max}=1.05\times0.5\times10=5.25$（A）时，可靠动作。

加故障相电流 $I=0.95\times0.5\times I_{max}=0.95\times0.5\times10=4.75$（A）时，可靠不动作。

（6）试验加量时的试验仪界面如图 7-11 所示。

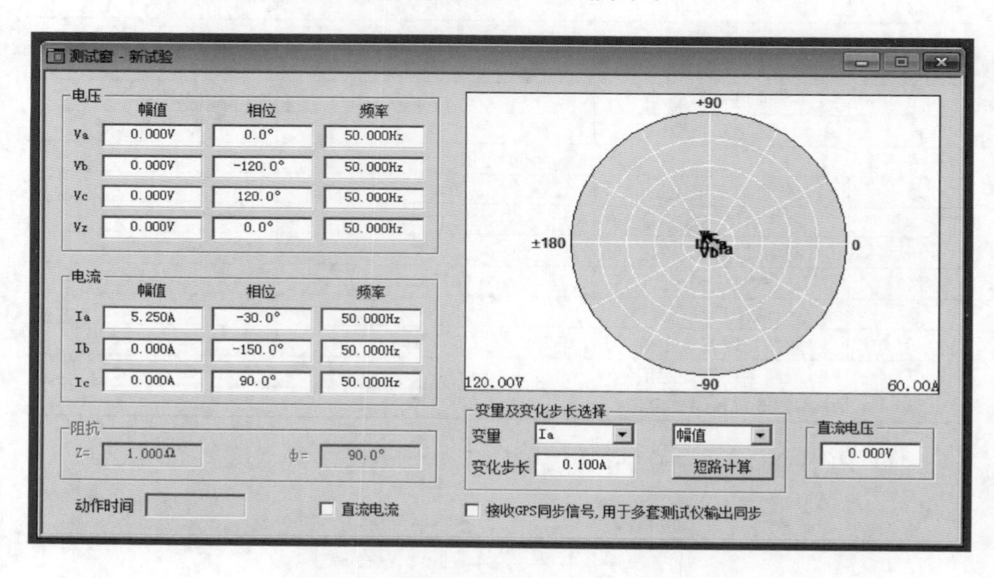

图 7-11　试验加量时的试验仪界面图一

（7）联调试验如下：

1）将 N 侧开关分位，M 侧加入单相或多相电流大于差动电流高定值，M 侧保护可选相动作，动作时间 30ms 左右。M 侧加入单相或多相电流大于差动电流低定值，M 侧保护可选相动作，动作时间 60ms 左右。N 侧的保护是不动作的（也不起动）。在 M 侧加入的电流使 M 侧装置起动并向 N 侧发差动标志；在开关处于分位时，N 侧 RCS-931 装置判断有差动电流，且符合差动动作方程，则给对侧发允许信号，使 M 侧自己能动作（两侧主保护连接片都得投入）。

2）将M侧开关分位，N侧加入单相或多相电流大于差动电流高定值，N侧保护动作时间30ms左右。N侧加入单相或多相电流大于差动电流低定值，N侧保护动作时间60ms左右。M侧的保护是不动作的。

3）模拟弱馈线路故障试验。两侧开关均在合位，N侧（弱馈侧）加大于33.3V（防止TV断线）小于65%U_N的三相电压。

a. M侧模拟任何一种故障，故障电流大于I_H（高定值），M侧保护可选相动作，动作时间28ms左右，N测保护也能动作，时间为7～8ms。两侧动作时间不同的原因在于两侧装置起动时间不同。M侧（电源侧）加电流起动后，装置即开始计时。而N侧（弱馈侧）是在收到M侧（电源侧）的差动标志后才开始起动，由于起动计时点不同，因此显得M侧动得慢。

b. M侧模拟任何一种故障，故障电流大于I_M（低定值），M侧保护可选相动作，动作时间58ms左右，N测保护也能动作，时间约为37ms。

4）模拟弱馈侧TV断线时试验。两侧开关均在合位，若N侧（作为弱馈侧）加小于33.3V的三相电压或不加电压，则N侧发TV断线报警信号，此时M侧模拟故障。

a. M侧故障电流大于I_H，M侧保护可动作［本逻辑是模拟弱馈侧（N侧），在TV断线时，靠对侧电流起动的动作情况］。N侧动作的时间约为7ms，M侧约为67ms。N侧（弱馈侧）是在收到M侧（电源侧）的差动标志后，再经30ms延时，N侧才开始起动，由于起动计时点不同，因此显得M侧动得慢。

b. M侧故障电流大于I_M（差动低定值），M侧保护可动作。N侧动作的时间约为37ms，M侧动作的时间约为97ms。

5）远跳试验。两侧光纤通道正确接好，装置通道异常灯不亮，对侧装置“远跳受本侧控制”定值若为0，本侧短接1D46（n104）和1D50（n626）远跳开入，对侧装置应发三跳令，三相跳闸灯都亮。若对侧装置“远跳受本侧控制”定值为1，那么本侧在短接1D46（n104）和1D50（n626）远跳开入的同时，对侧装置要加一下电流（此电流要大于零序起动电流定值或电流变化量起动定值，以保证对侧装置能够起动)，对侧装置应发三跳令，三相跳闸灯都亮。

【典型案例】

某站自动化后台发××线“RCS-931 装置 TV 断线”信号，运行值班员现场检查发现××线 RCS-931 装置的 TV 断线告警灯亮。

【原因分析】

1. 诊断分析

RCS-931 装置发“TV 断线”告警信号需满足以下两个条件之一：三相电压向量和大于 8V，保护不启动；三相电压向量和小于 8V，但正序电压小于 33.3V。保护装置 TV 断线原因主要有以下几个方面：

（1）二次回路接线松动。

（2）空气开关故障。

（3）交流采样插件故障。

2. 消缺方法

（1）检查保护装置交流采样插件是否故障。用万用表测量装置背板交流电压端子的电压值，如电压值正常，则保护装置交流采样插件有问题，需更换交流采样插件。如电压值异常，则说明故障点在装置以外的回路上，需继续查找。

（2）检查交流电压空气开关上下端子电压是否一致，如不一致，说明空气开关有问题，需更换空气开关。如一致则说明故障点在接线回路上。

（3）用万用表逐级测量电压二次回路各个接线端子的电压是否正常，直到找到异常电压。

本次缺陷检查交流采样插件和交流电压空气开关正常，故障点是保护屏端子排的接线螺栓没有切紧，接线松动造成本次缺陷。

3. 注意事项

（1）由于 220kV 线路保护的双重化及主保护基本不受影响，工作时可不停用保护装置，先从外部回路检查开始。

（2）如果交流采样插件有问题，则需停用一次设备，更换交流采样插件后需校验采样精度。

（3）插、拔插件需先断开装置电源，做好防静电措施。

（4）检查过程中应防止电压短路。

【防范措施】

（1）检修人员每年巡视时应检查保护装置的采样是否正常。

（2）检修人员每年巡视时应对保护端子进行红外测温，如端子松动则会造成温度升高，可以及早发现问题。

（3）保护设备检修时应检查各个回路的接线是否牢固。

任务三 北京四方 CSC103 装置调试

【任务描述】

本任务主要讲解北京四方继保自动化股份有限公司生产的 CSC103 保护装置纵差保护的调试，主要包括稳态Ⅰ段相差动保护、稳态Ⅱ段相差动保护（差动电流低定值）、零序差动Ⅰ段保护、零序差动Ⅱ段保护等内容。

【知识要点】

主要包括 CSC103 线路两侧 TA 变比不一致计算、调试前的准备、调试方法及通道联调等内容及 CSC103 保护装置的运行注意事项。

【技能要领】

CSC-103A 保护试验接线如图 7-12 所示。

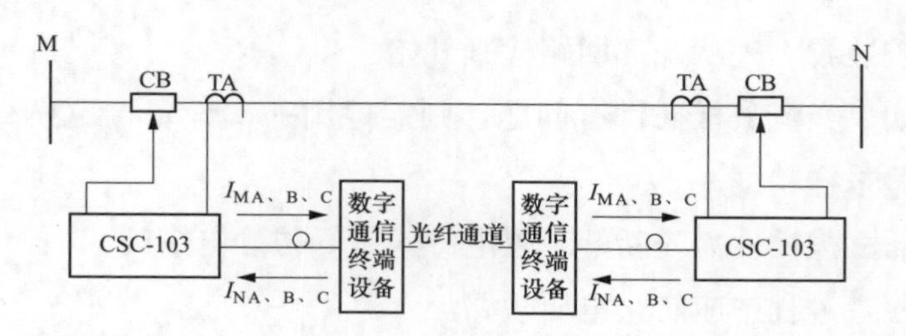

图 7-12　CSC-103A 保护试验接线图

一、线路两侧 TA 变比不一致计算

当线路两侧 TA 变比不一样时，可根据整定的 TA 变比调整系数，使两侧的二次电流一致。设 TA 一次额定电流大的装置补偿系数整定为 1；其他装置的补偿系数整定为本侧 TA 一次额定电流除以一次额定电流的最大值。例如：M 侧的 TA 变比为 1200/1，N 侧的 TA 变比为 800/5。M 侧的补偿系数整定为 1，N 侧的补偿系数整定为 800/1200=0.6667。

二、试验前准备

1. 装置自环试验

将装置“通道环回实验”控制位置“1”，定值设为“主机方式”“主时钟”，将装置光纤接口的接收 RX 和发送 TX 用尾纤对接，即可单装置自环模拟 A、B、C 相区内故障。

“通道环回试验”控制位投入 10min 后，装置告警“通道环回长期投入”，提示装置在“通道环回实验”状态，此时仍然可以做装置自环试验。正常运行时，必须退出该功能。

2. 通道远方环回试验功能

为方便进行带通道整组试验，装置提供带通道远方环回试验功能。正常运行时，必须退出该功能。将两端装置的差动定值按照实际运行情况整定好后，将 M 侧装置“通道环回实验”控制位置“1”，M 侧投入检修状态连接片，就可在 M 侧进行模拟区内短路试验。此时 N 侧装置收到 M 侧的采样报文后再回传给 M 侧。

三、差动电流高定值调试

1. 试验方法

差动电流高定值调试方法见表 7-2。

表 7-2 差动电流高定值调试方法表

保护类型	模拟故障类型	m 值	动作行为	面板报文
高定值差动保护	模拟 A、B、C 单相接地瞬时故障，通入 $I=m\times I_{DZH}$	0.95	可靠不动	跳 A（B、C）相灯亮，保护启动、分相差动出口
		1.05	可靠动作	
		2	$t_{dz}\leqslant 20ms$	
	模拟 AB、BC、CA 相间瞬时故障，通入 $I=m\times I_{DZH}$	0.95	可靠不动	跳 A 相、跳 B 相、跳 C 相灯亮，保护启动、分相差动出口
		1.05	可靠动作	
		2	$t_{dz}\leqslant 20ms$	
	模拟 ABC 三相瞬时故障，通入 $I=m\times I_{DZH}$	0.95	可靠不动	跳 A 相、跳 B 相、跳 C 相 灯亮，保护启动、分相差动出口
		1.05	可靠动作	
		2	$t_{dz}\leqslant 20ms$	

注 m 为系数，I_{DZH}为动作定值。低定值差动保护做法与高定值差动保护做法一致，只是动作时间 $t_{dz}\leqslant 20ms$。

2. 定值清单

将定值表按定值通知单或典型定值输入并固化某一区，做纵联差动保护整组试验（自环状态），见表 7-3。

表 7-3 CSC-103 定值清单

220kV××变电站	设备名称：××××线路保护	额定电压：220kV	通知日期：×年×月×日
参数定值			
序号	定值名称	定值	
1	突变量电流定值	0.8	
2	静稳失稳电流定值	5	
3	零序电抗补偿系数	0.3	
4	零序电阻补偿系数	1	
5	全线路正序电抗值	0.6	
6	全线路正序电阻值	0.08	

续表

220kV××变电站	设备名称：×× ××线路保护	额定电压：220kV	通知日期：×年×月×日
参数定值			
序号	定值名称	定值	
7	线路长度定值	13.6	
8	线电压一次额定值	220	
9	电流一次额定值	1600	
10	电流二次额定值	5	
11	分相差动高定值	2	
12	分相差动低定值	1.5	
13	零序差动定值	1.5	
14	零序差动时间定值	0.15	
15	TA 变比补偿系数	1	
16	线路正序容抗定值	880	
17	线路零序容抗定值	960	
18	并联电抗器正序电抗	9000	
19	并联电抗器零序电抗	9000	
20	接地电阻定值	4	
21	接地Ⅰ段电抗定值	0.32	

3. 试验接线图

在只有一台装置时可按如图 7-13 所示试验接线图接线，并根据需要将装置的跳 A 相、跳 B 相、跳 C 相及公用端与试验仪连接。

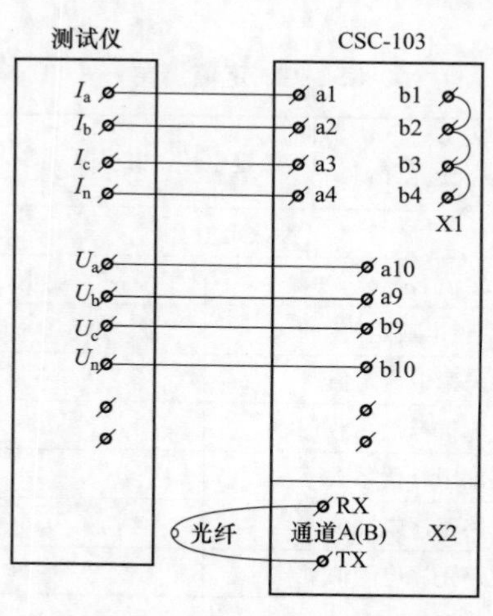

图 7-13 CSC-103 保护试验接线图

4. 计算过程

差动电流高定值为 2A。

加故障相电流 $I=1.05\times0.5\times2=1.05$（A）时，可靠动作。

加故障相电流 $I=0.95\times0.5\times2=0.95$（A）时，可靠不动作。

试验加量时的试验仪界面如图 7-14 所示。

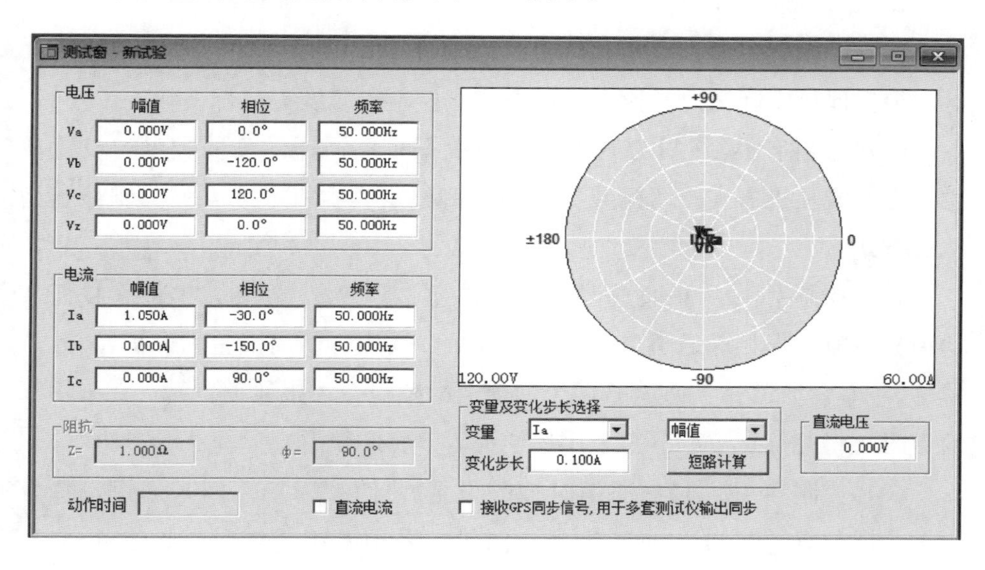

图 7-14 试验加量时的试验仪界面图二

【典型案例】

220kV 线路保护光纤通道中断处理。某 220kV 线路第一套 CSC-103 线路保护装置发“通道 A（B）通信中断”报文，装置面板上“告警”灯常亮、“通道告警”灯亮。

【原因分析】

CSC-103 线路保护装置的主保护为光纤差动保护。四方 CSC 型保护“告警”灯常亮表示有告警Ⅱ，“通道告警”灯亮表示通道中断或异常。通道异常时，主保护无法正常通信，后备保护则不受影响。

出现光纤通道异常情况，故障原因主要有定值设置错误、光纤接口故障、光纤尾纤衰耗增加、光缆故障等。

【技术方案】

技术方案如下：

1. 定值设置要正确

首先应检查定值设置情况，包括通信速率、通信时钟、通道自环情况等。根据保护实际情况，检查“保护功能控制字”设置是否正确。

（1）控制字4：主机方式设置。应根据复用通道的不同类型，设置成主机方式或从机方式。两侧装置必须一侧整定为主机方式，另一侧整定为从机方式。

（2）控制字10：双通道设置。此位置“1”时，通道A、通道B任一通道故障时，报相应通道告警（只闭锁故障通道，不闭锁差动保护）。此位置“0”时，通道A、通道B两个通道全故障时，才报通道告警。在采用双通道时，将此位置“1”。在采用单通道时，将此位置“0”。

（3）控制字13、15：通信时钟的设置。此位置“1”时，通道选择外时钟；此位置“0”时，通道选择内时钟。采用专用通道时，此位置“0”，复用64kbit/s通道时，此位置“1”。

（4）控制字14、16：通信速率的设置。此位置“1”时，通道A选择2Mbit/s速率；此位置“0”时，通道A选择64kbit/s速率。在采用专用通道时，此位置“1”。

（5）控制字18：通道自环试验。在做通道自环实验或通道远方环回实验时，将此位置“1”；正常运行时，必须将此位置“0”。

2. 光纤接口故障

将保护装置光纤尾纤从光纤接口断开，注意记录RX、TX分别是哪根尾纤。修改“保护功能控制字”，进行光纤自环试验。若自环试验时，“通道告警”灯仍不能复归，则可判断为光纤接口故障。

光纤接口故障的处理方案为：CSC-103系列线路保护装置是主后一体的线路保护装置，处理时需要停用第一套线路保护。关闭保护装置电源，更换光纤接口插件。再次进行光纤自环试验，确认“通道告警”灯能够恢复时，再恢复光纤尾纤。

3. 光纤尾纤衰耗增加

当光纤自环试验正常时，可在保护装置光纤接口处、光纤通信配线架处分别测试光纤通道的功率，需要两侧配合测试。比对两侧光纤通道的衰耗，判断是否由光纤尾纤衰耗增加或光缆故障引起通道中断。

光纤尾纤衰耗增加的处理方案为：光纤尾纤在保护屏内往往由于转折点多、放置不够规范等原因造成衰耗增加。首先应使用备用尾纤进行试验，以便尽快恢复。若无备用尾纤，则应仔细检查尾纤的放置，不得出现过大的转折和绑扎过紧等情况。对尾纤头部用专用工具进行清洁，再测量其衰耗。若尾纤头部已无法处理，可重新焊接光纤头或更换保护屏至光纤通信配线架的尾纤。

4. 如果光缆故障

当检查光纤尾纤没有出现衰耗过大的情况，而光纤通信配线架处的光信号功率却很低时，应询问对侧的发信功率是否正常。若对侧也没有问题，则可判断为光缆通道上存在故障。

光缆故障的处理方案为：需要通信专业配合检查光缆终端塔、光电通信配线架等处的光线熔接情况以及光信号功率，综合判断故障点，尽快处理。

任务四　南瑞继保 RCS978 装置调试

【任务描述】

本任务主要讲解南京南瑞继保电气股份有限公司的 RCS978 保护装置的调试等内容。通过讲解 RCS978 主变压器保护装置差动保护中平衡系数的归算、相位的归算调整，通过举例分析差动保护比率制动特性的试验接线、试验方法及计算过程等内容。

【知识要点】

主要包括 RCS978 主变压器保护装置差动保护的归算（包括平衡系数

的计算，相位的归算调整），三角形侧向星形侧归算的优点，举例说明RCS978差动保护比率制动特性检查等。

【技能要领】

一、RCS978主变压器保护装置差动保护的归算

差动保护部分对主变压器接线组别和变比的归算调整方法有了较大变化，主要体现在平衡系数基准量的选择和相位由三角形侧向星形侧调整。

（一）差动保护中的平衡系数的计算

1. 计算变压器各侧一次额定电流

$$I_{1N}=\frac{S_N}{\sqrt{3}U_{1N}}$$

式中：S_N 为变压器最大额定容量；U_{1N}为变压器计算侧额定电压（注意：应以运行的实际电压为准，如220kV侧实际的运行电压为242kV，U_{1N}应取242kV）。

2. 计算变压器各侧二次额定电流

$$I_{2N}=\frac{I_{1N}}{n_{LH}}$$

式中：I_{1N}为变压器计算侧一次额定电流；n_{LH}为变压器计算侧TA变比。

3. 计算变压器各侧平衡系数

$$K_{ph}=\frac{I_{2N\cdot min}}{I_{2N}}\times K_b,\quad K_b=\min\left(\frac{I_{2N\cdot max}}{I_{2N\cdot min}},4\right)$$

式中：I_{2N}为变压器计算侧二次额定电流；$I_{2N\cdot min}$为变压器各侧二次额定电流值中最小值；$I_{2N\cdot max}$为变压器各侧二次额定电流值中最大值。

例如：某变压器在RCS978下的参数见表7-4。高压侧二次额定电流I_{Hn}＝1.965A，中压侧二次额定电流I_{Mn}＝3.765A，低压侧二次额定电流I_{Ln}＝16.495A，则I_{min}＝1.965；I_{max}＝16.495；系数K_b＝4；高压侧平衡系数K_1＝(1.965/1.965)×4＝4；中压侧平衡系数K_2＝(1.965/3.765)×4＝2.087；低压侧平衡系数K_3＝（1.965/16.495）×4＝0.476。

表 7-4 某变压器在 RCS978 下的参数

变压器最大容量	180MVA（接线组别：YNYNd11）		
各侧实际运行电压	220kV	115kV	10.5kV
TA 变比	1200/5	1200/5	3000/5
二次额定电流 I_e	1.965A	3.765A	16.495A
RCS978 的平衡系数	4	2.087	0.476

（二）RCS978 差动保护中相位的归算调整

同传统方式不同，采用的是由三角形侧向星形侧归算（外部 TA 还是采用 Y/Y 接线）。这样做一个最大的好处是星形侧绝大部分情况下都是电源侧，而只有电源侧才会产生励磁涌流。励磁涌流的大小和衰减速度同许多条件有关，但是对于三相变压器，至少有两相会出现不同程度的励磁涌流，且在初期往往会偏于时间轴的一侧，很多情况下会有两相励磁涌流其相位基本相同。当采取传统的星形侧向三角形侧归算方式，星形侧电流两两矢量相减调整相角，励磁涌流相位基本相同的两相电流在矢量相减时，就会消掉一部分励磁涌流。RCS978 采用由三角形侧向星形侧归算后，星形侧不再进行相电流之间的矢量相减，这样相对提高了励磁涌流的幅值，这样励磁涌流和故障特征会更加明显，程序分辨能力会进一步加强，自然动作速度也能提高。许多国外著名厂商的微机主变压器保护，也早就采用了由三角形侧向星形侧归算的相位调整方法，如某公司 2000 年就在国内推出的 T60 变压器保护。

RCS978 采用由三角形侧向星形侧归算后，必须要考虑到星形侧可能流过的零序电流对差流的影响。RCS978 采取对星形侧每相电流都减去零序电流的方式（该零序电流为三相合成自产，非常方便获得）。三角形侧的相位调整，采用矢量相减的方法，同时需除以$\sqrt{3}$，以消除矢量相减对幅值增大的影响。不过应注意哪两相分别相减，比如 Yd11 接线，如果星形侧调整相位，用以比较差流的 $I_A{}^* = I_A - I_B$（矢量相减，由 12 点调到 11 点相位）；RCS978 的三角形侧调整，就是 $I_A{}^* = I_A - I_C$（矢量相减，由 11 点调到 12 点相位）。

$$星形侧\begin{cases}\dot{I}'_{A}=\dot{I}_{A}-\dot{I}_{0}\\ \dot{I}'_{B}=\dot{I}_{B}-\dot{I}_{0}\\ \dot{I}'_{C}=\dot{I}_{C}-\dot{I}_{0}\end{cases}$$

$$三角形侧\begin{cases}\dot{I}'_{a}=(\dot{I}_{a}-\dot{I}_{c})/\sqrt{3}\\ \dot{I}'_{b}=(\dot{I}_{b}-\dot{I}_{a})/\sqrt{3}\\ \dot{I}'_{c}=(\dot{I}_{c}-\dot{I}_{b})/\sqrt{3}\end{cases}$$

220kV 侧（星形侧）I_e=1.96A，当该侧输入单相 I_A=1.96A 时，装置中 A 相差流值等于 2/3 的 I_e（因为零序电流等于 1/3 的 I_A，I_A 需减去 I_0)，同时可见 B 相及 C 相的差流值均为 1/3 的 I_e（当该侧输入三相对称电流为 1.96A，装置显示 A、B、C 三相都有差流，差流值分别等于 I_e（三相对称，无零序电流）。10kV 侧（三角形侧）I_e=16.5A，当该侧输入单相 I_A=16.5A 时，装置显示 A、B 两相有差流；差流值分别等于 0.577I_e（因为虽然只有单相电流，矢量相减后相位和幅值都没有变化，但程序还是固定的除以$\sqrt{3}$)。当该侧输入三相对称电流为 16.5A，装置显示 A、B、C 三相都有差流，差流值分别等于 I_e（矢量相减后，相角顺时针移动 30°，幅值增大$\sqrt{3}$倍后，程序又固定的除以$\sqrt{3}$，保证原幅值未改变）。

（三）RCS978 差动保护比率制动特性检查

RCS978 变压器差动保护，对于 Y0 侧接地系统，装置采用 Y0 侧零序电流补偿，三角形侧电流相位校正的方法实现差动保护电流平衡。

（1）如果测试仪可以提供 6 个电流，利用高压侧、中压侧做检验，高压侧、中压侧三相以正极性接入，高压侧、中压侧对应相的电流相角为 180°，各在高压侧、中压侧加入电流 I_*（标幺值，I_* 代表 1 倍额定电流，其基值为对应侧的额定电流)，装置应无差流。

利用高压侧、低压侧做检验，高压侧、低压侧三相以正极性接入，高压侧的电流应超前低压侧的对应相电流 150°（YNYNd11 变压器），在高压侧、低压侧加入电流 I_*，装置应无差流。

（2）如果测试仪仅可以提供 3 个电流，由于测试仪仅可以提供 3 个电流，每侧只可以加入单相或两相电流进行检验。高压侧、中压侧采用的接线方式为：电流从A相极性端进入，流出后进入B相非极性端，由B相极性端流回试验装置。高压侧、中压侧加入的电流相角为180°，大小为I_*，装置应无差流。

在高压侧、低压侧检验，采用的接线方式为：高压侧电流从A相极性端进入，流出后进入B相非极性端，由B相极性端流回试验仪器，低压侧电流从A相极性端进入，由A相非极性端流回试验仪器。高压侧、低压侧加入的电流相角为180°，高压侧大小为I_*，低压侧大小为$\sqrt{3}I_*$，装置应无差流。

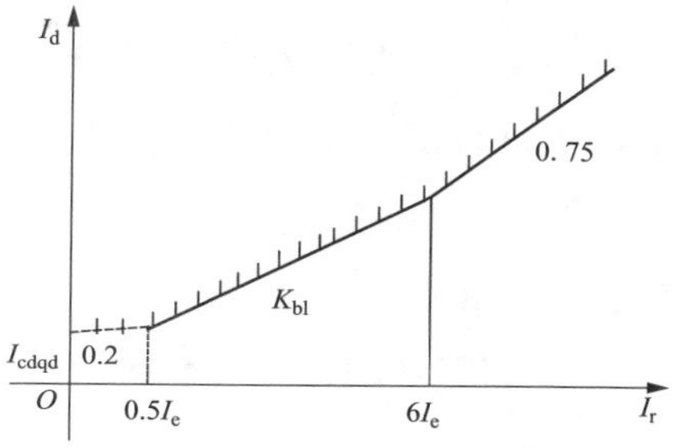

图7-15 比例差动动作特性图

比例差动动作特性如图7-15所示。

比例差动动作特性为

$$\begin{cases} I_d > 0.2I_r + I_{cdqd}, I_r \leqslant 0.5I_e \\ I_d > K_{bl}(I_r - 0.5I_e) + 0.1I_e + I_{cdqd}, 0.5I_e \leqslant I_r \leqslant 6I_e \\ I_d > 0.75(I_r - 6I_e) + K_{bl}(5.5I_e) + 0.1I_e + I_{cdqd}, I_r > 6I_e \\ I_r = \dfrac{1}{2}\sum_{i=1}^{m}|I_i| \\ I_d = \left|\sum_{i=1}^{m}\dot{I}_i\right| \end{cases}$$

假设差动起动电流定值为$0.3I_e$；比率制动系数在装置内固定为0.5。实验在两侧进行，称为电流I_1、I_2，为标幺值，且$I_1>I_2$，转换为实际电流的方法、接入方法请参考上面的说明。

纵差差动保护的动作方程简化为

$$\begin{cases} I_d > 0.2I_r + 0.3, I_r \leqslant 0.5 \\ I_d > 0.5I_r + 0.15, 0.5 \leqslant I_r \leqslant 6 \\ I_d > 0.75I_r - 1.35, I_r > 6 \\ I_r = \dfrac{1}{2}(I_1 + I_2) \\ I_d = I_1 - I_2 \end{cases}$$

将 I_1、I_2 代入，上式转化为

$$\begin{cases} I_1 > 1.222I_2 + 0.333, I_1 + I_2 < 1, I_1 > I_2 & (1) \\ I_1 > 1.6667I_2 + 0.2, 1 < I_1 + I_2 < 12, I_1 > I_2 & (2) \\ I_1 > 2.2I_2 - 2.16, I_1 + I_2 > 12, I_1 > I_2 & (3) \end{cases}$$

检验时，根据所要校验的曲线段选择式（1）、式（2）、式（3），首先给定 I_2，由此计算出 I_1，再验算 I_1、I_2 的关系是否满足约束条件［如式（1）的 $I_1+I_2>1$，$I_1>I_2$］，如满足，I_1、I_2 为一组，将其转化为有名值之后，即可进行检验。

比例差动动作特性校验，以高压侧、低压侧检验为例，见表 7-5。

表 7-5　比例差动动作特性校验参数

变压器最大容量	180MVA（接线组别：YNYNd11）		
各侧实际运行电压	220kV	115kV	10.5kV
TA 变比	1200/5	1200/5	3000/5
二次额定电流 I_e	1.965A	3.765A	16.495A
RCS978 的平衡系数	4	2.087	0.476

RCS978 比例差动动作特性试验接线如图 7-16 所示。

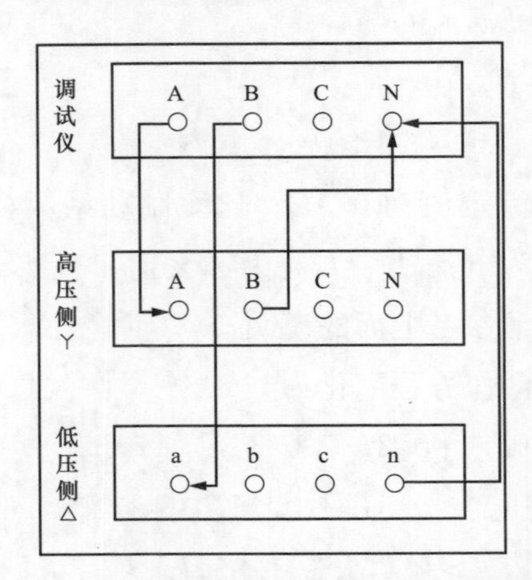

图 7-16　RCS978 比例差动动作特性试验接线图

已知：$I_{1N}=1.96A$，$I_{2N}=16.5A$。

（1）如图 7-16 所示在高低压侧加相应电流，则此时各相差流为 0（注

意实际加量 $I_{1N}=1.96\text{A}$，$I_{2N}=16.5\sqrt{3}\text{A}$）。然后保持低压侧电流不变，逐步增加高压侧电流，直到差动动作。记录下此时高低压侧电流，可得到动作直线上的第一个点 S1。

假设此时记录 $I_1=3.66\text{A}$，则

$$I_{1*}=3.66/1.96=1.867$$

$$I_{d1}=|I_{1*}+I_{2*}|=|1.867-1|=0.867$$

$$I_{r1}=0.5(|I_{1*}|+|I_{2*}|)=0.5(1.867+1)=1.463$$

（2）重新如图 7-16 所示加电流，高、低压侧都增大到 2 倍，则差流还是零。然后保持低压侧电流不变，逐步增加高压侧电流，直到差动动作，记录下此时高低压侧电流，可得到动作直线上的第二个点 S2。

假设此时记录 $I_1=6.925\text{A}$，则

$$I_{1*}=6.925/1.96=3.53$$

$$I_{d2}=|I_{1*}+I_{2*}|=|3.53-2|=1.53$$

$$I_{r2}=0.5(|I_{1*}|+|I_{2*}|)=0.5(3.53+2)=2.765$$

（3）根据厂家说明书，比例系数定值应为 0.5，计算比例差动的斜率和相对误差分别为

$$K=\frac{I_{d2}-I_{d1}}{I_{r2}-I_{r1}}=\frac{1.53-0.867}{2.765-1.463}=\frac{0.663}{1.302}=0.509$$

$$\delta\%=\frac{K-K_{set}}{K}=\frac{5.09-5}{5.09}=1.7\%$$

【典型案例】

RCS978 装置 CPU 告警。自动化后台发“RCS978 装置闭锁”信号，装置运行灯灭，液晶屏上显示的报告：与 CPU 通信中断。

【技术方案】

从装置显示的报告上看是 CPU 板有故障，装置发出闭锁信号，闭锁保护装置出口，同时熄灭运行灯，退出保护装置。

(1) 消缺方法如下：

1) 从分析中得出 CPU 板有故障，需更换 CPU 板。

2) 停用 RCS978 装置：解下所有出口连接片，断开保护装置电源。

3) 更换 CPU 插板，重新上电，重新输入定值，灌入出口跳闸矩阵。

4) 做好安全措施，校验保护装置，验证出口回路。

(2) 注意事项如下：

1) 因主变压器保护双重化，可向调度申请停用故障的保护装置。

2) 在处理过程中因主变压器还在运行，必须做好安全措施。

3) 插、拔插件需先断开装置电源，做好防静电措施。

(3) 预防措施如下：

1) 解下所有出口连接片，断开保护装置电源。

2) 可靠短接电流端子外侧，拆开中间连接片。

3) 拆开电压端子中间连接片，外侧用绝缘胶布粘贴。

4) 拆开出口跳闸接线并用绝缘胶布包扎。

任务五 国电南自 PST1200 装置调试

【任务描述】

本任务主要讲解南京国电南京自动股份有限公司的 PST1200 保护装置的调试等内容。通过讲解 PST1200 主变压器保护装置差动保护中平衡系数的归算、相位的归算调整，通过举例分析差动保护比率制动特性的试验接线、试验方法及计算过程等内容。

【知识要点】

主要包括 PST1200 主变压器保护装置差动保护的归算（包括平衡系数的计算、相位的归算调整），星形侧向三角形侧归算的优点，举例说明 PST1200 差动保护比率制动特性检查等。

【技能要领】

一、差流的计算公式

PST1200采用的是由星形侧向三角形侧归算（外部TA还是采用YY接线）。以Yd11全星形接线A相为例：$I_{ACD}=\frac{(I_{AH}-I_{BH})}{\sqrt{3}}+\frac{(I_{AM}-I_{BM})}{\sqrt{3}}\times\frac{CTM\times U_M}{CTH\times U_H}+I_{AL}\times\frac{CTL\times U_L}{CTH\times U_H}$。

其中，CTH为高压侧TA变比，CTM为中压侧TA变比，CTL为低压侧TA变比。

浙江版的PST1200变压器保护，TA二次侧均采用星形接线方式。为实现差动电流的平衡，保护装置对各侧的电流进行了相位和零序电流补偿。（试验仪校核现场实际采用的接线方式）

（1）对于变压器绕组为星形，此侧各相差动电流计算值为

$$I'_A=\frac{I_A-I_B}{\sqrt{3}}$$

$$I'_B=\frac{I_B-I_C}{\sqrt{3}}$$

$$I'_C=\frac{I_C-I_A}{\sqrt{3}}$$

（2）对于变压器绕组为d11形，此侧各相差动电流计算值为

$$I'_a=I_a$$

$$I'_b=I_b$$

$$I'_c=I_c$$

二、差动保护定值校验

1. 系统参数

系统参数包括变压器容量，变压器接线方式，高、中、低压侧额定电压。由变压器铭牌标注。其中变压器接线方式设置代码见表7-6。

表 7-6 变压器接线方式设置代码表

序号	接线方式	接线方式代码
1	Y12/Y12/Y12	0
2	Y12/Y12/d11	1

2. 各侧变比和额定电流值

本装置根据变压器系统参数和各侧 TA 变比自动计算各侧额定电流值。各侧变比由整定单决定。

$$高压侧额定相电流=变压器容量/\sqrt{3}\times U_{HDY}\times I_{HCT}$$

$$中压侧额定相电流=变压器容量/\sqrt{3}\times U_{MDY}\times I_{MCT}$$

$$低压侧额定相电流=变压器容量/\sqrt{3}\times U_{LDY}\times I_{LCT}$$

$$低压侧额定线电流=变压器容量/LDY\times LCT$$

式中：I_{HCT}、I_{MCT}、I_{LCT} 分别为变压器高、中、低三侧一次额定电流值；U_{HDY}、U_{MDY}、U_{LDY} 分别为变压器高、中、低三侧一次额定电压值。

3. 平衡系数

本装置根据变压器三侧额定电压和三侧 TA 变比及绕组接线方式自动调节电流平衡。

高压侧：绕组为 Y 形，平衡系数为 $1/\sqrt{3}$。

中压侧：绕组为 Y 形，平衡系数为 $(I_{MCT}\times U_{MDY})/(I_{HCT}\times U_{HDY}\times\sqrt{3})$。

低压侧：绕组为 Y 形，平衡系数为 $(I_{LCT}\times U_{LDY})/(I_{HCT}\times U_{HDY}\times\sqrt{3})$；绕组为三角形，平衡系数为 $(I_{LCT}\times U_{LDY})/(I_{HCT}\times U_{HDY})$。

4. 比率差动最小动作值校验

比率差动最小动作值为差动保护比率制动拐点电流定值。投入差动保护连接片，定值整定中的控制字整定“TA 断线开放差动”，其他保护均退出。监视高、中、低压侧跳闸出口接点，分别从高、中、低压侧的 A（B、C）相加入单相电流，保证差动保护可靠动作，记录动作值。加入 1.2 倍差动整定值，记录差动保护动作时间。

动作判据：

$$I_{cdd} > I_{cd}$$

式中：I_{cdd}为变压器差动电流；I_{cd}为差动电流定值。

所加电流值大于（1.05×差动整定值/对应侧平衡系数）时，差动保护应可靠动作；小于（0.95×差动整定值/对应侧平衡系数）时，差动保护应可靠不动作。比率差动保护出口时间应小于35ms（显示值应小于25ms）。

5. 差动速断定值校验

试验方法：投入差动保护连接片，定值整定中的控制字整定“TA断线开放差动”，其他保护均退出。监视高、中、低压侧跳闸出口接点，分别从高、中、低压侧的A（B、C）相加入单相电流，保证差动保护可靠动作，记录动作值。加入1.2倍速断整定值，记录差动保护动作时间。

动作判据：

$$I_{cdd} > I_{sd}$$

式中：I_{cdd}为变压器差动电流；I_{sd}为速断电流定值。

所加电流值大于（1.05×速断整定值/对应侧平衡系数）时，差动保护应可靠动作；小于（0.95×速断整定值/对应侧平衡系数）时，差动保护应可靠不动作。差动速断保护出口时间应分别少于30ms（显示值应少于16ms）。

6. 接线方式检查方法

（1）接线方式检查方法一（需具有6路可变电流的继电保护综合测试仪）。

1）对于Y12/Y12接线方式，分别以三相正极性接入，通入一个n倍额定电流（$n \leqslant 1$），且两侧的电流相位差为180°，同时检查保护装置的差电流。

2）对于Y12/d11接线方式，分别以三相正极性接入，通入一个n倍额定电流（$n \leqslant 1$），且两侧的电流相位差为150°，同时检查保护装置的差电流。

3）合格判据：装置应无差流显示。

（2）接线方式检查方法二（继电保护综合测试仪提供3路可变电流）。

1）对于Y12/Y12接线方式，若在任意两侧A相加入电流，通入一个n倍额定电流（$n \leqslant 1$），且两侧的电流相位为180°，同时检查装置的差电流。

2）对于Y12/d11接线方式，可分别在Y12侧的A相通入一个n倍额定电流（$n\leqslant 1$）的$\sqrt{3}$倍单相电流，在 d11 侧 A 相和 C 相通入一个 n 倍额定电流（$n\leqslant 1$）的相间电流，A 相位为 180°，C 相位为 0°。

3）合格判据：装置应无差流显示。

Y 侧和 d11 侧试验相的对应关系见表 7-7。

表 7-7 **Y 侧和 d11 侧试验相的对应关系**

Y 侧试验相	A	B	C
d11 侧试验相	A、C	B、A	C、B

7. 试验方法

（1）Y12/Y12 接线方式。比率制动特性校验：在两侧 A（B、C）相加入相位相差 180°的两路电流（I_1 和 I_2），根据计算结果先固定 I_1、I_2，缓慢地降低 I_2 的电流值，使差动保护动作，分别记录 I_1 和 I_2 的电流值，根据 I_1 和 I_2 的电流值则可计算出差动电流、制动电流和制动系数。

（2）Y12/d11 接线方式。在 Y12 侧 A（B、C）相加入一个单相电流，在 d11 侧 A 相和 C 相（B 相和 A 相、C 相和 B 相）加入一个相间电流，A（B、C）相位为 180°，C（A、B）相位为 0°，试验方法同上。

（3）稳态比率差动曲线是由三段折线组成，如图 7-17 所示，其中 I_{zd} 为高压侧额定电流值。

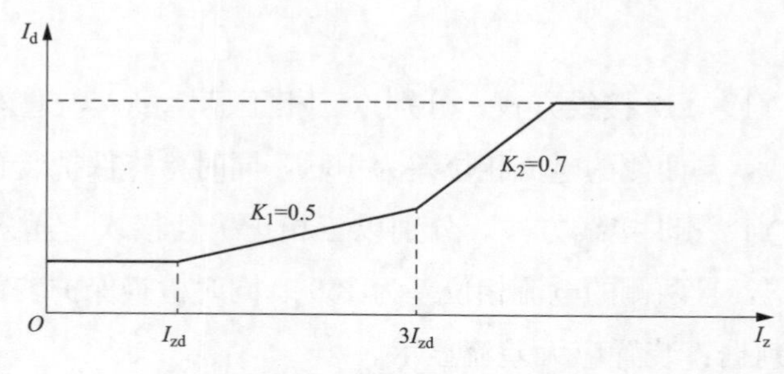

图 7-17 比例差动动作特性图

（4）稳态比率差动动作方程如下：

$$I_{cdd}=|I_1+I_2|$$

$$I_{zdd}=\max(|I_1|,|I_2|)$$

$$I_{cdd} \geqslant I_{cd}$$

$$I_{zdd} \leqslant I_{zd}$$

$$K_{cd1} = \frac{I_{cdd} - I_{cd}}{I_{zdd} - I_{zd1}}, I_e \leqslant I_{zdd} \leqslant 3I_e$$

$$K_{cd2} = \frac{I_{cdd} - I_{cd}}{I_{zdd} - I_{zd2}}, I_{zdd} > 3I_e$$

式中：I_1、I_2 为对应侧电流；I_{cd}为差动保护电流定值；I_{cdd}为变压器差动电流；I_{zdd}为变压器差动保护制动电流；I_{zd}为差动保护比率制动拐点电流定值，软件设定为高压侧额定电流值；K_{cd1}，K_{cd2}为比率制动的制动系数，软件设定为 $K_{cd1}=0.5$，$K_{cd2}=0.7$。折线取两个点。

8. 以 Y12/d11 接线方式主变压器为例

某变压器在 PST1200 下的参数见表 7-8。

表 7-8　　某变压器在 PST1200 下的参数

变压器最大容量	180MVA（接线组别：YNYNd）		
各侧实际运行电压	220kV	115kV	37kV
TA 变比	1200/5	1200/5	3000/5
二次额定电流 I_e	1.96A	3.765A	4.681A
PST1200 的平衡系数	0.577	0.307	0.243

PST1200 比例差动动作特性试验接线如图 7-18 所示。

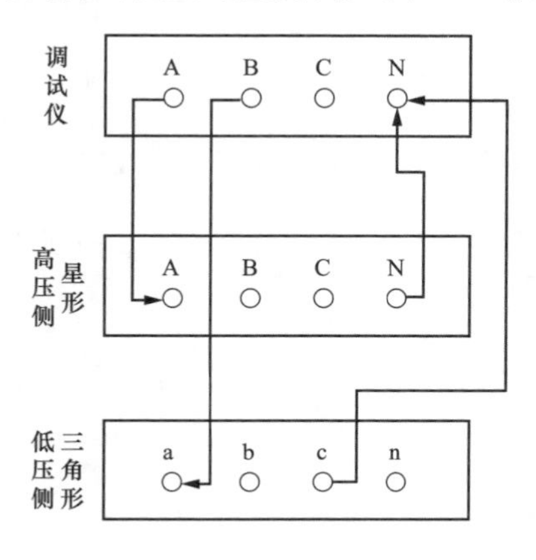

图 7-18　PST1200 比例差动动作特性试验接线图

主变压器试验加量，假设 $I_{cd}=0.8A$，则：

（1）分别在 Y12 侧的 A 相通入一个 2 倍额定电流的$\sqrt{3}$倍单相电流，在 d11 侧 A 相和 C 相通入一个 2 倍额定电流的相间电流，A 相位为 180°，C 相位为 0°。即高压侧 A 相加幅值 $2\times1.96\sqrt{3}$A，相角 0°；低压侧 A 相加幅值 9.362A，相角 180°，C 相加幅值 9.362A，相角 0°；此时装置无差流显示。

（2）然后保持低压侧电流不变，逐步减小高压侧电流，直到差动动作，记录下此时高、低压侧电流，可得到动作直线上的第二个点 S1。

假设此时记录 $I_1=3.689A$，则：

$$I_{1*}=3.66/1.96\sqrt{3}=1.087$$

$$I_{d1}=|I_{1*}+I_{2*}|=|2-1.087|=0.913$$

$$I_{r1}=\max(|I_{1*}|,|I_{2*}|)=2$$

（3）重新如图 7-18 所示加电流，高、低压侧都增大到 3 倍，则差流还是零。然后保持低压侧电流不变，逐步增加高压侧电流，直到差动动作，记录下此时高、低压侧电流，可得到动作直线上的第二个点 S2。

假设此时记录 $I_1=5.384A$，则

$$I_{1*}=5.384/1.96\sqrt{3}=1.586$$

$$I_{d1}=|I_{1*}+I_{2*}|=|3-1.586|=1.414$$

$$I_{r1}=\max(|I_{1*}|,|I_{2*}|)=3$$

（4）计算比例差动的斜率和相对误差，假设比例系数定值为 0.5，则

$$K=\frac{I_{d2}-I_{d1}}{I_{r2}-I_{r1}}=\frac{1.414-0.913}{3-2}=\frac{0.501}{1.0}=0.501$$

$$\delta\%=\frac{K-K_{set}}{K}=\frac{5.01-5}{5.01}=0.2\%$$

【典型案例一】

差动保护不动作。

【原因分析】

（1）差流未到定值。

（2）定值设置错误。

（3）所加故障电流频率不对谐波闭锁了。

（4）TA断线闭锁（注意观察装置报文）。

（5）有开出异常或定值校验错误等告警报文。

（6）加三相电流试验时，三相电流间的相位关系不对。

【典型案例二】

差动保护每次上电只能动作一次。

【原因分析】

（1）动作后电流没有退只是降低到定值以下。

（2）测试台有问题电流不能退干净。

（3）有其他残留电流。

【典型案例三】

差动保护定值不准（主要是差流速断保护）。

【原因分析】

（1）频率不对，此时电流幅值漂移。

（2）速断保护为半波差分傅氏算法，如电流的起始角度不为零度，所以在校验精度时要以零度角作为起始角，因为测试台的直流衰减常数的不同，所以不能以某个测试台的行为来作为依据。

【典型案例四】

比例制动试验时，无比例制动特性。

【原因分析】

（1）检查所加两个电流的极性及转角关系。

（2）定值整定中的 TA 的接法是否正确。

【典型案例五】

比例制动试验时，比例制动曲线斜率不对。

【原因分析】

（1）是否充分考虑了各侧平衡系数。

（2）计算制动电流拐点时是否考虑了星形联结与三角形联结关系中的$\sqrt{3}$倍。

（3）所取两点是不是落在两条不同斜率的曲线上。

（4）制动电流是不是固定了，常见错误是固定一个电流，然后抬高另一个电流，此时制动电流已不是固定的电流而是抬高的那个电流。

（5）是不是五侧差动，五侧差动的制动电流选取与其他差动不同。

任务六　长园深瑞 BP2B 装置调试

【任务描述】

本任务主要讲解变电站为什么要装设母线保护、交流量调试、开关量调试、保护功能调试等内容。通过母线保护动作原理分析及图解示意，以及案例分析等，了解母线保护在继电保护系统的作用及重要性，熟悉母线保护安装注意事项等内容。

【知识要点】

主要包括装设母线保护的必要性，母线保护交流量调试、开入量调试、保护功能调试及案例分析等内容。

【技能要领】

一、装设母线保护的原因

母线是一个变电站众多电力设备和输电线路的公共电气连接点，是系统中汇集和分配电能的枢纽，虽然母线上发生故障的概率较小，但是如果母线上发生故障并且不能及时切除，这将给整个电力系统带来严重的后果，甚至危及系统的稳定运行，因此要装设母差保护。

根据规程的规定，通常在下列情况应考虑装设专用的母差保护：

（1）基于系统稳定的要求，当母线发生故障必须快速切除时。

（2）当母线残余电压小于（0.5～0.6）U_e 时，为保证用户用电质量。

（3）对于具有分段断路器的双母线，由于其供电可靠性要求高，若采用供电元件的后备保护作为母线保护，可能无选择性或切除母线故障时间太长，不能满足运行上的需要。

（4）对于固定连接的母线和元件由双断路器连接的母线。

（5）在变电站中，为减少短路容量。

母线差动保护实现的依据：

（1）连接在母线上的各支路电流，在正常运行和区外故障时，满足基尔霍夫定律，即

$$\sum I = I_1 + I_2 + I_3 + I_4 = 0$$

（2）母线上发生故障，有源元件都向故障点供应短路电流，无源元件无流，可得

$$\sum I = I_1 + I_2 + I_3 + I_4 = I_d$$

（3）连接在母线上的各支路电流，在正常运行和区外故障时，至少有一路电流与其他连接元件电流相反，区内故障时，除电流为零的元件以外，有源元件的电流有相同的相位，特别情况除外。

【要点解析】

主要介绍长园深瑞 BP-2B 母线保护装置各项目的调试方法。

1. 交流量调试

（1）在预设——相位基准中设置以 01（LK—母联）单元的相位为基准。

（2）在第 1 单元加三相电流，幅值依次为 1、2、3A，相角依次为 −30°、90°、−150°，校验查看——间隔单元菜单显示的交流量并记录。

（3）在以下各单元的交流测试中，除在本单元加三相电流外，A 相电流与第 1 单元 A 相串接，以校验各单元的相角。

（4）在 TV 端子加三相电压，幅值依次为 10、20、30V，相角依次为 0°、240°、120°，校验查看——间隔单元菜单显示的交流量并记录。

以上试验中，如果各 TA 变比是整数倍关系，可抽检 2 个间隔，修改 TA 变比，验证差流是否正确。如果各 TA 变比不是整数倍关系，需将各单元的 TA 变比逐个修改，验证差流是否正确。

2. 开入量调试

（1）将所有的隔离开关强制合均改为自适应状态。依次在屏后的隔离开关开入端子和失灵开入端子加开入量，在主界面检测隔离开关是否正确，在间隔单元菜单中检测失灵接点是否正确。若调试有问题，更换相应的单元板。

（2）将保护投退切换把手切至“差动退，失灵投”位置，查看主界面显示是否正确。切至“差动投，失灵退”位置，查看主界面显示是否正确。切至“差动投，失灵投”位置，查看主界面显示是否正确。

（3）检验信号复归是否正常，若“闭锁异常，闭锁开放”信号复归异常，更换 1N1（光耦板 BP331）或闭锁主机板，其他的信号复归异常，更换 2N1（光耦板 BP331）或差动主机板。

（4）投充电保护连接片，过电流保护连接片，查看主界面是否正常。若异常，更换 2N1（光耦板 BP331）或差动主机板。

（5）投分列运行连接片，查看母联开关是否断开。检查母联动合、动断触点是否异常。若异常，更换 2N1（光耦板 BP331）或差动主机板。

3. 保护功能调试

（1）母线区外故障，BP-2B比例差动动作特性试验接线如图7-19所示。

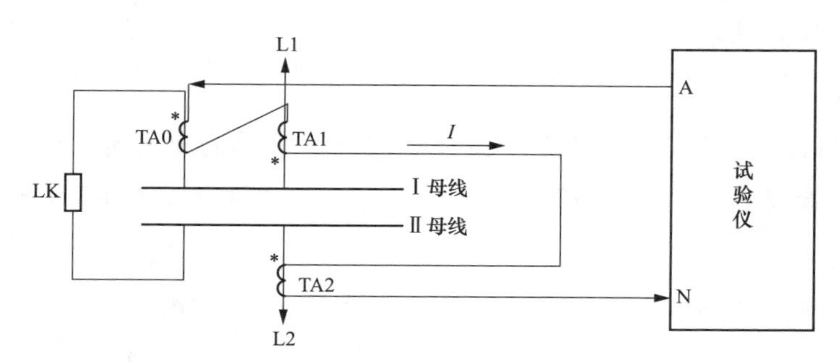

图7-19　BP-2B比例差动动作特性试验接线图

1）间隔母联（分段）的隔离开关强制合。L1、3、5、7、9…奇数单元强制合Ⅰ母线，Ⅱ母线自适应：L2、4、6、8、10…偶数单元强制合Ⅱ母线，Ⅰ母线自适应。

2）将LK、L1、L2三个单元同时串接A相电流，幅值为I_n=5A，方向：LK、L1为正方向，L2为反方向（L1，3，5，7，9…接在Ⅱ母线，L2、4、6、8、10…接在Ⅰ母线，则LK、L2为正方向，L1为反方向）。加入电流后保护装置应不动作。

注：BP-2B母线保护母联TA的极性在Ⅱ母线。

3）大差电流和两段小差电流均为0，母差应不动作。

4）注意在差动保护中有母线电压复合闭锁的问题，在试验时应注意母线的电压是否已经加入。

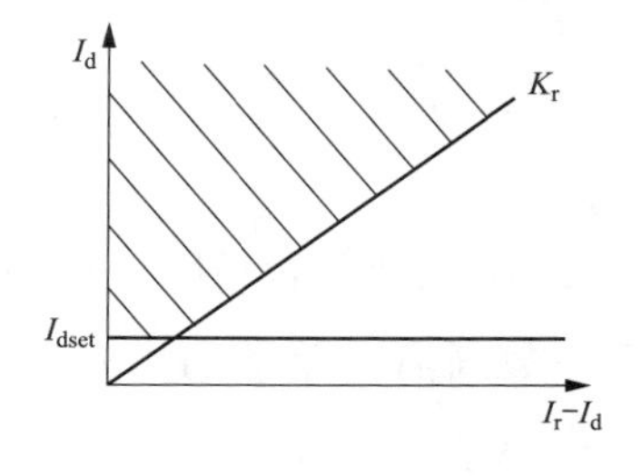

图7-20　BP-2B比例差动动作特性曲线图

（2）母线区内故障。

1）L2加B相电流（任意一相电流即可），验证Ⅱ母线差动动作时的门槛定值。

2）测试保护装置的比率系数如下。

a. 复式比率差动曲线如图7-20所示。

b. 复式比率差动判据如下：

$$\begin{cases} I_d > I_{dset} \\ I_d > K_r \times (I_r - I_d) \end{cases}$$

式中：I_d 为差动电流；I_r 为制动电流；I_{dset} 为动作电流门槛值；K_r 为比率制动系数。

3）将试验仪的 A 相电流串接在 L1、L3 单元的 B 相端子上，方向相反。将试验仪的 B 相电流接在 L2 单元的 B 相端子上，幅值为 0，方向无要求。

进入试验仪装置手动试验，将 L1、L3 的 I_a 固定电流输出，输出后将 L2 电流由“0”向上加——将“变量步长选择”中变量选为“I_b，幅值”，“变化步长”选择为 0.1A，电流慢慢增大，差动保护动作时分别读取此时 I_b 电流值。重复上述试验多选取几组 I_a、I_b，由此可绘制出在并、分列运行时大差差动保护动作特性曲线，如图 7-21 所示。

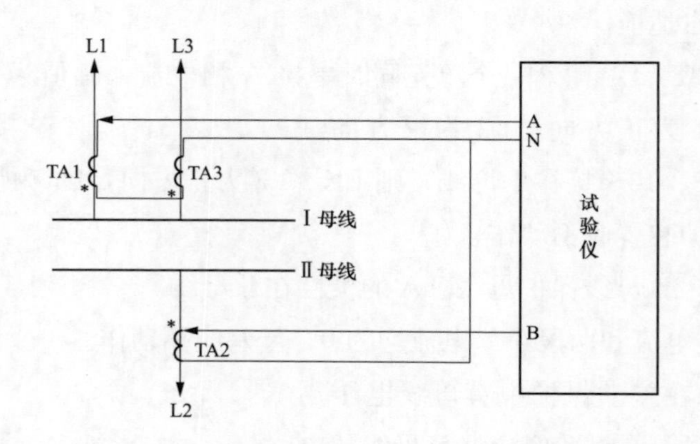

图 7-21 BP-2B 比例差动动作特性试验接线图

4）母联开关合位时，改变 L2 的电流幅值，验证Ⅱ母线差动动作时的比率系数高值。差动动作时的电流值为 I_d。根据 $I_d = K_r \times (I_r - I_d)$，可以算出比率系数 K_r，$I_r = I_{L1} + I_{L2} + I_{L3}$（$I_{L1}$ 为第 1 个支路的电流，I_{L2} 为第 2 个支路电流，I_{L3} 为第 3 个支路电流），$I_{L1} = I_{L3} = I_a$（A），$I_d = I_b$（A），$K_r = I_d/4$。

首先，通过装置定值 $K=2$，差动动作定值 $I_{CD}=4.0$A，求最小制动电流，即拐点最小制动电流 $I_{zdmin}=4.0/2=2.0$（A）。

选取合适的测试点，计算得到相应的数值，见表 7-9。

表 7-9 相关测试点对应的数值

I_a（A）	0.5	1.0	1.5	2.0	2.5
I_b（A）	2	4.0	6.0	8.0	10.0
$I_d=I_b$	2	4.0	6.0	8.0	10.0
$I_r=2I_a+I_b$	3	6.0	9.0	12.0	15.0
K	—	2	2	2	2

$$K=\frac{I_{d2}-I_{d1}}{(I_{r2}-I_{d2})-(I_{r1}-I_{d1})}=\frac{4.0-2.0}{(6.0-4.0)-(3.0-2.0)}=\frac{2.0}{1.0}=2$$

5）母联开关分位时，试验方法及步骤同上。

6）查看录波的信息，波形和打印报告是否正确。

注：试验步骤 4、5 中，L2 电流幅值变化至差动动作时间不要超过 9s，否则报 TA 断线，闭锁差动。试验中，不允许长时间加载 2 倍以上的额定电流。

（3）母联失灵（死区）故障。

1）母联开关为合位。

2）将 LK、L1、L2 三个单元同时串接 C 相电流，方向相同。

BP-2B 母联开关合位死区故障接线如图 7-22 所示。

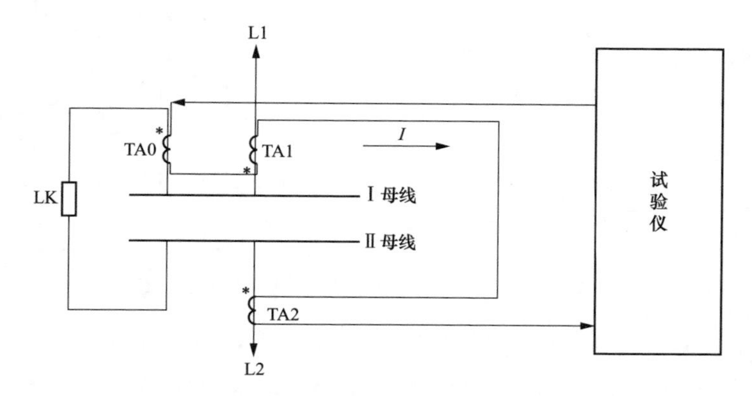

图 7-22 BP-2B 母联开关合位死区故障接线图

3）测试步骤：

第一步：设置状态一（故障前状态）。"状态参数"中设置Ⅰ母线电压幅值均为 57.74V 的三相正相序对称电压，三相电流均为零，频率为 50Hz。"触发条件"中设置最长状态输出时间为 20s，有足够时间使装置回复到正常态。

第二步：设置状态二（故障状态）。"状态参数"中设置 U_A 幅值 20V（满足复合电压元件动作），U_B、U_C 幅值均为 57.74V 的电压；I_A 幅值设置为×A（大于差动动作电流定值，小于母联失灵定值），I_B、I_C 相幅值均设为零；频率为 50Hz。Ⅱ母线动作 。

"触发条件"中设置最长状态输出时间为 500ms（大于死区保护动作时间）。

第三步：电流幅值加至大于差动门槛，又大于母联失灵定值，Ⅱ母线差动动作。母联失灵启动经母联失灵延时后，封母联 TA，Ⅰ母线差动动作。

4）用试验仪检验Ⅰ母线出口延时（母联失灵延时）是否正确。

5）母联开关为分位（死区保护）。BP-2B 母联开关分位死区故障接线如图 7-23 所示。

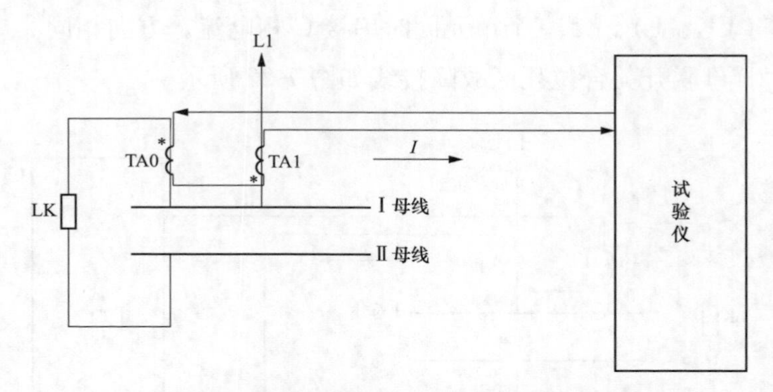

图 7-23 BP-2B 母联开关分位死区故障接线图

6）将 LK、L1 两个单元同时串接 C 相电流，方向相同。

7）电流幅值加至大于差动门槛，小于母联失灵定值，Ⅰ母差动动作。

8）查看录波的信息，波形和打印报告是否正确。

【典型案例】

某220kV变电站内，220kV母线差动保护运行中出现异常告警，装置报“差动异常”“差动退出”“失灵保护退出”等信号，装置自检报告显示01E000，母差保护退出。

【原因分析】

引起220kV母差保护××保护装置报“差动异常”“差动退出”“失灵保护退出”等信号原因较为明确，外回路同时出现故障的可能性比较小，且该报文应该是保护发出，非外部开入量，可判断装置内部板件故障的可能性较大。所以类似出现多个异常报文同时发出的缺陷时，可以结合报文的内容，判断故障的种类，如果报“保护元件××区异常”“定值区异常”等，则是差动板故障的可能性较大；如报“保护元件A/D异常”“保护元件出口接点异常”等，则单元板或光耦板故障；如报“闭锁元件××异常”，则是闭锁板问题。处理上述问题时也可以提前准备可能需要更换的板件并汇报需做的安全措施。

【防范措施】

1. 消缺方法

第一步，220kV母线差动保护装置报“差动异常”“差动退出”“失灵保护退出”等异常信号，先检查保护面板运行状态，保护异常灯亮，保护退出。通过人机界面进入装置检查装置参数、差流情况、保护定值、软压板、开入等设置情况，并做好记录。

第二步，检查保护装置各单元插件的接触是否到位，接入装置的电源是否正常，如果无异常，可以判断为内部插件或软件运行异常问题。此时，可以在做好安全措施的情况下，断电重启该母差保护装置，检查异常信号是否存在。如果信号未复归，可以判断非程序异常原因引起，与硬件有关。

第三步，结合所报“差动异常”“差动退出”“失灵保护退出”异常信号，可判断为保护单元插件和主机插件的问题，先考虑更换该××母差保护单元插件，该保护插件共有1～6号共6块BP330板，更换前先核对备品插件和需更换插件的型号和电源电压等级，更换后上电重启，检查信号是否复归。

第四步，如果更换保护单元插件后未恢复，则更换主机插件，更换主机插件必须检查程序芯片，更换后需重设置保护定值和装置参数，并检查装置开入量和模拟量，并对该母差保护做全校验。

本次缺陷中母差保护有故障代码01E000，联系研发人员可以确定为保护单元36插件故障，更换了6号保护单元插件，装置断电重启后恢复正常，模拟量核对及开入、开出量试验均正确，该缺陷消除。在另一起母差缺陷中报同类故障代码01C100，是BP330板1号单元插件故障引起的，更换板件后恢复正常。

2. 注意事项

当发生母差保护异常时，应向调度部门申请停用此套保护。如果不能停用，在母差保护屏上采用断开开入压板或拆线的方法断开相应回路，防止开入量可能引起的误动作。此外，即使在母差保护停用的情况下，由于需在保护屏后的端子排上工作，应严防误碰母差保护的跳闸出口及电流回路端子，防止误跳运行断路器及电流二次回路开路。

3. 预防措施

在排查故障时，应将电流回路及跳闸出口回路用胶带封闭，防止工作过程由疏忽造成的误跳运行断路器及电流回路开路等严重事件。

任务七　南瑞继保RCS915装置调试

【任务描述】

本任务主要讲解变电站母线保护比率制动系数K校验、母联死区保护调试等内容。通过母线保护动作原理分析及图解示意，以及案例分析等，了解母差保护在继电保护系统的作用及重要性，熟悉母线保护安装注意事项等内容。

【知识要点】

主要包括装设比率制动系数 K 校验、母联死区保护调试及案例分析等内容。

【技能要领】

一、比率制动系数 *K* 校验

（1）测试方法。短接元件 1 及元件 2 的 Ⅰ 母线隔离开关位置接点。向元件 1 TA 和元件 2 TA 加入方向相反、大小可调的电流。用试验仪 A 相接 I_1，B 相接 I_2。在 I_1 与 I_2 的 A 相电流回路上，同时加入方向相反、数值相同两路电流。一相电流固定，另一相电流慢慢增大，差动保护动作时分别读取此时 I_1、I_2 电流值。可计算出 $I_{cd}=|I_1-I_2|$，$I_{zd}=(|I_1|+|I_2|)$ 则 $K=I_{cd}/I_{zd}$。重复上述试验多选取几组 I_{cd}、I_{zd}，由此可绘制出在并列运行时大差差动保护动作特性曲线。

（2）试验接线。RCS915 比例差动动作特性试验接线如图 7-24 所示。

（3）试验步骤。选择试验仪的手动试验测试模块。

第一步：在“测试窗”中设置 U_A 幅值 40V（满足复合电压元件动作），U_B、U_C 幅值均为 57.74V 的电压；I_A 幅值设置为 1A，相位设置为 0°，I_B 幅值设置为 1A，相位设置为 180°，I_C 幅值均设为零；频率为 50Hz。变量选择 I_B，变化步长设置为 0.1A。

第二步：单击工具栏中的按钮进入试验。

第三步：单击工具栏中的按钮，增大 $\dot{I}_b$，当保护动作时，停止单击按钮，记录此时的电流值 $\dot{I}_a$ 与 $\dot{I}_b$。试验参数见表 7-10。

$$\text{则 } I_{cd}=|I_1-I_2|=|I_a-I_b|$$

$$I_{zd}=|I_1|+|I_2|$$

$$K_H=|I_1-I_2|/(|I_1|+|I_2|)=|I_a-I_b|/(|I_a|+|I_b|)$$

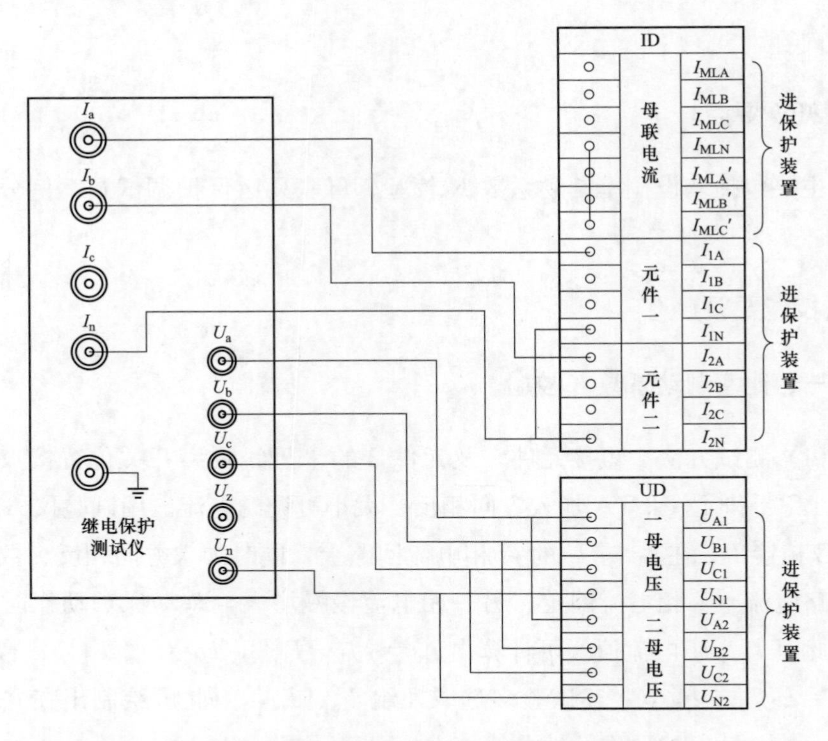

图 7-24　RCS915 比例差动动作特性试验接线图

（4）试验举例。首先，通过装置定值 $K=0.5$，$I_{CD}=5.0\text{A}$，求最小制动电流即拐点 $I_{zdmin}=5.0/0.5=10.0$（A）。求方程组 $I_1-I_2=5.0\text{A}$，$I_1+I_2=10.0\text{A}$；得出拐点的 $I_1=2.5\text{A}$，$I_2=7.5\text{A}$。选择合适的测试点，计算得出相应的数值，见表 7-10。

表 7-10　　相关测试点对应的数值

I_1（A）	1.0	2.0	2.5	3.0	4.0
I_2（A）	6.0	7.0	7.5	8.7	11.7
$I_{cd}=I_1-I_2$	5.0	5.0	5.0	5.7	7.7
$I_{zd}=I_1+I_2$	7.0	9.0	10.0	11.7	15.7
K	—	—	0.5	0.5	0.5
	$I_{zd}<I_{zdmin}$		I_{zdmin}	$I_{zd}>I_{zdmin}$	

$$K=\frac{I_{cd2}-I_{cd1}}{I_{zd2}-I_{zd1}}=\frac{7.7-5.7}{15.7-11.7}=\frac{2.0}{4.0}=0.50$$

二、母联死区保护

若母联开关和母联 TA 之间发生故障，断路器侧母线跳开后故障仍然存在，正好处于 TA 侧母线小差的死区，为提高保护动作速度，专设了母联死区保护。

母联死区保护逻辑框图，如图 7-25 所示。

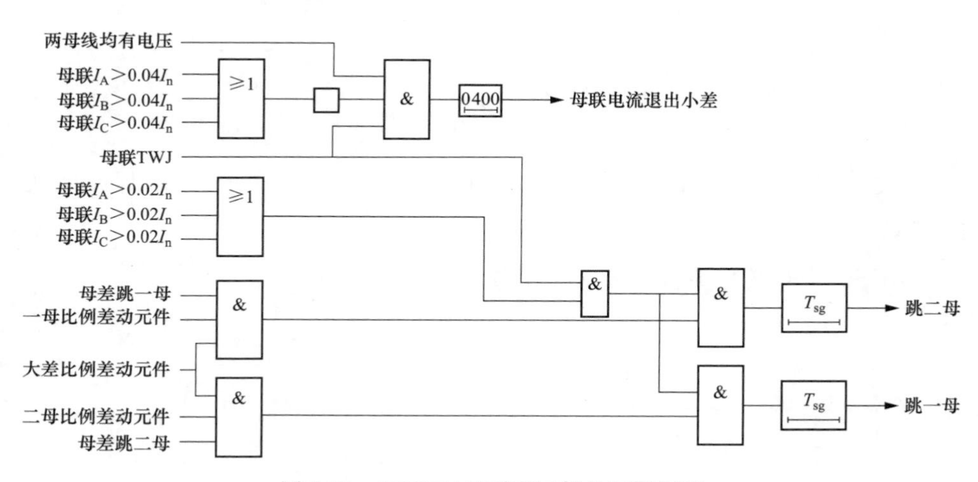

图 7-25 RCS915 母联死区保护逻辑框图

（1）母联开关处于合位时的死区故障。短接元件 1 的Ⅰ母线隔离开关位置及元件 2 的Ⅱ母线隔离开关位置接点，将母联跳闸接点接至母联跳位开入。

1）试验接线如图 7-26 所示。

2）试验步骤：选择试验仪的状态序列测试模块。

第一步：设置状态一（故障前状态）。“状态参数”中设置幅值均为 57.74V 的三相对称电压，三相电流均为零，频率为 50Hz。

“触发条件”中设置最长状态输出时间为 20s，有足够时间使装置恢复到正常态。

第二步：设置状态二（故障状态）。“状态参数”中设置 U_A 幅值 20V（满足复合电压元件动作），U_B、U_C 幅值均为 57.74V 的电压；I_A 幅值设置为×A（大于差动动作电流定值），I_B、I_C 相幅值均设为零；频率为 50Hz。

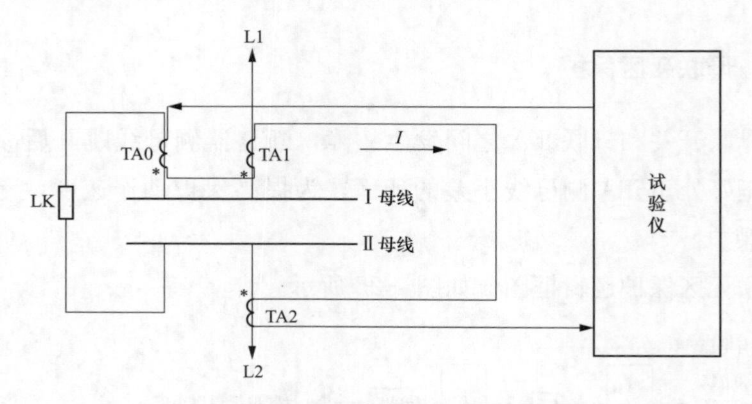

图 7-26　RCS915 母联开关合位死区故障示意图

“触发条件”中设置最长状态输出时间为 500ms（大于死区保护动作时间）。

RCS915 母联开关合位死区故障接线如图 7-27 所示。

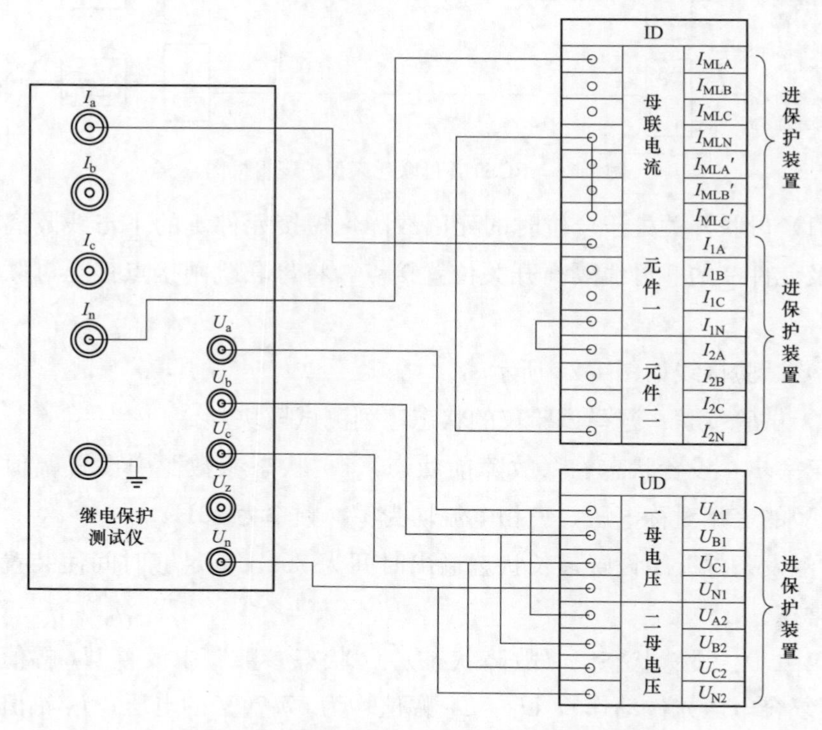

图 7-27　RCS915 母联开关合位死区故障接线图

第三步：单击工具栏中的按钮，进入试验。

3）试验结果，在保证母差电压闭锁条件开放的情况下，通入大于差流起动定值的电流，母线差动保护应动作跳Ⅱ母线，经死区保护延时 TSQ 时间，死区保护动作跳Ⅰ母线。

（2）母联开关处于跳位时的死区故障。为防止母联在跳位时发生死区故障将母线全切除，当两母线都有电压且母联在跳位时母联电流不计入小差。母联 TWJ 为三相动合触点（母联开关处跳闸位置时接点闭合）串联。

1）试验接线。RCS915 母联开关分位死区故障示意如图 7-28 所示，RCS915 母联开关分位死区故障接线如图 7-29 所示。

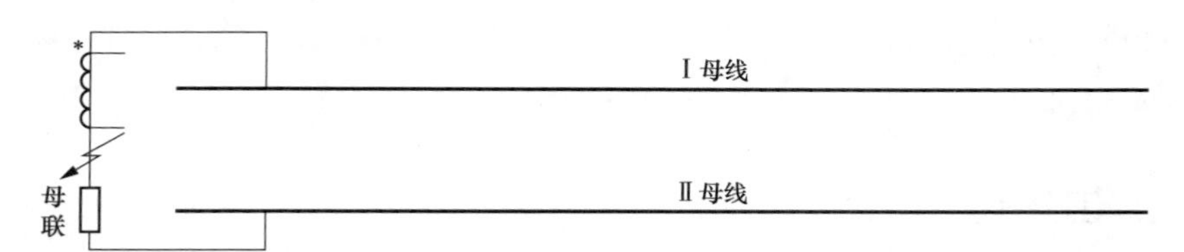

图 7-28　RCS915 母联开关分位死区故障示意图

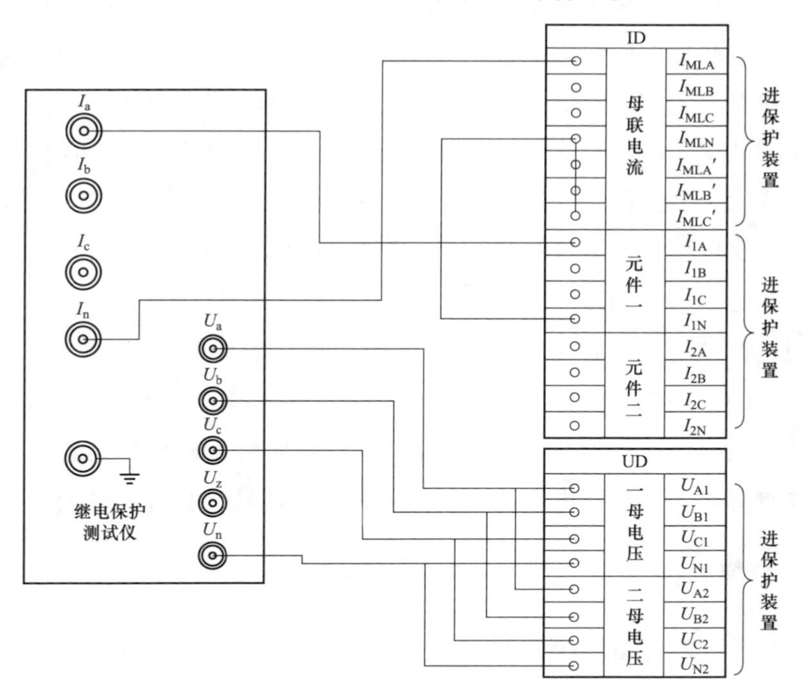

图 7-29　RCS915 母联开关分位死区故障接线图

2）试验方法。短接元件1的Ⅰ母线隔离开关位置及元件2的Ⅱ母线隔离开关位置接点。

3）试验步骤同上。

【典型案例】

某变电站RCS915母差保护装置频繁发母联TA异常及TA异常告警信号。异常时大差为0，两个小差相等最大时达到0.7A，装置TA异常定值整定为0.5A。现场用钳形表检测外回路的电流及相位结果与装置相符，但在异常发生与消失期间保护班人员没对外部的回路进行过任何改动，值班员也没进行过倒闸操作，异常怎么会自动恢复呢？现场人员起初怀疑母联TA极性，结果母联TA各项试验均正常。

【原因分析】

查看值班员的操作记录，发现这个变电站两台主变压器110kV侧有由分列运行与并列运行变化的操作，因此确定异常产生与两台主变压器运行方式变化有关。实际模拟后发现现场把在不同母线上的两台主变压器的电流回路交叉接入，由于这个站正常运行方式两台主变压器并列运行时负荷电流一样大，电流回路交叉接入，小差仍为0，即使测线路及主变压器保护屏的电流也与母差屏里一样。而分列运行时负荷电流不一样，所以出现了小差正好为它们的差值。

现场调试时应确定每个支路的电流回路、隔离开关位置、失灵接点、跳闸回路的一一对应，另外还需注意，在不同母线上有两个支路电流相等时，即使大差小差都为0，也不能保证电流回路的正确，当装置有差流时，不仅要测母差保护屏的电流还要测线路及主变压器保护屏的电流。

【防控措施】

（1）若大差及两个小差的差流均小于电流最小的支路那基本证明支路和母联TA极性是对的。

(2) 若只有两个小差电流且为母联电流的 2 倍而大差电流为 0，则可能母联 TA 极性接反。

(3) 某一支路有电流但无隔离开关位置时，此时装置会自动识别，不会因无隔离开关而对小差有影响。

(4) 若某一支路本来接Ⅰ母线，但由于隔离开关的错误接到Ⅱ母线，此时大差电流为 0，两个小差电流为该支路的电流。

(5) 若Ⅰ、Ⅱ母线的两个支路电流回路接颠倒，则大差为 0，两个小差大小相等，为两个支路电流差值。如果两个支路电流相等，则大差小差均为 0，所以投运后，若不同母线上的两个支路若电流相等，即使大差小差均正常，也不能保证回路的正确性，在现场要确定好支路的电流回路，隔离开关位置，失灵接点及跳闸出口要一一对应。

项目八

二次系统带电检测和回路调试技术

【项目描述】

本项目包含二次系统红外测温技术的应用、TA二次负载离线检测技术、电压互感器二次回路N600多点接地排查、中低压微机保护带电整组传动试验等内容。通过概念描述、原理分析、案例分析，了解二次系统带电检测技术，掌握二次回路调试方法等内容。

任务一　红外测温技术在二次系统中应用

【任务描述】

本任务主要讲解红外测温技术的原理、基本概念和测试方法等内容。通过概念描述和案例分析，了解红外测温技术在二次系统中应用的可能性及必要性，熟悉测温方法，掌握二次系统红外测温技术等内容。

【知识要点】

主要包括温升、温差、相对温差、环境温度参照体、电压致热设备、电流致热设备等。

温升：被测设备表面温度和环境温度参照体表面温度之差。

温差：不同被测设备或同一被测设备不同部位之间的温度差。

相对温差：两个对应测点之间的温差与其中较热点的温升之比的百分数。相对温差 δ_t 可用下式求出：

$$\delta_t = (\tau_1 - \tau_2)/\tau_1 \times 100\% = (T_1 - T_2)/(T_1 - T_0) \times 100\%$$

式中：

τ_1 和 T_1——发热点的温升和温度；

τ_2 和 T_2——正常相对应点的温升和温度；

T_0——环境温度参照体的温度。

环境温度参照体：用来采集环境温度的物体。它不一定具有当时的真实环境温度，但具有与被检测设备相似的物理属性，并与被检测设备处于相似的环境之中。

电压致热设备：由电压效应引起发热的设备。

电流致热设备：由电流效应引起发热的设备。

【技能要领】

一、测试前准备工作

1. 环境要求

（1）被检测设备是带电运行设备，应尽量避开视线中的封闭遮挡物，如门和盖板等。

（2）环境温度不低于 5℃，相对湿度一般不大于 85%；天气以阴天、多云为宜，夜间图像质量为佳；不应在雷、雨、雾、雪等气象条件下进行，检测时风速一般不大于 5m/s。

（3）户外晴天要避开直接照射或反射进入仪器镜头，在室内或晚上检测应避开灯光的直射，宜闭灯检测。

2. 测试仪器

测试仪器主要有便携式红外热像仪、手持（枪）式红外热像仪、在线型热像仪等。红外热成像的原理如图 8-1 所示。测试前需检查测试仪器存储卡空间情况、电池电能情况等。

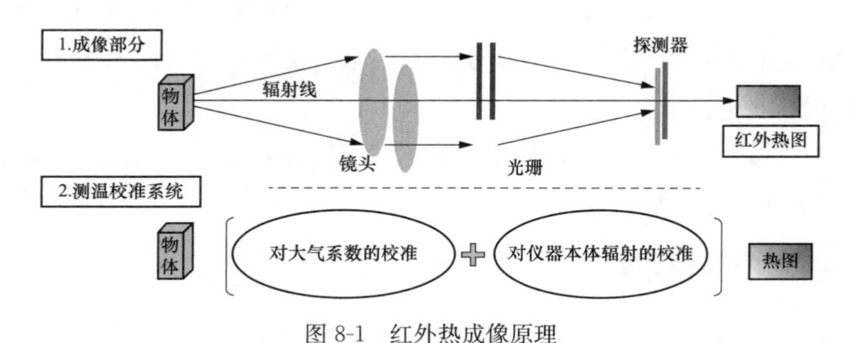

图 8-1　红外热成像原理

3. 现场设备情况

应掌握缺陷情况，检测电流致热型设备，最好在高峰负荷下进行。否则，一般应在不低于30%的额定负荷下进行，同时应充分考虑小负荷电流对测试结果的影响。

二、测试步骤及要求

（1）开机后自检正常，按电源开关超过3s直至电源指示红灯亮起，等待开机界面完成后，仪器进入工作状态。

（2）测温。测试环境参照体温度并记录，接下来用红外热成像仪对同一间隔内所有应测试部位进行全面扫描，寻找发热温度最高点并记录，如图8-2所示。

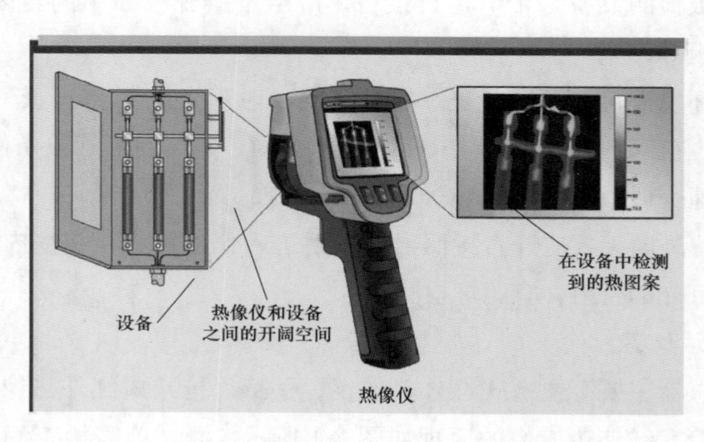

图8-2　红外测温

（3）拍摄。对可疑的发热点进行拍摄，区分是由电压引起的发热，还是由电流引起的发热，将发热设备整体成像、发热点的局部成像并拍摄同类正常设备作为对比。

（4）整理。收集发热设备的实时负荷情况及最高负荷情况，根据相对温差判断法制作测温报告。

三、测试结果分析

测温结束后需要分析测试结果及编写测试报告。以下是几种分析方法：

（1）表面温度判断法。主要适用于电流致热效应和电磁效应引起发热的设备。根据测得的设备表面温度值，对照GB/T 11022—2020《高压交流开关设备和控制设备标准的共用技术要求》中高压开关设备和控制设备各种不检、材料及绝缘介质的温度和温升极限的有关规定，结合环境气候条件、负荷大小进行分析判断。

（2）同类比较判断法。根据同组三相设备、同相设备之间及同类设备之间对应部位的温差进行比较分析。对于电压致热型设备，应结合 GB/T 11022—2020《高压交流开关设备和控制设备标准的共用技术要求》中相关内容进行判断；对于电流致热型设备，应结合 GB/T 11022—2020《高压交流开关设备和控制设备标准的共用技术要求》中相关内容进行判断。

（3）图像特征判断法。主要适用于电压致热型设备。根据同类设备的正常状态和异常状态的热图像，判断设备是否正常。注意应尽量排除各种干扰因数对图像的影响，必要时结合电气试验或化学分析的结果，进行综合判断。

（4）相对温差判断法。主要适用于电流致热型设备。特别时对小负荷电流致热型设备，采用相对温差判断法可降低小负荷缺陷的漏判率。

（5）档案分析判断法。分析同一设备不同时期的温度场分布，找出设备致热参数的变化，判断设备是否正常。

（6）实时分析判断法。在一段时间内使用红外热像仪连续检测某被测设备，观察设备温度随负荷、时间等因数变化的方法。

【典型案例】

红外测温技术在二次系统中应用较广泛，在交、直流电源，主变压器通风回路故障，TA 二次回路故障等缺陷排查上准确性较高。

下例图 8-3 是检修人员在某 110kV 变电站二次设备巡检中发现的 TA 二次隐患发热点图片，图 8-4 为保护装置背板，从红外测温图分析，该线保护装置后 C421 接线点有发热现象，实测温度为 62.9℃，环境温度为 35℃，其他接线为 40℃左右，发热点与环境温度比较温升为 27.9℃，与其他接线温差为 22.9℃，停电检查后发现保护装置背板 C421 接线端子螺栓未紧固，检修人员紧固后复测温度正常。

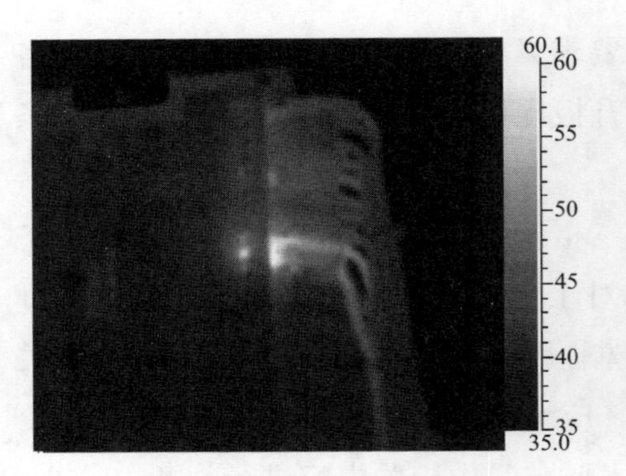

图 8-3 保护装置背板红外成像

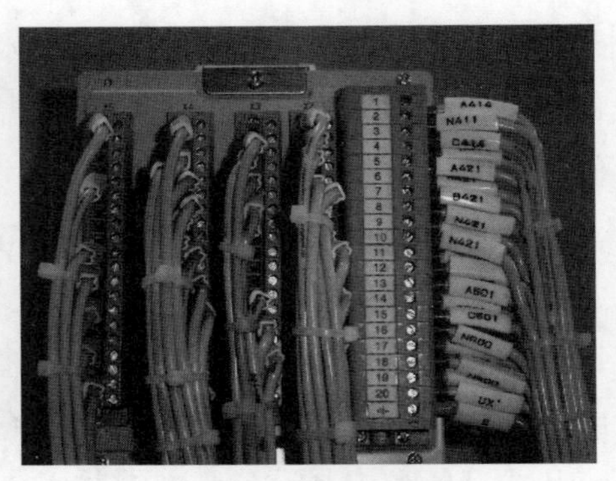

图 8-4 保护装置背板

交、直流电源运行电流较大，其回路中存在接触电阻过大的部位发热尤其严重，通过红外测温，检修人员很容易诊断故障点。

下例图 8-5 为检修人员在某 220kV 变电站二次设备红外测温巡检中发现的一处站所用变压器接头发热图片，图中该站所用电屏Ⅱ“一层动力”熔丝上桩头发热点 0 号区域最高温度 152.8℃，线绝缘皮已烧焦，检查发现该熔丝具夹头与熔芯接触不良，非常松动，连接线绝缘皮已经烧焦，检修人员将熔丝底座夹头夹紧后，熔芯与底座接触良好，复测温度为 12℃。

图 8-6 为某 220kV 变电站 2 号主变压器风扇电源空气开关接触不良发热的图片，发热点为站所用电屏上 2 号主变压器风扇电源空气开关 B 相上桩头，发热部位温度为 53.9℃，环境温度为 33℃，检查发现 2 号主变压器风扇电源空气开关 B 相上桩头螺栓紧固到导线绝缘皮上，造成接触电阻过大，重新做头连接后，接触良好，恢复正常。

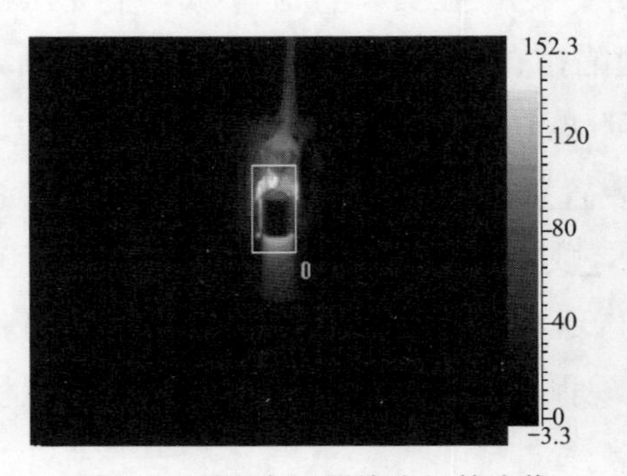

图 8-5 所用变压器接头红外成像

图 8-6 风扇电源空气开关红外成像

任务二 TA二次负载带电检测应用

【任务描述】

本任务主要讲解TA二次负载相关知识及其检测技术的基本原理和测试方法等内容。通过知识点讲解和案例分析，了解TA二次负载的组成，掌握带电检测技术在二次系统中的应用，熟悉基本检测方法。

【知识要点】

TA二次额定负载，可用阻抗 Z_b（Ω）或容量 S_b（VA）表示。二者之间的关系为

$$Z_b = S_b / I_{sn}^2$$

式中：I_{sn} 为电流互感器的额定二次电流，根据实际情况取1A或5A。

电流互感器的二次负载额定容量（S_b）可根据实际负荷需要选用2.5、7.5、10、10、15、20、30VA 。电流互感器等效电路如图8-7所示。

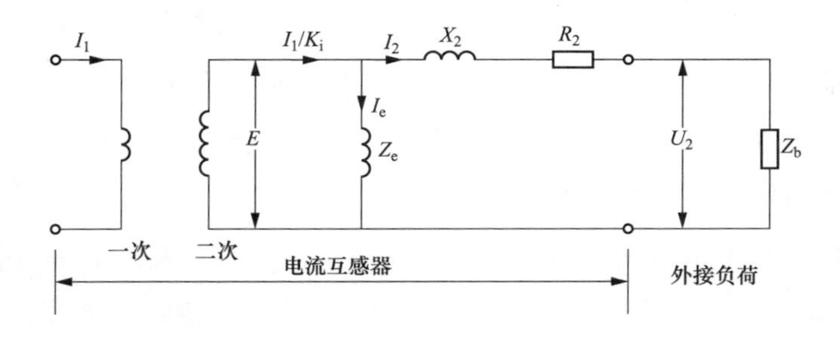

图8-7 电流互感器等效电路

保护用电流互感器二次外接负荷为

$$Z_b = \sum K_{rc} Z_r + K_{1c} Z_1 + R_c$$

式中：Z_r 为继电器电流绕组阻抗，对于数字继电器可忽略电抗，仅计及电阻 R_r，Ω；R_1 为连接导线电阻，Ω；R_c 为接触电阻，一般为0.05～0.1Ω；

K_{rc}为继电器阻抗换算系数；K_{lc}为连接导线阻抗换算系数。

【技能要领】

保护、计量TA二次回路在正常运行中存在一些接触不良的隐性缺陷，这些缺陷大多在保护常规检验中不能被发现，TA二次回路正常有电流通过，如果TA二次回路存在接触不良，会使接触电阻增大，从而导致更多的电阻损耗发热和更高的温度。过多的电阻损耗发热和较高的温度会造成接触面氧化，使接触电阻进一步增大，由此恶性循环，最终导致开路故障，并造成保护拒动或误动事故发生。

一、测试前准备

1. 测试安全措施

在开展TA二次负载带电检测前需做好二次回路的分析与梳理，了解测试工作的风险点，在测试工作中严防造成TA二次回路开路或短路情况的发生。

2. 测试仪器

（1）高精度钳形电流表（见图8-8）。正确查看钳形电流表的外观情况，一定要仔细检查表的绝缘性能是否良好，绝缘层无破损，手柄应清洁、干燥。若指针没在零位，应进行机械调零。钳形电流表的钳口应紧密接合，若指针晃动，可重新开闭一次钳口。

根据被测电流的种类电压等级正确选择钳形电流表，被测线路的电压要低于钳形电流表的额定电压。测量高压线路的电流时，应选用与其电压等级相符的高压钳形电流表。

使用时应按紧扳手，使钳口张开，将被测导线放入钳口中央，然后松开扳手并使钳口闭合紧密。钳口的结合面如有杂声，应重新开合一次，仍有杂声，应处理结合面，以使读数准确。另外，不可同时钳住两根导线。读数后，将钳口张开，将被测导线退出，将挡位置于电流最高挡或OFF挡。

（2）高精度高阻电压表（见图8-9）。应选用高内阻的仪表，否则会带来较大的测量误差。因内阻的大小反映仪表本身功率的消耗，所以测量电压时，为了保证被测对象真实数值，应选用内阻尽可能大的电压表。同时根据被测电压的大小选择合适的量程，确保测量数据的精度。

图 8-8 高精度钳形电流表

图 8-9 高精度高阻电压表

二、测试方法

检测 TA 二次负载，用高精度钳形电流表测出目前保护三相二次负荷电流 I_a、I_b、I_c，用高精度高阻电压表测出 TA 输出端二次电压 U_a、U_b、U_c，通过欧姆定律计算出 TA 的二次负载：$R_a=U_a/I_a$、$R_b=U_b/I_b$、$R_c=U_c/I_c$。

正常情况下，保护三相 TA 二次负载应相差不多，并满足 TA 的二次负载要求，如果相差较大，将对运行设备的 TA 二次回路进行逐段测试，进一步查找导致负载过大的故障点。TA 二次绕组分布如图 8-10 所示。

【典型案例】

某地区局专业人员在 110kV 某变电站二次设备巡检中用红外线测温发现 1 号主变压器差动保护电流回路存在隐患发热点，发热点为 1 号主变压器差动保护 10kV B 相电流中间连接片，该点温度为 64.5℃，环境温度为 13℃，其他两相温差为 34℃，发热点与环境温度温升 51.5℃，与其他两相温差 30.5℃，属于紧急缺陷，同时继电保护人员实测该电流回路二次负载值，实测值见表8-1。

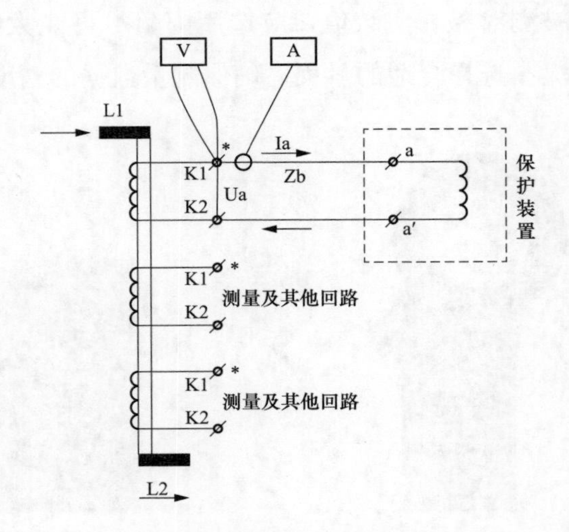

图8-10　TA二次绕组分布图

表8-1　　电流回路二次负载实测值

相别	电流（A）	电压（V）	计算二次负载值（Ω）	投产二次负载值（Ω）	备注
A相	1. 24	0.40	0.322	0.301	正常
B相	1.25	6.20	4.960	0.302	与投产数据差异大
C相	1.25	0.38	0.304	0.304	正常

天马变1号主变压器投产时10kV差动保护电流回路二次负载检测数据三相基本平衡，均为0.3Ω左右，从本次TA二次离线测试数据看，B相二次负载超过基准数据较多，判断为不合格。确诊主变压器差动电流回路B相存在接触不良的隐患，停用1号主变压器差动保护后，检修人员发现电流端子中间连接片有松动，紧固电流端子中间连接片螺栓，经过30min冷却，复测该点温度为16.8℃左右，同时复测电流回路二次负载值，复测值见表8-2，与投产数据基本一致，恢复正常。

表8-2　　电流回路二次负载复测值

相别	电流（A）	电压（V）	计算二次负载值（Ω）	备注
A相	1.24	0.40	0.322	正常

续表

相别	电流（A）	电压（V）	计算二次负载值（Ω）	备注
B相	1.25	0.38	0.304	正常
C相	1.25	0.38	0.304	正常

任务三　电压互感器二次回路 N600 多点接地排查

【任务描述】

本任务主要讲解变电站电流互感器的原理、作用及电压二次回路的接地要求及排查方法等内容。通过电压互感器原理分析及图解示意，通过案例分析等，了解电压互感器多点接地对继电保护系统的影响，熟悉电压互感器二次回路相关功能及反措要求，掌握电压二次回路 N600 多点接地的排查方法等内容。

【知识要点】

主要包括电压互感器二次回路要一点接地的原因及多点接地的危害、电压互感器多点接地的现象及危害。通过案例分析，说明 N600 一点接地的重要性及预防多点接地的各项措施。

1. 电压互感器原理

供电系统广泛使用的电压互感器有电磁式电压互感器（TV）和电容式电压互感器（CVT）两种。电压器互感器的一次绕组接在被测电压的线路上，励磁电流 I_0 通过一次绕组，铁芯产生磁通，在一次绕组和二次绕组中分别产生感应电动势 E_1 和 E_2。由电磁感应原理知道，绕组的感应电动势与匝数成正比，即 $E_1/E_2=N_1/N_2$，如果将 E_2 通过匝数比折算至一次，则有

$$E_1 = E_2 \times N_1/N_2$$

式中：N_1/N_2 为电动势和电压折算系数。

电压互感器的等值电路如图 8-11 所示。

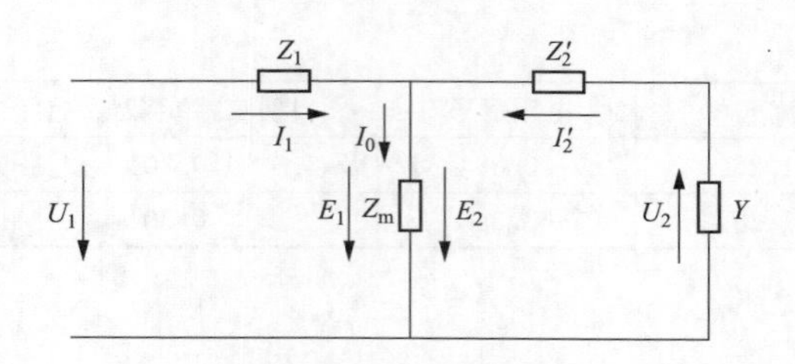

图 8-11　电压互感器原理图

I_2'—折算至一次的二次电流；Z_2'—折算至一次的二次绕组内阻抗；Z_m—励磁阻抗；Y—导纳

2. 电压互感器要一点接地的原因

为确保在电力系统故障时将一次电压准确传变至二次侧，同时为防止电压互感器一、二次绝缘击穿，高电压串入二次侧，造成人身伤害和设备损坏，电压互感器必须有接地点。《继电保护和安全自动装置技术规程》和国网十八项反措继电保护部分均有明确规定：经控制室零相小母线 N600 连通的几组电压互感器二次回路，只应在控制室一点接地。已在控制室一点接地的电压互感器二次绕组，宜在开关场将二次绕组中性点经放电间隙或氧化锌阀片接地，其击穿电压峰值应大于 $30I_{max}$（I_{max}为电网接地故障时通过变电站的可能最大接地电流有效值，单位为 kA）。应定期检查放电间隙或氧化锌阀片，防止造成电压二次回路多点接地的现象。

3. 电压互感器多点接地的危害

如果电压二次回路中性线（N600）存在多个接地点，由于变电站的接地网并非绝对的等电位面，接地点之间存在位差，并在两个接地点间构成的回路中产生电流，当变电站、线路出口发生接地故障或遭受雷击，接地网将流过很大的电流，两个接地点之间将产生很高电位差。对保护装置的电压产生影响，破坏了保护的正常工作状态，可能导致保护拒动或误动，严重干扰保护动作行为。

【技能要领】

在变电站电压互感器正常运行中，需要定期开展相关试验，检查电压互感器二次回路一点接地的正确性，防止产生多点接地问题。可采用如下方法进行试验：

（1）人为断开接地点的方法。在保护室拆开全站唯一的 N600 接地点，用万用表测量 N600 对地的交流电压。若电压为 0，则 N600 还有别的接地点；若电压不为 0，则 N600 没有别的接地点。此种检查 N600 是否接地的方法需要在天气晴好的情况下进行。操作时准备工作要充分，速度要快，防止在 N600 接地点消失期间出现故障时保护可能发生误动、拒动。

（2）采用检测仪检测。采用 N600 接地查找仪检测，如图 8-12 所示，使用电流信号发生器在 N600 网络任意一点（如 A 点）注入一个标准的微电流信号，与地构成回路，同时在 N600 接地点处（B 点）使用钳形电流表进行检测。当电压互感器二次回路 N600 网络只有一点接地时，注入的标准电流信号只构成一个回路，标准电流信号大小与钳形电流表显示电流一致。当电压互感器二次回路 N600 网络有多点接地时，注入的标准电流信号构成过个回路，标准电流信号形成分流，此时标准电流信号与钳形电流表已知接地点 B 电流大小不一致，从而可以判断电压互感器二次回路 N600 存在多点接地。

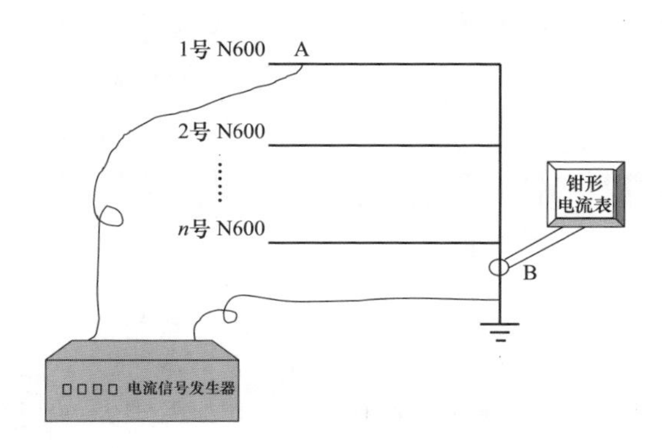

图 8-12　N600 一点接地检测接线图

【典型案例】

2010 年 5 月，某 110kV 变电站技改工作结束后，投运前的检查中发现，当模拟 110kV 进线线路出口处发生 A 相金属性接地短路时，保护装置启动后返回，保护不动作。检查保护装置采样值发现A相电压数据异常，故障时电压不为零且三相电压幅值及相位均有偏移。在对电压回路进行绝缘检查时，将控制室内的N600接地点拆开后，发现仍有接地点。经检查，110kV线路端子箱内TV二次绕组的二次回路经氧化锌避雷器接地，此避雷器已被击穿。击穿造成TV二次回路N600两点接地，如图8-13所示。在一次系统发生接地故障时，两个接地点间形成了电位差，引起保护装置的检测回路测量电压数值不正确，波形畸变，导致方向元件不正确动作，引起保护拒动。

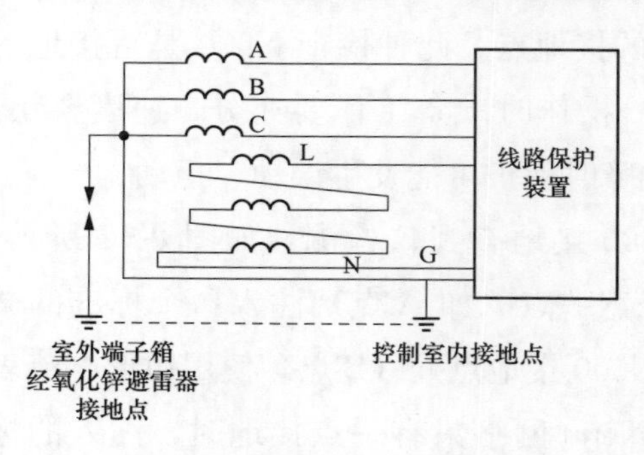

图8-13 电压回路两点接地示意

采用检测仪进行检测，分别模拟N600网络一点接地和多点接地进行测试，结果显示该方法对一点接地和多点接地都能很好的识别，对接地支路也能方便快速的查找，且注入回路的直流量对保护向量没有任何影响。试验证明该方法能可靠、简便、快速地对电压互感器二次回路接地情况进行识别，并能减少拆解线和试验功能工作量，避免误拆线、误接线的风险。

任务四 中低压微机保护带电整组传动试验

【任务描述】

本任务主要讲解中低压微机带电整组传动试验开展的背景及意义，通过对传动试验前的安措实施，试验过程中的现场管控等保证项目的安全可靠开展。熟悉该项目相关技能，掌握技术要领。保证中低压微机保护可靠运行。

【知识要点】

1. 跳合闸回路特点

由于保护装置跳闸回路、重合闸回路正常运行中无回路电流，跳、合闸接点或连接片接线接触不良也不会引起发热，在正常运行中利用红外测温技术也难以发现隐患。微机保护装置及二次回路具备回路功能检测功能，但并不全面。对于跳、合闸线圈等监视回路中的元器件或者接线虚接等问题可以检测。但是对于跳、合闸接点损坏或者连接片接线松动等缺陷却并不能检测，导致保护拒动可能性增大。

2. 中低压微机保护特点

中低压保护设备一般采用开关柜就地安装的方式，由于长期处于振动、开关室温度变化大等环境下，发生二次回路接触不良的缺陷概率较高，专业人员都清楚二次设备检修的难点在于其回路是否始终良好不能确定。二次设备正常运行过程中其回路上发生松动、接触不良等缺陷较难检测出。

【技能要领】

一、带电整组传动试验原理

带电传动试验接线方法如图 8-14 所示。

采用瞬时加量使过电流保护动作跳闸并重合的方法进行开关的传动试验。正常运行状态下，流入保护装置的电流为负荷电流 I_{A0}、I_{B0}、I_{C0}。试验时，使用保护校验装置在电流端子 A 相加入一故障电流分量 I_A'，因 TA 励磁阻抗较大，此时保护装置感受到的电流为二者的叠加向量和，即 $I_A=I_{A0}+I_A'$，只要 I_A'足够大，定能满足过电流定值，使保护动作跳闸，对带方向的过电流保护将方向元件退出。

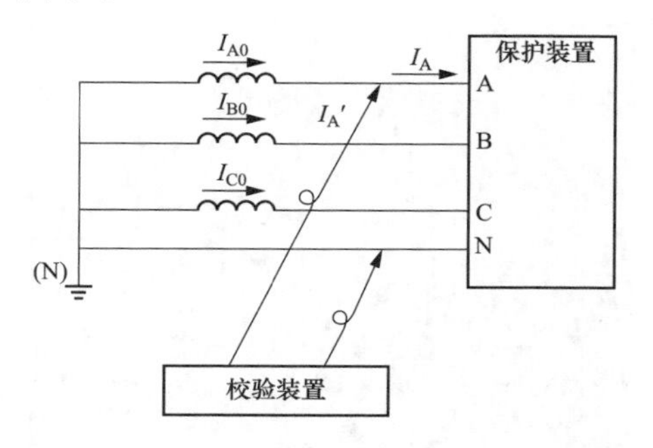

图 8-14　带电传动试验接线示意图

通过带负荷传动的方式可以验证保护从交流到直流整个回路的良好性，在试验中采用带电整组传动试验平台可以保证试验安全并提高工作效率。试验平台示意如图 8-15 所示。

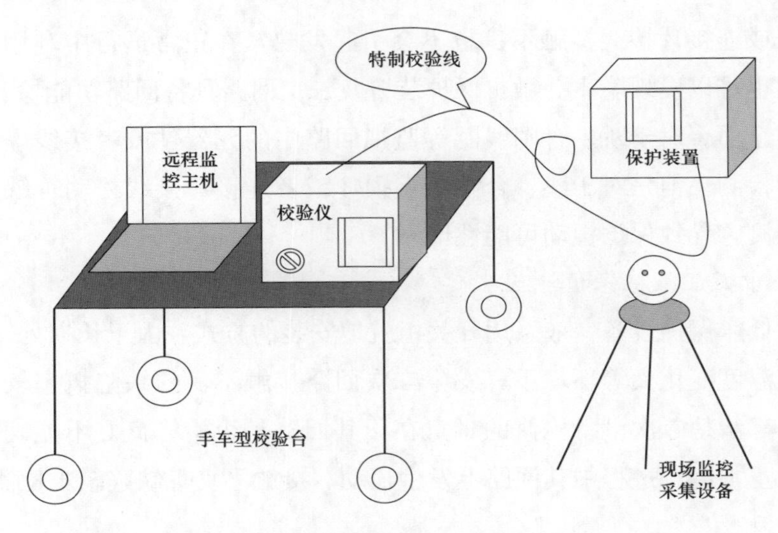

图 8-15　试验平台效果示意图

试验仪器置于手车型校验台处，移动灵活方便，如图 8-16 所示。定制加长校验线，如图 8-17 所示。现场保护动作信号通过监控摄像头实时传送值校验平台，如图 8-18 所示。

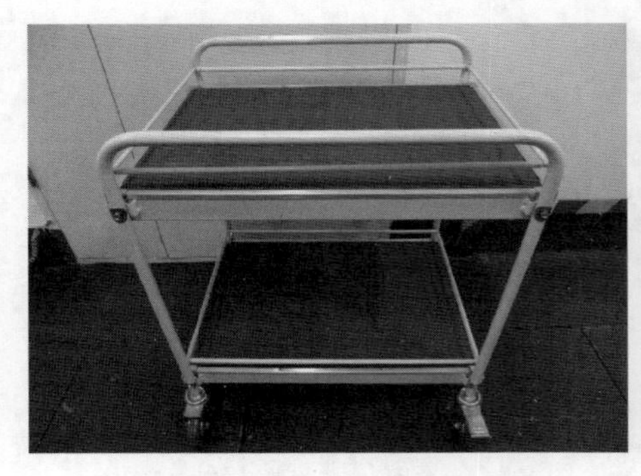

图 8-16　手车型校验台

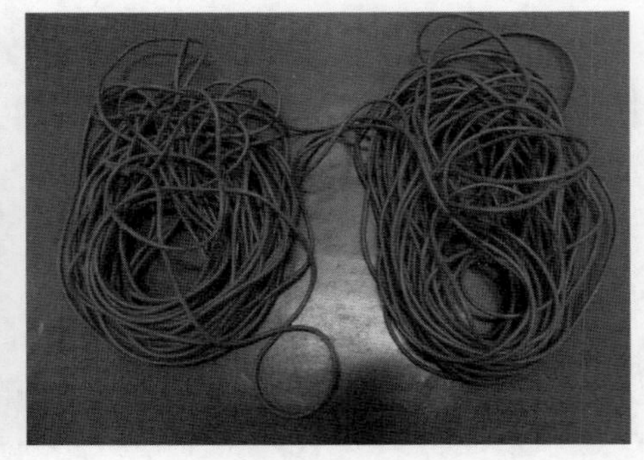

图 8-17　定制加长校验线

定期开展系统传动试验以检验保护装置出口回路的正确性，能及时发现回路上存在的隐患，杜绝保护拒动事故的发生。

二、安全措施

开展中低压保护带电整组传动试验必须认真执行《电力安全工作规

程》，遵守各项规定。工作中牢固树立“安全第一，预防为主”的思想，认真落实保证各种安全措施，严格现场管理，严把安全、质量关。

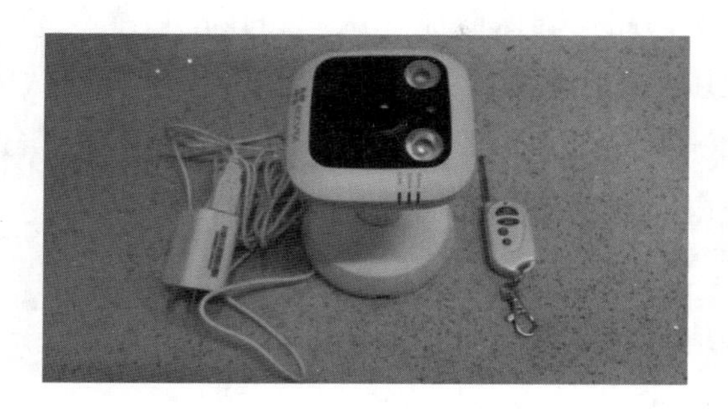

图 8-18　监控采集设备

1. 现场管理

（1）同一平面、同一场所、同一电压等级，多个出线间隔可以开一张两种工作票，但必须注明试验顺序。

（2）工作时应站在绝缘垫上，并使用绝缘工具。

（3）试验人员应熟悉二次图纸，工作前准备好整定单及测试工具。

2. 技术要求

（1）相关的调度部门做好重要负荷的转移及开关合不上的预案。

（2）带方向的电流保护退出方向元件，复合序电压过电流保护退出复合序电压元件。

（3）重合闸退出的出线保护，保护跳闸后，由运行人员手动就地合闸操作一次恢复送电。

（4）运行人员在电容器、电抗器开关传动时退出电压无功控制系统VQC；出线开关重合不成，试验人员立即切断装置试验电源及试验接线，由运行人员手动就地合闸操作一次恢复送电，待查明原因后是否重做试验。

三、试验步骤

1. 检查保护及重合闸投退情况

现场开展该项工作前，认真核对整定单，检查相应的连接片投入是否正确，核对电流互感器的变比情况并记录。

2. 检查电流二次回路

检查电流二次回路，确认电流二次回路接地可靠及二次回路负载。具体操作办法为使用高内阻万用表交流电压挡测量电流二次回路负载，确认无误后用电阻挡测量电流互感器二次中性线 N 线的可靠接地，紧固电流回路的螺栓，防止电流互感器二次回路开路引起的异常。

3. 记录试验前负荷状态

加量试验前应记录负荷情况、采样值。

4. 现场加量试验

试验装置应使用单相装置模拟故障电流，如图 8-19 所示，并确保试验装置接地完好，同时检查试验接线的夹头手持处绝缘良好。核对后台及监控中心信息是否正确。

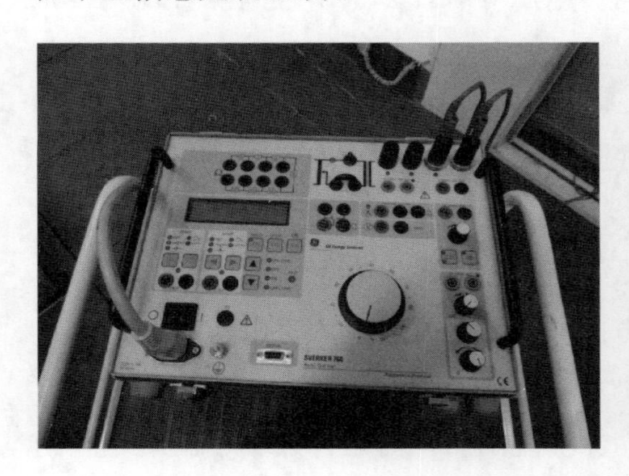

图 8-19 故障模拟装置

5. 恢复状态

试验结束后，对试验间隔的连接片、回路接线进行紧固检查。确保回路正确可靠。

【典型案例】

对 10 座变电站中 186 路中、低压保护进行带电整组传动试验，发现并消除二次设备运行隐患 13 处，保证了二次设备可靠工作。

110kV某变电站10kV某出线间隔进行试验时，保护动作正确，装置跳闸灯亮，而断路器未出口跳闸。检查发现出口二次回路上存在缺陷。

检查发现保护跳闸连接片下接线柱缺少垫片，致使连接片螺栓拧紧后可能将连接片压在接线柱的塑料外壳上，造成连接片虚接，如图8-20所示。该现象较为隐蔽，不容易被发现。现场对该连接片进行整改，增加碗状垫片后恢复正常，各项试验均正确，如图8-21所示。

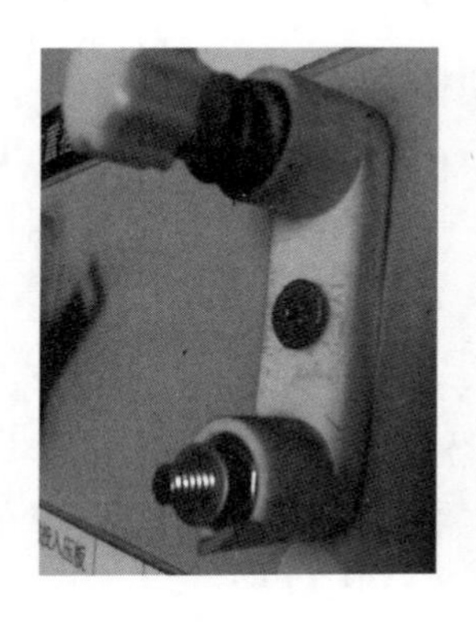

图8-20　连接片缺少碗状垫片

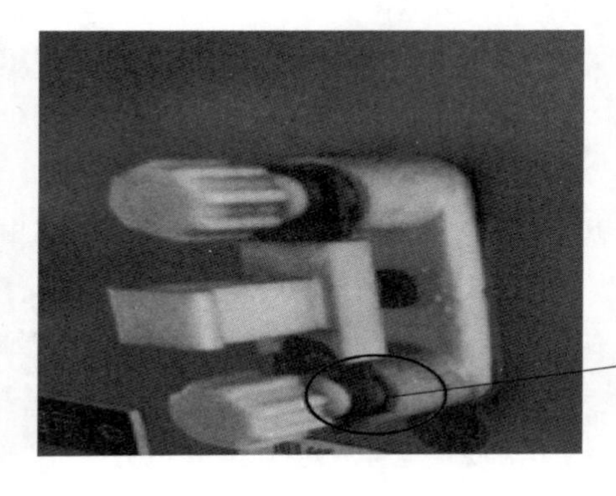

图8-21　连接片增加碗状垫片

参 考 文 献

［1］ 国家电力调度通信中心．电力系统继电保护实用技术问答．2版．北京：中国电力出版社，2000.

［2］ 朱松林．变电站计算机监控系统及其应用．北京：中国电力出版社，2008.

［3］ 朱松林．继电保护培训实用教程．北京：中国电力出版社，2011.

［4］ 丁书文．电力系统自动装置原理．北京：中国电力出版社，2007.

［5］ 王梅义．电网继电保护应用．北京：中国电力出版社，1999.

［6］ 江苏省电力公司．电力系统继电保护原理与实用技术．北京：中国电力出版社，2006.

［7］ 国家电力调度通信中心．电力系统继电保护典型故障分析．北京：中国电力出版社，2001.

［8］ 王维俭．变压器保护运行不良的反思．电力自动化设备，2001（10）．

［9］ 王维俭．电器主设备继电保护原理与应用．2版．北京：中国电力出版社，2010.

［10］ 朱声石．高压电网继电保护原理与技术．3版．北京：中国电力出版社，2005.

［11］ 吴国旸，肖远清．微机变压器保护中的TA异常分析．继电器，2006（17）：69-72.

［12］ 蔡桂龙，唐云．变压器差动保护电流互感器二次回路断线闭锁分析．继电器，2001（08）：62-63.

［13］ 张瑞芳，袁桂华．浅谈变压器差动保护电流互感器二次回路断线闭锁．变压器，2010（10）：74-75.

［14］ 郭自刚，税少洪，徐婷婷，等．电流互感器二次回路短路导致差动保护动作机理分析．电力系统自动化，2013（02）：130-133.

［15］ 何奔腾，马永生．电流互感器饱和对母线保护的影响．继电器，1998（02）：16-20.

［16］ 李海涛．电流互感器饱和对差动保护的影响及解决方案．北京：华北电力大学，2003.

［17］ 陈建玉，孟宪民，张振旗，等．电流互感器饱和对继电保护影响的分析及对策．电力系统自动化，2000（06）：54-56.

［18］ 许建安．微机保护断线闭锁剖析．水电能源科学，2008（02）：181-183.

［19］ 张怿宁，索南加乐，徐丙垠，等．基于相间电压幅值比较原理的TV断线检测．继

电器，2005（12）：22-26.

［20］ 张铁锋．电压互感器二次回路断线电气特点及对保护的影响．水电厂自动化，2008（01）：64-66.

［21］ 杜景远，崔艳．浅议 TV 断线、系统接地、母线失压的判据．继电器，2002（01）：60-61.

［22］ 杨奇逊．微型机继电保护基础．2 版．北京：中国电力出版社，2005.

［23］ 李华．微机型继电保护装置软硬件技术探讨．电力建设，2001.

［24］ 胡宝，李国斌．微机型继电保护产品自检功能的实现与规范．继电器，2003.

［25］ 韩平，赵勇，李晓朋，等．继电保护状态检修的实用化尝试．电力系统保护与控制，2010，38（19）：92-94，117.

［26］ 高翔，刘少俊．继电保护状态检修及实施探讨．电力系统保护与控制，2005，33（20）：23-27.

［27］ KODAMA S，TAKEUCHI A，KAMEDA H，et al. Operation and maintenance of protection relay systems in Japan-current and future，Cigre 2008.

［28］ 陈少华，马碧燕，雷宇，等．综合定量计算继电保护系统可靠性．电力系统自动化，2007，31（15）：111-115.

［29］ 吴宏斌，盛继光．继电保护设备可靠性评估的数学模型及应用．保护与控制，2009，37（9）：65-68.

［30］ 熊小伏，刘晓放．基于 WAMS 的继电保护静态特性监视及其隐藏故障诊断．电力系统自动化，2009，33（9）：11-14.

［31］ 高翔．数字化变电站应用技术．北京：中国电力出版社，2008.

［32］ 张惠刚．变电站综合自动化原理与系统．北京：中国电力出版社，2004.

［33］ 刘学军．继电保护原理．北京：中国电力出版社，2004.

［34］ 何磊. IEC 61850 应用入门. 北京：中国电力出版社. 2012.